南洋茶人道茶

孙东耀 著

2018年·北京

海洋出版社

图书在版编目（CIP）数据

南洋茶人道茶 /（新加坡）孙东耀著 . -- 2 版 . --
北京 : 海洋出版社 , 2018.9
ISBN 978-7-5210-0190-7

Ⅰ . ①南… Ⅱ . ①孙… Ⅲ . ①茶文化 – 东南亚 Ⅳ .
① TS971.21

中国版本图书馆 CIP 数据核字 (2018) 第 210326 号

责任编辑：张 欣 沈婷婷
责任印制：赵麟苏
海洋出版社 出版发行
http: / / www. oceanpress. com. cn
北京市海淀区大慧寺路 8 号 邮编：100081
北京朝阳印刷厂有限责任公司印刷 新华书店北京发行所经销
2018 年 9 月第 1 版 2018 年 9 月第 1 次印刷
开本：787mm × 1092mm 1 / 16 印张：18
字数：314 千字 定价：58.00 元
发行部：62132549 邮购部：68038093 总编室：62114335
海洋版图书印、装错误可随时退换

走遍天涯 亦品茗茶

从大学时期去紫藤庐时起（现在还是偶尔会去），我就慢慢培养起对茶的兴趣(虽然一开始是对女茶侍老是看不清面目，却觉得飘逸的气质有更高的兴趣)。 如今近40年过去， 自己应该可以说是个爱喝茶的人，每天在研究室里都喝各种不同的茶，每年都跟台北南港宝树堂买茶（最早的有50年、最新的是当季的茶），一买就是20余年。 因为爱喝茶，认识了许多茶友，有品茶意境与生活美学都独到的台南曹荣东先生，台北高密度制茶名家茗心坊的美浓客家人林贵松先生(我常笑他是“台客”，我是“赣客”）， 在北京马连道贩卖福鼎白茶20余年的洪日顺老板，在新加坡开设“茶渊”（伊丽莎白女皇都曾停车暂借问）并在全中国四处找茶的柯先生，美国史坦福大学以黑茶取代日饮咖啡的费保罗（Paul Festa）博士，以及厦门台湾茶人陈明智先生。往往他们识茶、嗜茶与侍茶的故事，就是精彩的人生故事或励志电影。

我买茶也乐于送茶，尤其是国外友人，例如新加坡管理大学同事David Lewellyn教授，德国马普创新与竞争研究所所长Reto Hilty教授，他们都说我的茶好喝，我都笑说是我买的茶好喝，不是我做的茶好喝。 送茶之余，也经常收到他人馈赠的各种茶，每次我都迫不及待打开收到的茶甚至立饮为快，例如东莞何根源法官送我刚做好的凤凰单枞茶。收到的茶有很奇特的，例如人大同事李琛教授送的鹧鸪茶（其实是海南岛鹧鸪鸟栖息树的叶子），学生唐小凯送的河南桑叶茶，上海华政黄武双兄送的需全程保鲜的极鲜龙井。

为了茶，我也去了几个地方找茶，例如长沙中南大学王红霞教授带我们去过黑茶（千两茶）故乡湖南安化。此外岳阳楼（君山银针）及杭州龙井都有幸拜访。当然作为现代人，找茶更多是在城市里，我永远记得跟连焜律师深夜在厦门小巷弄找到好茶的幸福感。

南洋华人喝茶的不少，早年茶是打工仔的必需品（思乡、治病所需），“文革”以来南洋更是宜兴壶的主要出口地。随着新加坡经济的发展，南洋爱茶之人更扩及于新一代的华人移民，而他们喝的茶就不再限于潮汕地区的重口味烘焙茶。其中两位茶友特别值得一提。一位是经营船务有成的陈浚笙先生（Hayson Tan），他搜集很多老普洱、凤凰单枞，也热爱台湾高山茶，为人大方，经常送我好茶。另一位是二代名厨潮汕林老板阿良，他从潮汕带回来的单枞真是美味可口，比如天之美禄，每次等他忙完、人群散去，新泡一壶好茶共饮，一大乐事也。

认识本书作者东耀博士，是几年前在厦门大学的知识产权法国际夏令营里，他下课后来找我，告诉我是刘春田老师（经常送我极北崂山绿茶）的博士生，移民新加坡多年，并留给我一张名片。后来我回到新加坡就开始与他联系。跟他喝茶，我才知道什么是真正爱茶，他对水（只用日本富士山泉水）、茶叶、茶具及相关文物之讲究，非常人能及。

我退休后正式成为南洋打工仔，跟东耀品茶的机会就更多了，经常两人一下午试五、六、七、八种茶，有同系列不同年份的，也有从口味淡到口味重的。有时也一起去各种旧货市场找来自沉船的“海捞瓷”（才知海上丝绸之路自唐朝就有经过马六甲海峡的新加坡。还听说有很早中国人在新上岸的纪念碑，但是被刻意摧毁，以凸显英人Stamford Raffles到新加坡开埠的故事）。

东耀更经常出钱出力在北京与新加坡举办茶会，就是tea party，热心推广茶的文化。他哪里像个搞自然科学、IT的人？还真是个如假包换的“南洋茶人”。

本书就是集东耀知茶品茶数十年经验与体会的大成之作，其中有极为实用的内容，例如教读者如何辨识好水、好茶具、如何泡好茶，都值得读者细细阅读、深深体会。因此乐为之序。

刘孔中 博士

新加坡管理大学李光前法学教授
亚洲智能资产及法律应用研究中心主任
中国人民大学法学院教授
台湾政治大学科管暨智财研究所教授

序后跋：近来喝台湾高山茶，心中暗惊其口味怎么有点淡，难道是自己偏好已经南洋化？

洗尽铅华 心静如水

东耀博士出版这本茶书，嘱我写序，其实颇有些惭愧。茶之文化，历史悠久、博大精深，道不尽的万种风雅，古人谈茶论茶的诗词比比皆是，而以我对茶的浅薄了解要想评头论足一番，即使努力不予人以装腔作势之感，也难免贻笑大方。东耀博士一再相邀，盛情难却，唯有斗胆分享一下我饮茶的心境和感悟。

七年前在燕园结识东耀博士，受他的影响，养成饮茶的习惯，逐渐爱上这种在香气中熏燧的感觉。我虽好茶，却也不拘于红、绿、白、黑。忙时，一杯解渴降火，急如牛饮；闲时，也会效古人点将巡城，感受下“红焙浅瓯新火活，龙团小碾斗晴窗”的悠然意境。几年下来，我对茶绝谈不上精深，但也算知香识味，不过我更享受那股心香，有浅见一二，献与君尝。

茶如人生

我以为，一壶茶倾尽了古今，一盏茶就是一段人生。涓细的流水，漂浮的水纹，在游游走走之间，时光已过了经年。其实，茶是最容易让人感怀的饮品。闭上眼睛，茶香中弥漫着历史的瞬间，我们仿佛能够看到神农氏用野生茶枝煮着提神醒脑的叶片、茶圣陆羽在松下泉边冥神品味、苏轼在《水调歌头》中表达的“我欲上蓬莱”的惬意心情，也偶有梦想自己在黄昏的鼓浪屿，邀三五好友，摆一局龙门，该是何等的惬意。

不记得有多少人说过，喜欢在寂静的深夜，独处一室，泡一杯茶，在滚沸的水中看着小小的叶片慢慢舒展，上下翻飞，将自然的精髓袅袅释放，在氤氲的气息中感受丝丝缕缕的暖意，斜倚在床头伴着台灯的暗光，手捧一本心仪的书籍，与作者来一场心灵的对话。一杯茶，一盏灯，一页书是多少人最平凡而真实的人生。而在人生的不同阶段，品味不同的茶香，感怀不同的梦想。

我试过在很多地方品茶，茶香满溢的武夷山下、气势磅礴的泰山之巅、烟气氤氲的腾冲温泉中、清明时节的龙井村间，水汽腾腾之间，恍若千年。一时间，人生的酸甜苦辣都涌上心头，抽丝剥茧的不肯散去，人亦变得轻松起来，仿佛一切都变得不那么重要。正应了那句“流光容易把人抛，红了樱桃，绿了芭蕉”。生命，就在一缕一缕茶香中，慢慢度过。

一种相思，两处闲愁

人与茶的际遇其实很主观，舌尖和茶汤接触的一刻，喜与厌，就在一瞬间。味蕾是最不会骗人的器官，它感知茶汤，只需一秒。也许这一秒，就是一生。爱茶，爱哪种茶，全凭心意。无论怎样，你都是爱那一缕茶香。我虽是不拘之人，却也有心头之好，心境的不同，味蕾也随之流转，对茶的一种相思，不断变换着喜与忧的两处闲愁。

茶是最传统的饮品，也是最流行的饮品。一阵一阵茶的风尚，把一种又一种茶推向历史的巅峰。也许你觉得前几年普洱茶饼热的离谱，过几年似乎又是金骏眉的红火；也许今天大麦茶的谷物芬芳让你舒坦，明天你又开始迷恋花果茶的芬芳；可是不管怎样，你最爱的那一种，总会在那个宁静的角落等着你，在你历尽千帆、遍尝百草之后，回到它的身旁，品味它的幽香。因为我们的味蕾，只为对的那一味绽放。这种感觉，就像相思，“花自飘零水自流，一种相思，两处闲愁”，怎见浮生不若梦，一寸相思一寸灰。

凤箫声动，玉壶光转

辛弃疾《青玉案 · 元夕》——“凤箫声动，玉壶光转，一夜鱼龙舞。”

茶的历史文化不仅是茶叶的本身，还有我们从古到今赋予茶的品赏之道。茶道精神是茶文化的核心，是茶文化的灵魂。茶道的文化与佛道儒的“内省修行”思想统一，正所谓“禅茶一味”。我国有“自古名寺出名茶”的说法。唐代《国史补》记载，福州“方山露芽”，剑南“蒙顶石花”，岳州“悒湖含膏”、洪州“西山白露”等名茶均出产于寺庙。可见茶与佛道儒的渊源之深。

品茶不仅讲究意境，也很讲究工序和器具，水壶、茶炉、茶壶、茶叶罐、茶杯无一不精。阵势摆开，“凤凰三点头”、“关公巡城”、“沙场点兵”……一道一道，细细品来,恍惚间,正是那“凤箫声动，玉壶光转，一夜鱼龙舞”的热闹景象。古人赋予茶诸多的内涵,让它变得神秘而深奥,似乎是没点文化底蕴，都不敢谈茶品茗。其实，我认为大可不必如此。文化人有文化人的玩法，草根有草根的生活；你可以布一套龙门阵，也可以随意的饮用，兴之所至，情之所至，每个人都是自己独一无二的风景，开心，就好。

修身养性

一直认为，茶是最为宁静致远之物，千古风流、铅华洗尽、静心修德、实至名归。

茶是美好的。治茶事，必先洁其身，而正其心，必敬必诚，讲究美观和调和。我们以净身、净心、净器事茶，就好像我们以净身、净心、净器对待爱人、亲人、朋友，对待我们有缘遇到的每一个人，留一份美好在人间。

茶是健康的。茶叶必精选，劣茶不宜用，变质不可饮，水不可不洁、治茶者必要健康，保饮茶之健康。我们和家人朋友需要健康、我们的社会需要健康、我们的环境需要健康，健康是一种美好的愿望，也是可望而可及的目标。

茶是养性的。人之性与茶之性相近，今天的人类，生活在污染的城市，而茶树生于灵山，得雨露日月光华的灌养，清和之气代代相传，所以茶人必须顺茶性，从茶中培养灵尖，涤除积垢，参悟禅理，求于明窗净几之一壶中。

茶是明伦的。古有贡茶以事君，君有赐茶以敬臣；居家，子媳奉茶汤以事父母；夫唱妇随，时为伉俪饮；兄以茶友弟，弟以茶恭兄；朋友往来，以茶联欢。今举茶为饮，合乎五伦十义，则茶有全天下义的功用，不是任何事物可以替代的。

茶的生命在不断的延续，一些新的物质和情感不断的附着到茶的身上，新的饮用和保藏方式、新的品种和添加、新的寓意和内涵、新的愿望和期盼。历经沧桑的茶是不是还能承受这华丽的变迁？

都说尘世繁华、烟花易冷，在诸多饮品中，茶绝对称得上是那一抹悠然，无论你爱它不爱它。

读东耀博士的这本茶书，不知不觉间，涌起缕缕茶思，千头万绪，不知所言。读者若有意，可慢慢读来、慢慢品味、慢慢感怀，若能为您添一缕茶香，减一寸烦恼，净一分心情，足矣。

杨明 博士
北京大学法学院院聘教授、院长助理
北京大学国际知识产权研究中心副主任
北京大学互联网法律研究中心副主任
中企商标鉴定中心鉴定专家

目录

茶具选择经验谈 217

参考资料 273

后记 276

前 言

自上本茶书《南洋茶人觉茶》2014年3月在新加坡出版后，有关茶的文字总结，几乎懈怠了近四年，但笔者依然到各地寻好茶，去不同国家和地区品好水，在各地广交茶友，在不同地点举办品茶赏器的茶聚、品茶讲座等，以来推广优秀的中华传统文化，注重健康饮茶，倡导精行俭德。虽然时间不算长，收获颇深。笔者亲眼目睹和亲身参与了中国大陆茶界的飞速发展。当今中国，大量的新茶店迅速开张、喝茶人暴增、新命名的茶层出不穷、茶叶的产量和消耗量大幅提高，有关茶的组织和活动五花八门，中国出现了茶文化复兴的可喜之势。毋庸讳言，1. 当前断章取义的言语充斥整个网络，比如把绿茶的研究结果移植其他茶叶上，有点茶叶基础知识的人知道，并不是所有的茶都含有维生素C，红茶和黑茶之中就不含（见第五章第一节：茶之功效）；2. 出现大量夸大其词的报导，众所周知，茶叶中含有许多对人体有益的成分，但能否被人体吸收？怎样才能被人体吸收？只靠喝茶，许多矿物质无法被人体吸收，大量的维生素被全然遗弃，即使泡出的有效成分也是少量，所以要理解“吃茶去”很难（见第五章健康快乐饮茶的前文部分）；3. 不加思辨、偏听偏信的现象日趋严重，譬如说普洱茶是黑茶，所有的茶都含咖啡因（见第二章第三节：八大茶类详解），依云、昆仑山、5100等矿泉水适合烧开泡茶（见第三章第二节：何为好水？），老泥紫砂壶紫砂一厂最好（见第七章第二个问题：如何选“厂壶”？）等等，以上问题，如果是知识更新不及时或者没有国际视野，还很容易解决，但对于那些沽名钓誉、急功近利、无道德底线的人和事，尤其涉及大众的身心健康和基本权益保障的问题，单靠知识的更新、经验的分享、科学的分析、情理的疏导还远远不够，适时的法律介入是解决这样问题的最终保障。简言之，就是要正本清源。

再者，应澳大利亚国立大学钱教授之约，计划把笔者的茶书翻译成英文，在英语国家发行，为了弥补第一本茶书中八大茶类只做部分介绍的缺憾，于是笔者在前一本茶书的基础上进行补充。首先对八大茶类中每一种都做了系统的描述，同时对以前版本其他章节进行更新和完善，使得这个版本内容更加全面和准确。诚然，写上本茶书时，笔者还是一位在读的研究生，主业是理论学习，现在笔者已经毕业，并获得中国人民大学法学博士学位，应是文科生，喝了多年的法律墨液，提高了辩证思维能力，不会随形而上的美丽辞藻摇摆，更不会盲从其他人的观点，因为法律中没有这个词汇，对某些行为的法律属性和法律后果更能明辨、预知，但笔者毕竟工科毕业后，成为高级工程师再去读研，所以本性还是工科男，这也是此书异于其他茶书之处，笔者从工程师的视角，用数据说话、以实验测试来验证相关的信息，通过理性的方式来透析茶的本质，从每个必要的环节出发，研究如何泡好一壶茶。书中提到的各种茶都是笔者多次品尝，经过一段时间和其他茶进行对比后，有感觉后的描述，而且笔者一贯坚持“求真”的原则，所以书中除引用说明的茶器外，都是笔者多年来购置的茶具，其中有些器物还是文物，通过真器、茗茶、好水，泡制出一款能打动自己和茶友心脾的好茶，藉此打通古今中外茶人的认知渠道，开拓爱茶人的视野，还能赋予爱茶人健康的体魄，如果有人能从中领悟到人生的哲理，已难能可贵，至于能上升到“道”的层次，虽困难重重，但信心满满。

提及道，就离不开道家的创始人——老子和道教的经典之作——《道德经》。然而极具讽刺意义的事实是，两千多年世人传承、世世代代学习的《道德经》非老子的原意，它被后人多次修改，已经面目全非，用现代法律词汇解释，是“搭名人便车”的谐仿作品，甚至是歪曲老子原意的侵权作品。有学者根据上世纪70年代长沙马王堆三号墓出土、2 200年前、秦末汉初帛书记录的《老子》甲本，施用比较研究法进行研究，并已经证实：从西汉河上公开始，就对《老子》进行多次避讳皇帝名号以及断章取义的篡改，以《老子》第一章为例，总共六句话，原文65字，而《道德经》中的内容已改24个字，由此可见一斑。同样，以第一章的第一句为例，原文是：“道，可道也，非恒道也”，并非我们耳熟能详的“道可道，非常道”。老子的原意包括：道存在着两个形态，可用语言描述的道，不是永恒的，同时指出：恒道超越万物而存在，是万物遵循的一种自然机制和原动力，是永恒的。我们可以理解为：可道是指人道，恒道便是天道。人道是人对万物进行概括和总结形成用语言描述的道——可道，可以解释为人类的认知；恒道是超越人类的意志，使万物自行组织、自行稳定的一种机制，可以解释为自然规律，而“恒”与“常”字寓意相差甚远，根本不可直接替代。

本书的书名之所以使用道茶二字，第一层含义：说、道白，即世界范围内说说、聊聊茶；第二层含义：技术、方法，这里扩展到阐述其中之道。品尝到一款好茶可以给茶人带来感官和精神的双重享受，但如何泡好茶？单靠感性或者言语的挑逗，最多只是增加涉猎的新奇感，真正展现茗茶的尊严，还要具有丰富的理性知识，通过娴熟的技术和特定的方法使然。譬如深谙如何选茶？如何觅水？如何择器？如何浸泡？如何待客？等之道，在这层含义中，人类的能动性和创制性会发挥得淋漓尽致，其结果就是——充分彰显茶存在之道。第三层含义：形而上的信仰，现阶段大陆还没有茶道，无论学者所说的茶艺、茶礼，还是学校所教的茶学知识，它们只是以茶为标的表现出来的不同形式，无论在实践方面还是理论领域，它随着茶人的认知水平的提高而不断完善，具有动态发展的特性，也就是《老子》所指的可道，绝非永恒不变，它依然是人道。第四层含义：永恒之道，《老子》所说的恒道。万物不会永恒，只有天人合一，以寂为终才是永远。以上四种含义存在着由低至高的阶位，最高阶位就是第四层含义，就是天道，古人云“天道不可违”，恰恰反映出天道至高无上的地位。

作为新一代茶人，既要继续汲取前人积累和总结的经验和知识的营养，也要与时俱进，运用现代的科技手段和研究成果取其精华、去其糟粕，科学待茶、健康饮茶。在品茶的过程中既能和古人进行情感和语言的共鸣，亦可与茶友现场交流、切磋技艺，还要动之以情、晓之以道，这也是去伪存真、几经磨炼，成为茶人的必经之路。比如本书中专门指出一些广为传阅、有关茶的故事，其中寓意深刻、似乎有些道理，但事实和人物东拼西凑，内容甚至有违科学常识（见第五章第三节：茶余饭后的趣谈），这些都要适时澄清和纠正，以免以讹传讹，继续误导后人。另外，茶人还要具备批判性思维，不宜人云亦云，要去学习、体会以及求证其中之道。譬如酥油茶是西藏人高原生活的必需品，江浙沪地区以没发酵的炒青绿茶为佳，福建一带最爱半发酵的乌龙茶，云南的普洱则是当地人的首选，推而广之，香港老茶人喜欢湿仓的发酵茶，甚至有人把发霉的老普洱茶当宝，马来西亚老茶人喝到有酸味的老乌龙茶，才觉得是历史沉淀的味道，日本人会认为有海苔味的茶才是好茶，这一切都源于他们的生活环境，在当地那种茶都是好茶，是常喝而不厌的茶，这些属于人道的范畴，非永恒。而茶是自然界赐予人类最自然、最健康的饮品，它需要特定的生长环境和生态系统，绿色永远是大自然最富有生机的颜色，这些都是自然规律，是天道。对于茶友来说，在品茶过程中，既广结兴趣爱好相同的朋友，可以获得知识的更新、品位的提高，还能强健体魄，即使不能上升到形而上对茶道的敬仰，但也从中获取精神的愉悦，也应足矣！至于由此感悟人生，品茶得道，则需要更多的磨炼和修行，非常人能及。这时我们需要有“平常心”，用心做事，顺其自然。正如品尝一道好茶，总会有人褒贬不一，真正懂得欣赏的人寥寥无几，能得道的人自古无几，真是“玄之又玄，众妙之门”。

茶是草木中的君子，茶人当然要以自然之道待之。以笔者的西湖龙井茶为例，一墩墩依山而立的茶树，生长在高大挺拔的树木之间，经四季的风吹雨淋和日光漫射，吸收日月之精华，饱食大地之给养，汲取西湖之灵气，而且还是老茶树，扎根地下几十米，与周围土壤、植被、地理环境以及气候条件等自然因素形成一个天然生态共同体，从而生长出中国十大名茶之首——西湖龙井茶。当然，为了炒制出最佳口感的茶叶，特定的制作技艺也是关键一环。我们知道茶树耐湿、不耐寒、喜欢漫射不喜欢阳光直射，而且忌阴，古人尚且知道茶树、果树以及其他植被共同生存可以相得益彰，为什么现代人却要急功近利，大肆砍伐老茶树，清除茶树周围的植被，大量加种茶树。君不见，一片片茶山上只有一排排敦实的茶树，平行矗立于土地间，暴露在强烈的日光下，这样的茶，不苦涩才怪! 看看老茶人的态度就知道了（见书中详述）。所以茶友无需再问：为什么以前喝过的某某茶有一种自然的花香？某某茶有一种自然的果香？某某茶有一种自然的木香？现在的茶没有那种香气，这是违背茶之道的后果，至于其中某些营养成分的缺失、人为添加某些成分，会对人体带来什么后果，只能等待相应的研究成果面世后才能知晓。“万物作而弗始”，是老子所说的万物起始的最佳状态，难道我们不可以此为鉴？至于后人为了弥补某些茶叶口感的缺失，以损失其中营养成分为代价，用火攻增加香气，尚且可以接受，制作时，加糖、加香精等外在之物，如果有科学实验证明不损害品尝之人的身体健康，或许还可容忍，但添加污秽之物、化工原料使人精神或身心健康受到伤害，这种现象不但违背人道，而且是违法犯罪行为，按照法家的说法应严惩。

有人说“人生如茶，茶如人生”，他们是想通过茶汤表现出来的苦、涩、香、醇、淡而远的感觉联想到人生成长过程中经历的磨难、挫折、赞誉、成绩、释然，用人生的起伏和茶叶在容器中上下翻动相类比，认识到精彩的人生应该像茶一样几经翻转浸泡，才能满屋飘香，让人回味无穷。当然，平淡无奇是茶也可以是人生，只有完全发挥茶的本性、人的真才，才是对茶最体面的尊重、才是最有价值的人生。然而“人不如茶”，首先，荒山野岭出好茶，但穷乡僻壤出什么？其二，好茶不苦，茶汤苦涩是因为选材不当、水质不好或者浸泡时间太长等因素造成的（见第四章，怎样泡好茶？），而人在社会中生存，遭受苦难是人生的必经之路，历经挫折与是否是好人无任何必然联系。其三，茶是草木中的君子，君子一词取自“君王之子”，是指出身高贵，随后又被赋予道德上的含义——人格高尚，茶自药出，先入空门，再传世为众人送来身体的健康和精神的愉悦，茶为草木中的君子，实至名归，而又有多少人能被称为君子？出身君王之家的人已经万里挑一，至于还要具有高尚的人格，更是凤毛麟角（后来经过延伸，道德高尚的布衣也可以成为君子）。其四，茶会择水而香，像不用黄山的泉水，就不出现白莲升腾的景象（见第二章，黄山毛峰），试问当今不趋炎附势、不屈服于权势的人还多否？能从茶择水而香，悟出如何秉持崇高的人格操守，最后像宁可弃官出家的熊开元这样的人尚能再现否？ 所以应该说“君子如茶，茶如君子”。

水是茶之母，器乃茶之父，只会选水，没有好的烧水器、泡茶器（见第三章，何为好器？），少了适合的品杯(见第七章，如何选择茶杯？），也无法品尝到齿颊留香、沁人心扉的茶汤。一杯可以让泡茶人感动，让制茶人满足，让品茶人赞赏的茶，一定是最佳状态的茶，有幸能品尝到这样的茶，文人会诗兴大发、墨客即刻挥毫、常人烦恼尽消、修行之人茅塞顿开，此时的茶已经超越本身，它成为人的精神食粮、创作的源泉、成为成仙悟道的“天梯”，这何尝不是一种优雅文化的体现？

孙东耀

2018年4月于狮城

清·康熙　青花哥釉品杯

高 5 厘米　口径 6.3 厘米　底径 3.1 厘米

直口深腹，圈足玉环底，胎体洁白，釉水晶莹剔透，壁厚超过0.4厘米，两列四字款“若深珍藏”，杯子内外哥釉开片（底除外），开片处呈灰黄色，外壁绘垂柳闲雀，洞石树木，是难得的一幅集天、地、花鸟树木于一体，动感十足的青花水墨画。

壹 茶的历史沿革

茶者，草、木之中的人也。云南德昂族（也称“崩龙族”）《始祖的传说》中说：“茶是茶树的生命，茶是万物的始祖。天上的日月星辰都是茶的精灵的化身。”在东方，茶被认为是佛祖的眼皮；日本茶祖荣西和尚在《吃茶养生记》中写道：“贵哉茶乎，上通神灵诸天境界，下资饱食侵害之人伦矣。诸药唯主一种病，各施用力耳，茶为万病之药而已。”在西方，英国作家托马斯·德·昆西认为：“茶是有魔力的水。”美国历史学家普里查德（Earl H. Pritchard）认为：“茶叶是上帝，在它面前其他任何东西都可以牺牲。”英国作家韩素音也说：“茶是独一无二的文明饮料，是礼貌和精神纯洁的化身。”

茶者，草、木之中的人也。云南德昂族（也称“崩龙族”）《始祖的传说》中说：“茶是茶树的生命，茶是万物的始祖。天上的日月星辰都是茶的精灵的化身。”在东方，茶被认为是佛祖的眼皮；日本茶祖荣西和尚在《吃茶养生记》中写道：“贵哉茶乎，上通神灵诸天境界，下资饱食侵害之人伦矣。诸药唯主一种病，各施用力耳，茶为万病之药而已。”在西方，英国作家托马斯·德·昆西认为：“茶是有魔力的水。”美国历史学家普里查德（Earl H. Pritchard）认为：“茶叶是上帝，在它面前其他任何东西都可以牺牲。”英国作家韩素音也说：“茶是独一无二的文明饮料，是礼貌和精神纯洁的化身。”

茶在植物学中属于被子植物门，双子叶植物纲，原始花被亚纲，山茶目，山茶科，山茶属，这类植物起源于上白垩纪至新生代第三代，分布于劳亚古大陆。中国云南地区正好处于劳亚古大陆的南端，是最适合茶树生长的地区之一。现在世界上种茶的国家有50多个，形成生产规模的有32个国家和地区，喝茶的人有20多亿。世界三大饮料茶叶、咖啡、可可中，茶是全世界最多人饮用的饮料。

茶的发源地是中国，根据联合国粮食和农业组织的数据（FAO），2016年，中国茶叶产量241万吨，居世界第一位，茶叶种植面积223万公顷，出口量32.9万吨，出口额14.8亿美元。

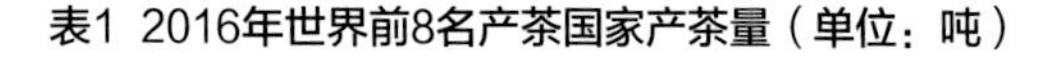
表1 2016年世界前8名产茶国家产茶量（单位：吨）

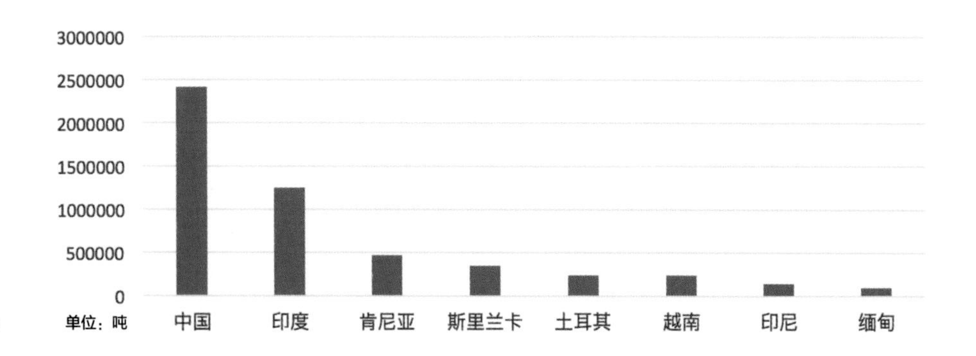

2016年，中国茶园种植面积约占世界茶园面积总量的54%，中国的茶叶产量占世界茶叶生产总量的近60%。按照产茶量来分，其他产茶大国依次还有印度、肯尼亚、斯里兰卡、土耳其、越南、印度尼西亚、缅甸等国家（表1）。

19世纪末20世纪初，国际上植物学界曾出现了茶起源的一元论和二元论相互对立的观点。英国、日本等国家的一些学者根据1823年英国军官罗伯特·布鲁斯少校在印度阿萨姆找到的野生茶树，分析后认为茶的原产地是东印度，否认长期以来大家的共识：茶的原产地是中国。而早在1753年瑞典植物学家Carl von Linné 在《植物种志》把茶树定义为Tea Sinensis（L.），后来改为Camellia Sinensis（L.），“Sinensis”即为拉丁语的中国。至于二元论的观点则是根据中国茶和印度茶的形状和性质上看似不同，而把茶分成代表温带的var.sinensis和代表热带的var.assamica，从而认为两处都是茶的产地，其中最有代表性的是英国皇家植物园的罗伯特·西利1958年的《对山茶属分类的修正》。1922年被誉为当代“茶圣”的吴觉农先生的《茶树原产地考》一文和1957年庄晚芳先生的《茶树生物学》对国内外茶学界长期争论的茶树原产

地问题进行了全面、系统的论证，既批驳了拜尔通（S. Baildon）和勃朗（E. A. Brown）关于茶树原产印度的观点，明确地指出科恩斯司徒（Cohen Stuart）“二元论”的错误，又从野生茶树状况、人类利用习惯、栽培历史以及边缘植物的分布规律等方面，科学地推断“云南是茶树原产地的中心，四川、贵州、越南、缅甸和泰国北部是原产地的边缘”。以及1978年陈椽教授在《中国云南是茶树的原产地》一文，引经据典从科学以及历史等角度多方面论证了茶树原产地是中国，虽然当时还存在些杂音，大家的认识逐渐趋同。但随着研究的深入以及考古的发现，至于“1996年11月在云南发现了世界上已知树龄最长的、距今已经有2 700多年野生大茶树，其树高25.5米，基部直径1.2米”，此类的发现，还需要更多客观的检验报告来证实，尤其是国际上公认的检测机构的证明。最后，世界上对于茶的产地的疑问基本取得共识：茶的原产地是中国。还有一种“二源论”的说法，则是由爪哇茶叶实验的植物学家科恩斯徒博士在1918年考查中国野生茶树后提出来的，就是把茶树分成大叶种茶树和小叶种茶树，大叶种茶树原产于中国西藏高原的东南部一带，而小叶种茶树则起源于中国的东部和东南部。笔者比较赞同最后一个观点，根据2010年考古发现——埃塞俄比亚出土的可直立行走的古人类骨骼，人类的历史可以追溯到距今360万年前，以及170多万年前的元谋人和77万年前北京猿人。在如此漫长的人类进化过程中，鉴于不同地区、不同地理条件、不同气候条件、不同的生活条件，到了新石器后期，人类在喜马拉雅山区域发现了比较适合低纬度、高海拔生存的大叶野生茶树，在东南沿海区域发现了高纬度、低海拔的小叶茶树。从采摘野生茶叶到人为种植的定期收获，从开始的药用到慢慢学会品尝，从治病到提神，从健康到养生，从物质满足到精神享受，这正是人类进化的自然过程。其他考古发现见下文。

茶在中国

杭州出土世界上最早的距今8 000年前的茶树种籽，是证明科恩斯徒博士的“二源论”小叶种茶树起源于东南沿海地区的有力证据。

西汉马王堆出土了距今2 100多年前装茶用的竹制茶箱，说明西汉时茶具已经出现。

1990年浙江湖州发现距今1 700多年前汉墓出土的青瓷瓮，其肩刻有一个茶的古体字，由于当时湖州是茶的产区，据此推断，此瓮是储存茶叶的器皿。

虽然以上的考古发现，还存在着些疑问，而且有些推断还需要更多证据来证明，但至少可以说明，现在称之为茶的植物，在2 000年前就一直陪伴着我们的先人。

史书记载与质疑

- 许多人一提到茶，就首先援引成书于东汉的《神农本草经》记载：“神农尝百草，日遇七十二毒，得茶而解之。”神农氏是距今4 000多年前中国古代传说中部落或部落联盟的领袖，在东汉应劭《风俗通义》、班固《白虎通》等著作中，被列为三皇之一。传说神农人身牛首，三岁知稼穑，长成后，身高八尺七寸， 龙颜大唇。传说中他不但是农业发明者，而且还是医药之祖。他日遇七十二毒，得茶而解，但最后还是被一种叫断肠草的植物毒死。
- 根据东晋常璩撰写的《华阳国志 · 巴志》记载：在周武王伐纣时，巴蜀的部落首领，已经用茶作为贡品献给西周王室了。
- 根据英国罗伊 · 莫克赛姆在他的《茶：嗜好、开拓与帝国》一书中写道：“第一位详细描述作为饮料的茶叶的种植、加工和泡制的人是公元3世纪的张仪……还介绍了泡茶的方法……将茶饼用火烤……捣成碎片，放入瓷壶中，将开水倒入茶叶上……其他一些功能：‘饮茶可以醒酒，并保持头脑清醒’。”
- 唐代陈藏器的《本草拾遗》：“茶为万病之药。”

以上引述记载的事情早于成书上千年，即使现在让我们来描述上千多年前的人物或者事情，其可信度都大打折扣，如果不考虑甲骨文的话，中国历史最早出现完整文字记载是公元前841年，即西周时期。当然，未来可以找到更有说服力的证据，相信会有更多谨慎的学者，乐意改变他们的看法，接受以上观点的。实际上，神农氏有无此人，或许只能作为一个传说；《神农本草》也称《神农本草经》一书中并无以上那句“茶为万病之药”的话，它也不是出自唐代陈藏器的《本草拾遗》，中国学者曾做出纠正；另外英国人罗伊·莫克赛姆对于中国茶的历史的描述也是漏洞百出，首先如果张仪是春秋时期以连横术而斗诸侯的奇人，那是公元前300多年的事情。另外，春秋战国时期还没有出现瓷壶，喝茶方式更不是把热水倒入瓷壶中。同样本书有些引用，追根寻底或许并不一定确切，还原历史是学术界的职责，对茶人来说，作为茶余饭后的趣谈也未尝不可，只当公知，不必深究。

古籍对茶的描述：

- 《尔雅·释木》载：“槚，苦荼。”晋·郭璞注云：“树小，似栀子，冬生，叶可煮作羹饮。今呼早采者为荼，晚取者为茗，一名荈，蜀人名之苦荼。”
- 公元200年东汉末年著名的医学家华佗《食论》写道：“苦荼久食益思。”
- 三国时期的《吴谱本草》中援引《桐君录》说：南方有瓜芦木，亦似茗，苦涩，取其叶作屑，煮饮汁，即通宵不眠。
- 三国时吴陆玑《毛诗草木鸟兽虫鱼疏》：“蜀人作荼，吴人作茗。”
- 魏晋时期左思《娇女诗》：“止为荼菽据，吹吁对鼎砾。”
- 魏晋时期的张载《登成都楼诗》：“芳荼冠六清，溢为播九曲。”
- 唐朝陆羽的《茶经》：“茶者，南方之嘉木也。”“茶之为饮，发乎神农氏，闻于鲁周公。”“其味甘，槚也；不甘而苦，荈也；啜苦咽甘，茶也。”

细细体会：槚、荼、蔎、茗、荈、茶、香茗、芳茗、芳草、香叶、（浙草）搽、木荼、

苦菜等意思都似乎相似但又略有不同。如果加上文人雅士的称谓："雪腴""瑞草魁""草中英""群芳最""仙山灵草茶"甚至"佳人"等，茶从古至今有超过20种被人津津乐道的称谓。无论名字如何，对于茶的认识，经过了从药到饮品的一个过程，从南到北、从西向东的传播。茶最初只是药，到后来成为寺庙僧人、帝王将相间的奢侈品，从晋朝开始，茶才慢慢传播。茶的普及过程也不是一帆风顺的，南北朝时期王蒙的"水厄"典故，或许揭示了王蒙好茶但不会煮茶，如果茶喝起来苦涩，首先是茶叶的品质不好，再则就是煮茶不精。到了唐朝，茶文化发展到鼎盛。

唐朝煎茶之盛

唐代陆羽的《茶经》是世界最早、最完整、最全面介绍茶的第一部茶业专著，总结了茶叶采制和饮用经验，从茶叶起源、生产、饮用等各方面介绍茶业方面的相关知识，规范了相关茶业器具、取材以及煎制过程，大大推进了茶叶的发展以及茶道的形成，所以后人尊誉他为"茶圣""茶仙"。唐武宗时期的宰相李德裕为煎好茶，千里取水，非惠山泉而不饮。唐代封演的《封氏闻见记》记载"南人好饮之，北人初不多饮。开元中，泰山灵岩寺有降魔师大兴禅教。学禅，务于不寐，又不夕食，皆许其饮茶，人自怀挟，到处煮饮。从此转相仿效，遂成风俗。自邹、齐、沧、棣渐至京邑，城市多开店铺，煎茶卖之，不问道俗，投钱取饮"；"按，此古人亦饮茶耳，但不如今人溺之甚。穷日尽夜，殆成风俗，始自中地，流于塞外。往年回鹘入朝，大驱名马市茶而归，亦足怪焉”。五代十国时期沿承唐朝的遗风，并且饮茶的境界逐渐提升，五代时期毛文锡的《茶谱》写道：“蜀之雅州有蒙山，山有五顶，顶有茶园，其中顶曰上清峰。昔有僧病冷且久。尝遇一老父，谓曰：‘蒙之中顶茶，尝以春分之先后，多构人力，俟雷之发声，并手采摘，三日而止。若获一两，以本处水煎服，即能去宿疾；二两，当眼前无疾；三两，固以换骨；四两，即为地仙矣。’”

宋朝点茶之奢、之奇

到了宋朝，一改唐朝时期的煮茶方式，而变为点茶了，茶人都是直接把茶叶的粉末先调成粥状，再利用各自的茶具来注水，通过观察器壁挂水的程度，茶汤的口感等评出次第。当宋朝著名的书法家、“茶博士”蔡襄的《茶录》出现之后，末茶点饮的方法很快就在宋代茶艺中占据了主导地位。《茶录》为宋代的点茶法奠定了艺术化的理论基础，而宋徽宗赵佶的《大观茶论》则对点茶之法做了详细的论述。这两部茶书都是出自帝王将相之手，并且宋徽宗赵佶还用惠山泉水烹制新贡佳茗，再用建溪黑釉兔毫盏盛茶，招待群臣，此举乃史无仅有，其痴迷程度和饮茶奢华之风可见一斑。然而宋朝的文人雅士追求的是平淡高逸、幽远高雅，崇尚宁静淡泊，意态雍容，渴望超脱于尘寰之外和人格的升华，达到天人合一、物我两忘的境界。苏轼的《水调歌头》就有“已过几番风雨，前夜一声雷，旗枪争战，建溪春色占先魁。采取枝头雀舌，带露和烟捣碎，结就紫云堆。轻动黄金碾，飞起绿尘埃，老龙团、真凤髓，点将来，兔毫盏里，霎时滋味舌头回。唤醒青州从事，战退睡魔百万，梦不到阳台。两腋清风起，我欲上蓬莱”的精美诗句；陆游用“更作茶瓯清绝梦，小窗横幅画江南”“细啜襟灵爽，微吟齿颊香”来说明，茶汤入口要细啜慢咽，点滴于颊齿之间，让味觉和嗅觉充分享受茶之韵味，以达到心神之融会，这种重在精神享受的饮法，则谓之“品茶”；宋朝还有许多诗人写下非常多脍炙人口、发人深省的诗篇，比如北宋初期的著名诗人王禹偁，中期的梅尧臣、欧阳修、王安石、苏轼，后期的黄庭坚和江西诗派，南宋的陆游、范成大、杨万里等。

明摹 宋人撵茶图 台北故宫博物院

虽然唐朝时期饮茶的风气风靡全国，产茶地域和茶叶产量都是空前的，绝对面积和贸易自由度甚至超过宋朝，但宋朝时期的茶宴变得更加精致、更加奢华，所以可以说："茶盛于唐而精于宋"。在2012年的一期收藏节目中谈及宋朝文物，并延伸到茶文化时，某知名主持人竟然会说："宋朝是煮茶，把调料和茶叶煮成粥一起喝。"是口误还是张冠李戴则不得而知，"唐煮宋点"是一种常识，如果朝代是唐朝，则煮茶无误，但宋朝时期，茶汤里面已经去掉了调料，当时茶文化发展到鼎盛、奢华的阶段，并"斗茶"成风，由于斗茶，不但需要水、茶、盏等要精，还要求水注（执壶）出水的水柱不能短而散，这是现实生活的需求，刺激了瓷器器型的创新和烧制工艺的升级，唐朝时无长嘴壶，入宋后长嘴壶"汤提点"成为茶人的必备，没有细长的水柱，没有恰到好处的力度，如何点出"莲花开放""罗汉贡茶的佛祖显灵"？

乞茶和灭于茶?

在宋元过渡期，弃金国投蒙古的契丹人耶律楚材的《西域从王君玉乞茶因其韵》诗曰："积年不啜建溪茶，心窍黄尘塞五车。碧玉瓯中思雪浪，黄金碾畔忆雷芽。卢仝七碗诗难得，谂老三瓯梦亦赊。敢乞君侯分数饼，暂教清兴绕烟霞。"依然还可以领略文人对茶的珍爱，身为成吉思汗和忽必烈的宠臣，他已经好久没有喝到建溪茶了，还要祈求君侯分些茶饼给他，也说明当时少

数民族得茶不易。进入元朝，因为统治者是强悍的游牧民族，没有宋朝文人的雅致，尚武轻文，而且元朝才90多年，所以流传下来的诗词不多，比较经典的有林锡翁的《咏贡茶》——“百草逢春未敢花，御花葆蕾拾琼芽。武夷真是神仙境，已产灵芝又产茶”。元曲中倒是有不少名句，“茶烟一缕轻轻扬，搅动蘭膏四座香，烹煎妙手胜维扬。非是谎，下马试来尝”。元杂剧《刘行首》中的“早起开门七件事，柴米油盐酱醋茶”倒是成了当今茶文中最火的引用词了。自唐宋以降，国家专营以茶易马的茶马互市，对于中原统治者“彼得茶而怀向顺，我得马而壮军威”，用少量的茶叶换回大量的马匹，这本是一种极为不公平的交易。（即使到了明朝，据史料记载，明太祖朱元璋在西宁设立了4个茶马司，一年之内就用茶换回13 000匹马。）因此，蒙古人深受其害，所以入主中原后，立刻废止了这种贸易方式，据国外学者的观点，蒙古铁骑与宋朝多年交战一个非常重要的原因就是为了茶以及这个非常不平等的茶马互市的交易方式。

当今饮茶方式的成因

由于明太祖朱元璋下诏废团茶，贡叶茶，抛弃“唐煮宋点”繁缛的饮茶方式，改为以沸水冲泡叶茶的瀹饮法。作为执行者，朱元璋十七子朱权是最早提倡饮茶方式从简，并且在实际操作上改革传统的茶具和茶艺的人，他在《茶谱》中规范了泡饮法，简化了程序，一洗前人的奢华和繁琐，使饮茶真正成为一种怡然自得、可以清心养性的雅事；茶人许次纾的《茶疏》也占有相当重要的地位，他详细描述了炒青绿茶的产地、采摘、制法、收藏等，具有较高的史料价值；张源的《茶录》，其书有藏茶、火候、汤辨、泡法、投茶、饮茶、品泉、贮水、茶具、茶道等篇。《茶录》和《茶疏》共同奠定了泡茶道的基础。比较有代表性的茶书还有：程用宾的《茶录》、冯时可的《茶录》、罗廪的《茶解》等。由于瀹饮法只要懂得茶中趣理，具体程序不必如煎茶、点茶那样繁琐，给人留下很大发挥的空间。明清以来，这种品饮方式，流行于社会各个阶层，在平民百姓之中也得到迅速推广，逐渐成为社会的主流。这种沸水冲泡法也促进了中国茶叶生产技术的进步，使得散茶的品种迅速增多，除绿茶外，红茶、乌龙茶、花茶、黑茶等茶类也逐渐发展起来。

清朝理性饮茶与致雅之风

清朝有近270年的历史，嗜茶的皇帝首推“君不能一日无茶”的乾隆，他留下了230多首茶诗。从“扬州八怪”之一的郑板桥的《题画竹六十九则之十二》“曲曲溶溶漾漾来，穿沙隐竹破莓苔。此间清味谁分得，只合高人入茗杯”；“兄起扫黄叶，弟起烹秋茶……杯用宣德瓷，壶用宜兴砂。器物非金玉，品洁自生华”；郑清之诗“一杯春露暂留客，两腋清风几欲仙”；到曹雪芹《红楼梦》二十三回中的《冬夜即事》的尾联“却喜侍儿知试茗，扫将新雪及时烹”。清朝时期有关茶的诗词众多，茶人也更加理性。“翻怜陆鸿渐，跬步限江东”，不再千里取水，而是就地、就近取水，并且还找到用雪水煮茶的雅趣，清人更注重“三雅”：人雅、器雅、环境雅。清朝时期最具影响力的茶书是陆廷灿的《续茶经》，它是清代最大的一部茶书，也是中国古茶书中最大的一部，几乎囊括清朝以前所有茶书的资料。

饮茶的断层

从鸦片战争到20世纪80年代，近100多年中，中华民族经过战火涂炭，新中国成立后，又经历“文化大革命”的激荡，虽有短暂的安宁，不乏文人雅客偷闲饮茶，但毕竟“仓廪实而知礼

节”，我们必须承认这段时间是大陆茶文化的断层期，而东南亚、日本、中国台湾的茶文化的精髓一直被延续、传承和发扬，欧洲诸国从17世纪后也逐渐形成了一种崭新的喝茶习俗。

总而言之，茶被称为中国的国饮，从最初作为药用，后来开始食用，发展到现在变成冲泡，其中它的药用功效，古今中外都有翔实的记载，早在三国时期的擂茶救张飞，隋朝老和尚用茶治好隋文帝，清朝王老吉凉茶治愈林则徐……然而茶被世人接受的过程，在中国历史上也不是一帆风顺，南北朝时期王蒙的“水厄”典故，然后才渐入佳境，到唐煮、宋点、明泡和明清茶叶大量出口，使得茶叶的发展达到历史的巅峰，再经过一百多年的断层，直到20世纪末，茶在大陆才慢慢恢复元气，然而在当今，急功近利的大环境下，如何再造唐宋时期中国茶文化被世人膜拜的盛世，则成了现代茶人的向往。

茶在国外

欧洲茶源自于中国吗?

日本学者角山荣在《茶的世界史》中认为：“荷兰最初运送的是日本茶，并且日本茶是欧洲茶的起源。荷兰东印度公司成立于1602年，1609年去到日本平户，十年后荷兰东印度公司将日本茶经班达输往欧洲。”而英国罗伊·莫克赛姆在他的书中提到，自1596年荷兰人就在现在印度尼西亚的爪哇从事贸易活动，把当地的产品和来自中国和日本的物品运到欧洲。1606年第一批茶叶被运到荷兰，虽然以前也有人尤其是葡萄牙人曾带茶叶去欧洲，但这一年是茶叶作为商品第一次运到欧洲，这才是欧洲商品茶的起源。这明显和中国某些网站对茶叶出口历史的认识有些出入，他们认为明朝嘉靖时期，葡萄牙神父克鲁兹到中国传播天主教，1560年回葡萄牙开始向欧洲诸国介绍中国饮茶习惯和茶叶知识，茶叶不但可以作为献茶敬客的礼节，还可以起到治病的功效。1610年，荷兰直接从中国贩运茶叶转销到欧洲，1613年英国首次直接从中国贩运茶叶，1662年葡萄牙凯瑟琳公主嫁给英王查理二世，茶叶作为她的陪嫁品的一部分，从此茶叶从葡萄牙传到英国王室。角山荣在他的书中还写道：“在荷兰最早出现的饮茶的记载是1637年1月2日荷兰东印度公司的总督发给巴达维亚（今印度尼西亚的首都雅加达）商馆馆长的信件，其中写道：因为大家都开始有了喝茶的习惯，所以除了运送的货物外，希望船上都能备有日本茶和中国茶壶”。至于为什么是日本茶“CHAY”而不是中国茶“TAY”呢？根据约翰·曼迪斯罗的《东印度游记》中记载，日本茶“CHAY”是“TAY”或者“TEH”的一种。它的茶叶远比TAY还要更纤细贵重。从现有的文字记载来说，可以证明在17世纪欧洲从亚洲进口茶叶中，高档的绿茶是来自日本，从中国进口的有松萝绿茶和武夷茶等，下文还有详述。所以角山荣认为：“中国茶给欧洲人的印象不是药，就是招待朋友的饮品，但当他们接触到日本茶时，才体会到一种独特而强烈的文化印象。”似乎也有些道理。

现代中国学者普遍认同，中国茶叶是在1600年左右首次传到欧洲的，中国茶是欧洲茶的起

源，笔者一直对学术界刻意追逐“世界最早”略有微词。一般来说越是小国越强调自己这个世界第一，那个世界最早，希望获得世界的认可，希望让世界听到自己的声音，这也情有可原。但作为具有上下5 000年文明历史的中国来说，一个世界上无人不知、无人不晓的大国，应该要有“宰相肚子能撑船”的胸怀，让事实说话，用证据证明，何必争一个口舌之快？即使欧洲茶最早来源于日本，那又能如何？只要让世人知道，日本茶起源于中国，不就足够了？

外国有关茶功效的描述

在中国，提起欧洲最早出现中国茶的记录，许多人都认为是1559年威尼斯出版的《航海与旅行》一书，实际上在1545年意大利人拉姆·吉欧的《航海记集成》中，已经写道“中国所到之处都有人喝茶，空腹的时候喝一二杯茶，对发烧、头痛、胃痛、胸部疼痛都有疗效，治疗痛风更是它的主要疗效之一，吃太饱的时候，也只要喝点茶，就可以很快消化掉了”，17世纪后半叶，茶叶在英国从上层社会慢慢走向大众时，茶的功效被描述成可以治疗14种症状的饮品，英国赛仁娜·哈迪（Serena Hardy）在《茶书》（The Tea Book）中记载了，土耳其人常常咀嚼泡过的茶叶来解除疲劳，缅甸的Naga Shan等区，还把茶叶当作一种药来杀菌，促使伤口愈合，泰国北部也保留着中国唐代煮茶的方式，把茶和盐、蒜、油等煮着喝来去除疾病、强身健体的习俗，以及马来西亚的《茶·传》中记载的20世纪60年代中国劳工，在马来西亚槟城喝六堡茶自救的事情等等。

茶的英文名是CHA、TAY还是THEE、TEA?

茶的称呼在国际上一直存在着两种发音：CHA和TAY。在1671年出版的《英语用法词典》中，茶是CHA的标注；1682年英国约翰·张伯伦的《咖啡、茶、巧克力、烟草的历史》中把茶写成THEE；17世纪中叶的Hobson-Jobson 的《英印口语词典》中，刚开始茶的音标是CHA或者TCHA，到了18世纪才演变成现在的TEA。如果溯源的话，应该和茶的广东发音CHA和福建的发音TAY有关，其中CHA系列的读音主要是粤语、日语、葡萄牙语、印度语、波斯语CHA；阿拉伯语、俄语的读音是CHAI；土耳其语的读音CHAY……

另外福建语系的TAY(TE读音dei，马来文读音te，其中“t”发“d”的音)则包括荷兰语的THEE、德语的TEE、英语的TEA、法语的THE等。现在这两种读音在东南亚一带还是同时存在，比如到新加坡、马来西亚的茶室，叫一杯TAY (TEH)，所有的人都会心领神会，TAY就是茶，CHA也是茶，就算东南亚最有名的美食“肉骨茶” 它的叫法也是“BAK KUT TEH”。

据日本茶树权威桥本实的说法，CHA语系是通过陆路从中国广东向北传至朝鲜、日本和蒙古，往西到西藏、印度、中东，其中一部分传入东欧。而葡萄牙通过澳门殖民地和对厦门的贸易，把TAY传入西欧，最后扩展到北欧，这是通过南海海路传播的。所以说，无论是中东还是欧洲，无论是西亚还是东亚，不管是通过海路还是陆路，中国茶的影响无处不在，历史的沉淀给中国留下了潜移默化茶文化的世界影响力。

汝釉青瓷碟

高 3.2 厘米　口径 14.2 厘米　底径 9.3 厘米

圆口，弧壁，自足向外斜直而上，平形底，圈足微外撇，表面布满细纹，外底留有三枚芝麻粒状的支烧痕，内底中心略凸，外底略凹。

茶的类别

说起茶来，每个人都会说出很多种，由于茶叶的分类标准不同，现在茶叶的类别也非常混乱，以前叫绿茶的现在可能是白茶，现在叫白茶的实际上属于绿茶的类别，不同语言的茶类，也会冲突，甚至有些茶，不知道属于哪个类别，更有甚者，有些叫茶的『茶』，根本就不是茶。

分类标准

形

按照茶的外形分类：针形（白毫银针），扁形（龙井），索形（庐山云雾），卷曲形（碧螺春），片形（六安瓜片），条形（太平猴魁），圆形或者半圆形（冻顶乌龙），尖形（日本煎茶），束形（保健茶），朵形（茉莉花茶）等，至于一些再加工的茶，比如立顿红茶是袋装粉状。所以下文笔者把茶用二分法、六分法和八分法等来分类。

色（发酵程度）

现在最常使用的分类方法，就是按照发酵程度不同把中国茶叶分为六大类。分别是：绿、黄、白、青（乌龙）、红、黑茶。

1. **绿茶是不发酵的茶。**按照加工工艺的不同又细分为：炒青绿茶、烘青绿茶、蒸青绿茶还有晒青绿茶。龙井、碧螺春都属于炒青绿茶；毛峰、太平猴魁属于烘青绿茶；而玉露、煎茶属于蒸青绿茶；晒青绿茶一般用来做毛茶，比如普洱毛茶。

2. **黄茶是微发酵的茶。**类似绿茶，但多了一道长达几十分钟到几天不等的闷黄流程。随着闷黄时间的延长，干茶的色泽绿色减退，黄色显露，汤色由鲜绿变成浅黄，滋味变得鲜醇爽口，尚留丝丝嫩香。不同产地的茶叶，闷黄时间不同，在此过程中，多酚类含量下降，氨基酸含量上升，当多酚和氨基酸比值最小时，就是闷黄的最佳时间。所以说，如果闷黄过程，只有几十分钟，哪怕是几个小时，可以认为没有发酵，当然如果要经过几天的闷黄，那就应该算发酵了。然而由于认知的局限，使得黄茶的境况每况愈下，就拿黄茶的代表、中国十大名茶之一的君山银针来说，为了迎合市场的需求，在慢慢缩短闷黄时间，最近些年来，甚至推出完全不发酵的君山银针绿茶，据说市场反应非常不错，所以有时一道工艺的有无、长短都会影响茶的分类，但市场的需求，往往使茶叶的制作越来越返璞归真。

3. 白茶是发酵茶中发酵程度最小的茶。加工时不炒不揉，只将细嫩、叶背满茸毛的茶叶晒干或烘干，把白色茸毛完整地保留下来。中国代表性的茶叶有：白毫银针、寿眉、牡丹等。世界范围内，印度、斯里兰卡、尼泊尔等国家也生产白茶。

4. 乌龙茶也叫青茶，介于红、绿茶之间的半发酵茶。乌龙茶综合了绿茶和红茶的制法，其品质介于绿茶和红茶之间，既有红茶的口感醇厚，又有绿茶的碧液清香， 并有“绿叶红镶边”的美誉。其中包括台湾冻顶乌龙茶、福建安溪铁观音等。

5. 红茶是前发酵的茶。通过发酵，使茶叶氧化产生茶红素，因而形成暗红色的茶叶，呈现红色茶汤。世界著名的三大红茶：有红色香槟之称的印度大吉岭（明亮的橙黄色，纯红茶饮用）、斯里兰卡的乌巴茶、中国的祁门红茶。其中排名最先的是印度大吉岭茶，它产于印度北喜马拉雅山约2 000米处，终年低温，地形陡峭，采摘困难，产量稀少，因而珍贵。明亮橙黄色茶汤，清冽甘醇，有香槟般的口感，麝香葡萄的芳香。乌巴（UVA）茶是斯里兰卡中央山脉东侧海拔1 200米以上的高地茶系，香气强烈，口感厚实甘醇、茶色明亮，闪烁着美丽的金色光环，被称为 “黄金杯” ，由于它本身具有厚实中略带香甜的口感，所以是奶茶的最佳原料。中国的祁门红茶本来久负盛名，一直是中国红茶的代表，不过最近十多年来，金骏眉异军突起，现在成为中国红茶的旗舰。

6. 黑茶是后发酵茶。它通过渥堆再次发酵，使茶叶与茶汤颜色更深、滋味也更浓郁厚实。熟普洱茶、六堡茶、安化茯砖茶等，都是黑茶。

以上分类，似乎概括了中国生产的所有茶叶的类别，然而事实绝非那么简单。就拿普洱茶来说，虽然学术上普洱茶仍然属于黑茶类，但却无法囊括普洱生茶，按照发酵程度来分，普洱生茶的晒青毛茶应属绿茶，当然也不可据此说普洱茶是绿茶。这就是谈及普洱茶归属非常尴尬的一面，其原因就是，普洱茶没有单独成类。幸运的是，欧洲学者2009年在Caterer & Hotelkeeper中提出，把茶叶划分成八种类别的说法，这就是笔者提倡茶叶八分法的起源。

民国绿泥壶和汝瓷杯

香

根据茶的香气可以分成三类：外溢型，收敛型，中间型。

- **外溢型**：是指茶香闻之扑鼻而来，泡之满屋飘香型的茶叶，茶香非常浓郁，常常浮于茶汤之上，几泡过后，浮香所剩无几，只能靠回味的类型。例如：浓香型的乌龙茶、茉莉花茶、凤凰单枞等。
- **收敛型**：是指闻起来略带淡淡清香，泡出茶汤的香气是含蓄的，香气和茶汤相互交融，几泡下来茶的香气还是幽幽长远型。比如：太平猴魁、大禹岭高山茶等，而且野茶和高纬度的茶，差不多都是这个类型的茶。
- **中间型**：是介于外溢型和收敛型之间。其中有些是茶商为了市场需求进行搭配而成的拼配茶和为了获取某种香气特别培植的茶，也有一些资深茶人为了某种口味，把收敛型茶叶再次烘焙而制成的特定香气的茶叶。例如：拼配的武夷岩茶、越南的莲花翠玉茶、印度尼西亚的薄荷绿茶等。

其实按照颜色来分类，其原理就是因为发酵程度不同使然。不过如果单独提出，按照制作工艺即发酵程度来分类，还可以把茶分成未发酵茶和发酵茶，发酵茶细分又分为微发酵、半发酵和全发酵茶。未经过发酵的茶是绿茶，发酵程度10%的是白茶、10%~20%的是黄茶、20%~70%的是乌龙茶、70%以上是红茶，90%以上的后发酵茶是黑茶。这里要澄清一下，安吉白茶没有经过发酵，虽然名字是白茶，但实际上按照发酵程度来分，即使按照干茶的颜色来分，它都属于绿茶。另外，说起乌龙茶，就不得不提台湾乌龙茶，它发酵程度从低到高有：文山包种20%，冻顶乌龙30%，白毫乌龙茶（以前叫膨风茶），大约1960年，在英国举办的世界食物博览会上获得银牌奖，曾献给英国女王伊丽莎白二世品尝，女王品尝后，赞不绝口，赐名“东方美人茶”，它是台湾发酵程度最高的乌龙茶，发酵程度达到60%~70%，由于发酵程度高，茶汤是红色，所以在很多地方，都把东方美人茶当作红茶。

在英语中茶最早只有：Green Tea (绿茶)和Black Tea(直接翻译是黑茶，实际上是指英式红茶)。起初欧洲进口的茶都是绿茶，后期才从中国进口了武夷茶，欧洲人称为红茶。1771年爱丁堡刊行的初版《大英百科全书》对于茶的描述是：根据颜色、香味、茶叶的大小来分类，一种是普通绿茶（松萝）、一种是上等绿茶（黑森和伊姆）、另外就是武夷茶，即英语中的Black Tea。现在中国的武夷茶，一般归属于乌龙茶系——半发酵的茶。1887年日本的《通商报告》提到大清国茶业实况时，日本对于中国茶的描述，也只有红茶和绿茶，其中乌龙茶被包含在红茶之内。然而在美国，即使到19世纪末，一提到茶叶，还是指绿茶。中国有些学者质疑初始登陆欧洲和美洲的绿茶，是否还是真正意义上的未发酵茶？当然答案是否定的，因为途经两年的海上漂泊，茶多多少少也要自然发酵，所以确切地说，欧洲最早喝到的茶叶，是经过自然发酵的茶，不是原汁原味的绿茶。另外，在中国，黄茶名气不小，但市场占有率太小，国内市场上都不常见，更别说海外市场，欧洲人不知道黄茶的存在也是情有可原，所以参考Boughton，Ian的分类，把中国传统的六分法增加一个单独的分类普洱茶，这样就完美了，业界对于普洱茶是黑茶还是绿茶的争论也会销声匿迹了。

说起茶来，每个人都会说出很多种，由于茶叶的分类标准不同，现在茶叶的类别也非常混乱，以前叫绿茶的现在可能是白茶，现在叫白茶的实际上属于绿茶的类别，不同语言的茶类，也会冲突，甚至有些茶，不知道属于哪个类别，更有甚者，有些叫茶的“茶”，根本就不是茶（见下文的南非红茶）。

一般来说，比较通用的茶叶分类方法是二分法，把茶叶分为基本茶类和再加工茶类两大类。

基本茶类包括: 红茶、绿茶、青茶（乌龙茶）、黄茶、黑茶和白茶。

再加工茶包括：用以上各种茶单独、拼制或者添加其他配料再加工而成的茶。包括花茶、紧压茶、美容茶、速溶茶及药用茶等。

国际新趋势

新的八分法

根据Boughton，Ian的观点，真正的“茶”，英文是Camellia Sinensis，是来自山茶科、山茶属的绿色植物，全世界有3 000多种，根据处理过程，把世界上的茶叶分为以下八种：

1）红茶（Black Tea）；2）绿茶；3）乌龙茶；4）白茶；5）普洱茶；6）调味茶；7)Rooibos(南非红茶)；8）药茶。

笔者在介绍如意博思（Rooibos）茶时，称之为红茶(此时笔者用的red tea而不是black tea)。它是用南非的植物针叶，烘制而成，与一般茶类不同，单宁含量低，最关键的特性，它不含咖啡因，是最温和的饮料。其实确切地说，它不属于山茶属，应该不属于茶类（详见下文），但该茶中却含有丰富的SOD（Superoxide Dismutase超氧化物歧化酶），它是一种活性物质（能消除生物体在新陈代谢过程中产生的有害物质，具有抗衰老的功效），含有钙质、维生素C、矿物质及微量元素，最适合全家大小日常饮用，而且冷热皆宜。在欧洲和日本非常流行，在德国被称为降血脂茶，在美国被称为抗过敏茶，在日本被称为神奇的解酒茶、不老茶。

综上所述，中国茶叶的基本茶类，已经分成七大类，这是在以前六大类的基础上，把普洱茶单独成类，再加上南非的如意博思茶，形成世界上基本茶类的八分法，即：

1）绿茶；2）黄茶；3）白茶；4）乌龙茶；5）红茶；6）黑茶；7）普洱茶；8）如意博思茶。

新出来一种蓝茶?

有时语言的差异会带来一些误解，甚至歪曲。比如，笔者到新加坡某知名茶店，从它的茶单上赫然发现了Blue Tea，蓝茶？由于那个茶店出售来自世界上20多个国家、上百种茶叶，难道

TEA LIST

Nilgiri - Black Tea

T400	Tiger Hill FOP*	$11

Assam - First Flush Black Tea

T500	Assam TGFOP1*	$12

Assam - Second Flush Black Tea

T501	Harmutty SFTGFOP1*	$11
T503	Meleng FBOP*	$11

Fujian - Green Tea

T636	Green of Fujian Tea
T649	Snow of Fujian Tea

Fujian - Blue Tea

T612	Kwai Flower Superior
T613	Se Chung
T614	Ti Kuan Yin Supreme

图1 新加坡某知名茶店的茶单

是世界哪个地方新制作出来的一种新茶？（见图1）。

经过一番对比和研究，还请负责人来验证，最后明白了，由于受中文的影响，从福建进口的乌龙茶，写做青茶，茶友们都知道，乌龙茶就是青茶，但翻译的人应该不太了解茶，所以把青茶直接翻译成Blue Tea了， 听起来也有些道理，只给你“青”字翻译成英文，当然就是“Blue”了，可用在青茶中，翻译成Blue Tea (蓝茶)与乌龙茶的本意就相差千里了。这更说明中华文化博大精深，没有基本的中文基础，想深入了解中华文化，非常困难，很有可能像这样，一字之差，谬以千里。

八大茶类详解

茶中生机——绿茶

中国绿茶

中国是世界上绿茶产量最大的国家，约占全世界绿茶总产量的80%以上。中国有十多个省份生产绿茶，其中享誉盛名的就有几十种，根据中国1959年公布的十大名茶：西湖龙井（图2是核心产区西湖龙井群体种茶树）、洞庭碧螺春、黄山毛峰、庐山云雾茶、六安瓜片、君山银针、信阳毛尖、武夷岩茶、安溪铁观音、祁门红茶中，就有6种是绿茶，其中前5名都是绿茶，第6种绿茶也位居第7位，两种是乌龙茶，黄茶和红茶各一种。绿茶的制作方法有：炒青、烘青、蒸青还有晒青。龙井、碧螺春属于炒青绿茶，黄山毛峰、庐山云雾茶、六安瓜片、信阳毛尖都属于烘青绿茶，中国绿茶中蒸青绿茶比较少见，比如恩施玉露属于蒸青绿茶，至于古人提倡的“茶有宜以日晒者，青翠香洁，胜于火炒”的晒青绿茶，比较有代表性的有滇青、陕青等。

作为中国十大名茶之首的西湖龙井茶，据说有上千年的历史，以“色绿、香郁、味醇、形美”四绝闻名于世，自古以来，对于龙井茶赞美之词不计其数，连文化艺术造诣登峰造极、品位修养高深莫测、健康长寿无人能及的清高宗乾隆皇帝都留下30多首吟诵龙井茶的诗句，并亲封胡公庙前的18棵茶树为“御茶”，并且写道“龙团凤饼真无味”，是说宋朝时期最好的茶叶都无法与龙井茶相比，藉此把龙井茶推向历史的巅峰。在所有的诗句中给笔者印象最深、描写龙井茶的诗句，是清朝茶人陆次云的：“龙井茶，真者甘香不冽，啜之淡然，似乎无味，饮过后，觉有一种太和之气，弥瀹乎齿颊之间。此无味之味，乃至味也。”综合古人的概述，结合笔者的经验，诠释龙井茶的真谛应该是“四似”：视之浅碧似无色，嗅之似豆香沁脾，啜之淡然似无味，回味惊叹似太和。这种“无味之味”，就是龙井茶的“至味”，茶汤香馥若栗，香高持久，啜后齿颊留香，回味悠远。

西湖龙井茶历史上曾有“狮、龙、云、虎、梅”五个品类，产区是狮峰、龙井、云栖、虎

图2 西湖龙井群体种产地

跑、梅家坞一带，就是现代的一级产区。传统的龙井茶是指群体种西湖龙井，西湖茶区最老、最珍贵茶树良种，也叫老茶树。现代西湖龙井保留下来的种类有两个“狮峰龙井”和“梅家坞龙井”，狮峰龙井香气高扬，色泽略黄，叶片略大，而梅家坞龙井香气沉厚，色泽翠绿，叶片略小，由于西湖龙井一级保护区只有6 000多亩，清明节前采摘的“明前西湖龙井茶”更是稀少，“赶早的茶叶是个宝，晚出的茶叶是根草”，由于市场对最早上市的新茶的追崇，从明前茶到社前茶，再到头茶，越来越稀少。从而催生了“搭便车”现象，有不少商家用贵州绿茶、浙江乌牛

早等提早上市的绿茶，来冒充明前西湖龙井，再加上龙井茶被各省引进，就拿浙江省来说，龙井茶系就有许多品种，因此难免造成不同省份、同一省份不同城市、同一城市的不同区域的龙井茶，搭靠西湖龙井便车的事件发生，从其他省份的龙井，到浙江龙井，再到杭州龙井，最后到西湖龙井，都是龙井茶。一般来说，龙井前面的地名越接近西湖茶区，茶叶的价格越高。不可否认，这些都是质地不错的茶叶，用其他产地的龙井，冒充西湖龙井的茶商，只能算唯利是图。但如果有的商家用树叶（见第五章第三节茶余饭后的趣谈），用喝过的茶叶重新炒干，或者晾干再

图3（左）干茶、（中）喝后炒干、（右）喝后晾干

上市销售，那就是欺骗了，更加让人鄙视了。还记得笔者第一次去西湖边上买茶叶的经历，那是20多年前读大学的时候，在学校中常能喝到杭州同学带去的龙井茶，所以慢慢喜欢上它。第一次去杭州西湖景区游玩，一位小贩上前推销他的西湖龙井茶，他誓言旦旦地保证是明前西湖龙井，而且看上去也有很多芽头，笔者就按图索骥，首先看到茶形是一旗一枪或两旗一枪；干茶颜色也是黄、绿相间；又是杭州当地的商家；价格比大商店便宜不少，所以就图便宜买了二两。回去冲泡后，茶汤索然无味，和当地的朋友确认后才知，那些是喝后再去炒干的西湖龙井茶，真是“买的不如卖的精”“贪便宜吃大亏”。不过塞翁失马，这次难堪的经历，让笔者下决心，第二天亲自去虎跑公园品尝“西湖双绝”虎跑泉水泡西湖龙井，图3是明前狮峰龙井群体种茶叶以及八泡后笔者炒干（如果有经验的人来制作，那么炒制出来的茶和原茶的形状会相差无几）和晾干的叶底照片。

图4（左）群体种、（右）43号

为了探究龙井茶为人所钟爱的原因，人们对它进行了全面的科学研究，最后发现龙井茶所含氨基酸、儿茶素、维生素等成分，均比其他茶叶多（这是2005年以前的研究结果，最新研究成果请见下文），其他营养成分丰富，具有多种对人体有益的功效。譬如，100克高级龙井茶中维生素C的含量在200毫克以上，比等量的苹果、橘子所含的都多，而且越是芽尖，维生素的含量就越多，春茶高于夏、秋茶。特定质量的茶叶，其中所含的氨基酸越高，则茶多酚含量就越低，而且夏、秋茶比春茶的多酚类物质含量高，不如春茶鲜醇甘甜，比较苦涩，但比较耐泡。1960年中国农业科学院茶叶研究所，从龙井群体中选育出来的无性系国家级品种龙井43号，1987年被审定为国家品种，是特早生种，育芽能力特强，发芽整齐密度大，芽叶短壮少毛，春茶一芽一叶到二叶，干茶约含氨基酸3.7%、茶多酚18.5%、儿茶素总量12.1%、咖啡因4.0%。它比群体种龙井茶早发芽一到两个星期，优选了老龙井中的长叶，叶片形状整齐、细、嫩，外形更美，偏绿。由于龙井43号成熟得早，产量高，受这些因素的影响和利益驱动，现在许多茶农改种龙井

表2　明前龙井群体种和龙井43号各类指标对比表

种类	茶叶颜色	茶叶形状	粗壮程度	茶叶外表	外形	茶汤	香气	叶底	底蕴	价格
群体种	绿中略黄	大小相同	比较粗壮	较多茸毛	浑然天成	清亮	浑厚	略大	丰富	高
龙井43号	偏绿	基本相同	比较纤细	很少茸毛	标致纤美	青翠	高锐	略小	持续	略低

43号。那么龙井茶的新旧品种各有什么特色哪？下面对这两种2012年的明前茶进行比较：

通过表2的比较可以看出，龙井43号在色和形都优于群体种，刚开始香气高锐，味道也甘醇，总体测评不在群体种之下，市场上又有很多人追捧早茶，所以最早下来的龙井43号头茶的价格会很高。当群体种龙井茶上市时，那些老茶友更热衷于群体种或者就叫老茶树。对两种刚刚炒制好的茶叶进行比较，就会发现，老树茶入口回甘好，龙井43号鲜爽程度高，老树茶底蕴丰富，龙井43号赏心悦目，可以说二者各有千秋。但六个月后品尝，老茶树的香气更加浑厚，入口回甘，豆香四溢，还远比龙井43号耐泡。最终结果是，群体种龙井茶香气更加纯正、茶汤甘醇、底蕴更加丰富，但外形、颜色还是输给龙井43号。概言之，老茶人喜欢老茶树的层次和内涵，但由于群体种的西湖龙井茶树所剩无几，老树茶市场难寻。当然，好的龙井43号也成了稀缺资源，从视觉享受的角度，它更胜一筹。

中国研究人员一直在培育茶叶新品种，图5是浙江大学茶叶研究所最新培育出来的“黄金叶”绿茶，它的最显著的特点是克服绿茶泡制时怕烫的弊端，而且底蕴丰厚、非常耐泡，这是笔者用沸水浸泡8泡后的叶底。

图5 “黄金叶”绿茶

盖碗泡洞庭碧螺春

洞庭碧螺春

洞庭碧螺春属于炒青绿茶，原名 “吓煞人香”，据说是康熙皇帝认为其名不雅，故赐名碧螺春。说起来有些奇怪，洞庭碧螺春早在1959年公布的中国十大名茶中就位居第二，产地在江苏省苏州市吴县太湖洞庭山，就是笔者读大学的省份，可以说30多年前就开始接触，但到现在都没有找到感觉，难道是西湖龙井先入为主？其实每种茶都有各自的特点，名茶之所以有名一定有它独到之处，其他有名的绿茶像黄山毛峰、庐山云雾、六安瓜片、都匀毛尖等都会想喝，只有碧螺春没能成为笔者的必选名茶，细究其原因，应该是因为优质的洞庭碧螺春芽头太细、太嫩，一斤清明节前采摘的洞庭碧螺春有近7万颗芽头，卷曲成螺，满身披毫，略微抖动袋装的茶叶，茸毛尽散。换而言之，它对洗茶要求很高，而且前几泡的茶汤不透，也不耐泡（只是相对而言，见图6的洞庭碧螺春就可以泡出10泡，图7是8泡后的叶底），如果说西湖龙井是大家闺秀，那么洞庭碧螺春就是小家碧玉，或许笔者这样比喻不一定很确切，但笔者更喜欢那种有太和之气的西湖龙井。

碧螺春是一类非常含蓄的茶，口感鲜醇不张扬，一种自然的花果香隐于茶汤，汤色碧绿，几泡过后开始回甘，连冷茶都深具内涵，入口冷冽甘甜。由于碧螺春茶采摘的是细芽嫩叶，因此茶汤中的旗枪也非常娇美，整体嫩绿隐翠，清香幽雅，秀色可餐。

图6 碧螺春干茶

图7 碧螺春叶底

黄山

黄山毛峰

“五岳归来不看山，黄山归来不看岳”，徐霞客心目中黄山是中国名山之冠，黄山以巍峨奇特的山峰，苍劲多姿的劲松，清澈不湍的山泉，波涛起伏的云海“四绝”驰名天下。高山云雾出好茶，黄山茶区的纬度是北纬29° 43′，正好是世界上公认生产好绿茶的纬度内，所以黄山毛峰被评为十大名茶的前三甲也是实至名归，见中国1959年公布的 “十大名茶”：西湖龙井、洞庭碧螺春、黄山毛峰、庐山云雾茶、六安瓜片、君山银针、信阳毛尖、武夷岩茶、安溪

铁观音、祁门红茶。

黄山毛峰最令人称奇的传说就是白莲升腾的奇景。据说明朝天启年间，江南黟县令熊开元在黄山一个寺庙中，见一个老和尚用黄山毛峰配黄山泉水，冲泡的热气在空中变成一朵白色的莲花，再慢慢化成一团云雾散开。但他的同僚为了邀功给皇帝表演时没用黄山的泉水，没有出现这种白莲升腾的景象，皇帝差点杀了他的头，最后供出是从熊开元那里看到，最后他用回黄山的泉水，再现这种奇迹，并给他带来高升的机会——被提升为江南巡抚。但正是黄山毛峰择水而香，

图8 黄山毛峰

因水而异的清高品质，让熊开元大彻大悟，他毅然辞官出家并取法名为正志。当笔者有机会一边追忆这则极富有哲理的传说，一边品尝着极品的黄山毛峰，真想玩一次穿越，让自己也可以大开眼界、茅塞顿开。

由于刚开始只尝到某个名牌的黄山毛峰，没能找到那种满足的感觉，然而野生黄山毛峰茶（图8）非常了得，虽然外表粗犷、豪放，不拘一格，但茶汤淡绿透明，底蕴深厚，清香甘甜，经久耐泡，不愧是名茶。

说到野生茶，就不能不提浙江的野生茶。浙江省的纬度在北纬27°~30° 之间，属亚热带季风气候，四季分明，光照充足，降水充沛。年平均气温 15℃~18℃。浙江以它得天独厚的地理位置和气候环境闻名于世，素有“鱼米之乡、丝茶之府”的美誉，名茶历史源远流长。据史书记载，早在公元5世纪，浙江已有专业贡茶的御茶园。1990年在浙江湖州发现汉墓出土的青瓷瓮，

图9 浙江野生茶

树状壶和树叶纹杯

其肩刻有一个茶的古体字，由于当时湖州是茶的产区，所以断定该瓮是储存茶叶的器皿。再有杭州曾出土当今世界上最早（距今8 000年）的茶树种籽，所以有些学者认为茶树起源中心应该在杭州湾地区，这虽然还存在着很多争议，但无论如何，浙江一带很早就生产茶叶，并且盛产好茶，这是不争的事实。自唐、宋、元、明、清、民国一直到现在，浙江一直为中国甚至全世界，供应着享誉天下的名茶，宋代著名政治家、文学家欧阳修，就把产于绍兴的日铸雪芽——越笋芽，称为两浙草茶之冠。

记得十几年前，笔者就和杭州的朋友探讨过浙江人喝茶的习惯。笔者每年都能拿到一两斤西湖景区核心产区的西湖龙井群体种头茶，那熟悉的豆香气息，那一旗、二旗一枪的倩影，已经深深铭刻在脑海中，即使每年三月中下旬，都会从新加坡出发跑个来回，辛苦谈不上，但也算怡然自得。当时杭州的朋友的回答，并没有引起笔者的注意，他说当地人很少喝西湖龙井茶，他们都喝某某山上的野茶，直到最近这些年，笔者才慢慢体会到野生茶的珍贵，于是每年除了喝掉定量的龙井茶外，慢慢增加品尝野生茶的量。图9是2012年4月初，笔者品尝和评鉴浙江产的绿茶包括野生茶时拍下的照片，结果再次验证了古人对好茶标准的总结，即使在当今也行之有效。

六安瓜片

有一种绿茶非常特别，制作时剔除芽头和茶梗，制成形似瓜子的片状茶叶。它就是六安瓜片，属于烘青绿茶，产于安徽省六安和金寨两县的齐云山一带，地处大别山东北麓。六安瓜片（见图10干茶、图11叶底）的外形似瓜子形的单片，自然折卷，叶缘微翘，色泽深绿，只有叶片。品尝这种特别的绿茶时，会感觉茶汤入口醇爽，汤色清澈透亮，叶底则呈现主干清晰粗壮，叶片绿嫩油亮。与其他绿茶不同之处是干茶烘青的味道很重，浸泡后的香气很淡，似乎都溶于茶汤，喝下后才能感受它本身的香气。根据茶学的基本知识，茶芽和嫩梢的茸毛具有高氨基酸含量和低酚氨比特性，直接影响茶汤的香气、回甘，甚至鲜爽度。不知道六安瓜片去除芽头和茶梗的机理和原因是什么？作为茶人，喝一款这样的茶，总觉得有些缺憾。笔者只能猜想，由于中国十大名茶中徽茶就占了三到四种，比如黄山毛峰、六安瓜片、太平猴魁、祁门红茶，其他名茶还有霍山黄芽、屯溪绿茶等，难道为了与众不同，增加卖点？还是先人们经过多年的尝试，最终确定这样制作是最佳选择？是为了使茶叶不苦、少涩？笔者百思不得其解，回顾历史，任何缺少底蕴、没有内涵，无文化积淀的标新立异，都会成为过往云烟，而传承下来的事物都是经得住岁月的考验、最合理的安排。

图10 六安瓜片干茶

图11 六安瓜片叶底

安南盘

徽茶中有名的绿茶还有太平猴魁，产地是黄山市太平县的猴坑、猴岗和彦村一带。其特点就是外形长条状，和六安瓜片的瓜子形是不是有些异曲同工之妙？其香气和黄山毛峰、六安瓜片也有共同特色，比较内敛，茶汤中能感受清爽的绿色植物的香味，级别比较高的茶叶有一种兰花香和栗子香，清淡高雅，略带甘甜，回味悠远。太平猴魁的干茶扁平挺直，自然舒展，白毫略显，两叶内有嫩芽，其特征是“猴魁两头尖，不散不翘不卷边”。由于市场上太多假太平猴魁，已经蒙蔽了绝大多数茶友的双眼，毕竟正宗太平猴魁的产量很少，而且当地人也会把外地茶，加工后当成太平猴魁去卖。即使产地的茶，有些急功近利的商家，不使用传统工艺，也改变了太平猴魁的外形、猴韵等。最可气的是，有些人为了达到某种效果，人为的加香、加料，所以很多茶友，即使亲自去黄山，买回来的“太平猴魁”也有问题。更严重的问题是已经被洗脑，而且执迷不悟、罔信真言，因此倘若有人如实相告，常会被这群人骂得狗血喷头。既然一个完整的生态圈已经形成，必然有它的市场，各个环节的人也会固守城池，与其得罪一批人，不如把一些鉴别要点在此列出，让读者自行去甄别吧。

正宗太平猴魁干茶的鉴别要点：带柄、叶芽一体、颜色暗绿、主脉暗红、长度不超过10厘米（5~8厘米）、手感厚实、白毫若隐若现。借鉴一个鉴赏的词汇“高仿”，如果有人刻意仿制，尤其是高仿，外观只是表象，可以仿得出来，但茶汤中的内涵一定无法模仿，真正的好茶（参见下文的详解），需要细品，不让品的好茶，最好敬而远之。毋庸讳言，笔者有时把持不住，也屡屡被忽悠，前车之鉴，所以茶友们不要轻易大量购买，也不可轻易相信资历尚浅的茶商，或许他们本身也是受害者，信誉极高的老品牌茶店除外。

庐山

庐山云雾

古人云："高山云雾出好茶"，明代陈襄古诗曰："雾芽吸尽龙香脂"。茶树属于典型的亚热带植物，有喜温、好湿、喜酸、耐阴的生态特性。庐山的纬度：北纬29° 42′，山上年平均温

度11.6℃，庐山地处亚热带东部季风带，年平均降水量是1 917毫米，海拔1 000多米，主峰大汉阳峰海拔1 474米，年平均雾日191天，年平均相对湿度78%，酸性土壤，是绿茶生长的最佳环境。

图12 庐山云雾茶

作为中国十大名茶之一，庐山云雾茶（见图12）叶厚毫多，香气内敛、含蓄、耐久，滋味醇厚甘甜，汤色透亮，叶底嫩绿匀称，是绿茶中的精品，历来被视为珍品。据说在宋朝时期就被列为“贡”茶，它以“味醇、色秀、香馨、液清”而久负盛名，其中五老峰与汉阳峰之间，因终日云雾不散，出产的茶叶品质最好。经过九道工序的制作工艺，庐山云雾茶享有“六绝”的称号，即“条索粗壮、青翠多毫、汤色明亮、叶嫩匀齐、香凛持久，醇厚味甘”，真是“色香幽细比兰花”。

与庐山云雾茶相比，其产地——“庐山”可能更有名，它在东汉时期就成为佛教名山，是1000多年来名人雅士修道、游览题诗的地方，英国传教士李德立独具慧眼租借牯岭地区使其“合法化”。它还曾经是国民政府的“夏都”，美国陆军参谋长“五星上将”总统特使马歇尔八上庐山，毛泽东三上庐山以及庐山会议等，都使庐山名声大振。对于茶人来说，庐山的出名源自唐朝张又新借茶圣陆羽之口评出的天下第一泉——谷帘泉，它就位于庐山大汉阳峰南面康王谷中。笔者曾经寻觅到仙人洞附近，坐在当年蒋介石和马歇尔谈判台旧址的石桌前，用庐山的山泉水泡上一杯谷雨前的庐山云雾茶，在云雾朦胧之中、白云飘缈之间追忆古人，跨越时空，把琼脂、仙境、茶人融为一体，倒也有一种欲醉欲仙的感觉。笔者去过不少名山，比过一些名水，品过许多佳茗，那次的泉水给笔者留下非常深刻的印象。其实谈判台旧址的石桌已经成为茶座，那里有庐山当地的茶供应，虽然卖到50元甚至100元一杯，但茶叶本身级别不是特别高，尽管如此，笔者喝完第一口，还是禁不住说“好水”，不愧为天下第一泉附近的水，比自己近些年来喝过的绝大多数水都甘甜，当然泡出的茶也异常清爽，甘醇。在雨雾中除了可以品尝庐山云雾茶，还品尝到一种庐山毛峰茶，水质的至美，可以掩盖茶本身甘甜的不足，更可以彰显茶叶的原始味道，茶汤青草味道却是更加明显，与茶店老板求证“是否由于炒制火候不到的原因？”主人说是用庐山山脚下生长的茶，没有经过杀青制成的。没有经过杀青的绿茶还是第一次喝到，无论正确与否，至少是一种经历。最后只买了些庐山野生茶，由于那个庐山毛峰草腥味太浓只能作罢，虽然没有找到最满意的茶，但拥有了和前人的交集，可以身临其境理解先人的意境，在沉湎历史的路途中，踏着伟人的足迹，用现代人的心境感受当年重大变革，收获也颇丰。

在庐山继续寻找更好的云雾茶，那次深刻的经历，让笔者很久无法忘怀。在谈及这段经历前，首先要界定四种人：茶客、茶友、茶人、茶者。人在大自然中认识到茶，这时只是茶和茶客的关系；慢慢地人开始了解和品味并接受茶时，人和茶成为了朋友，人便成了茶友；当茶友对茶如痴似渴，到了“一日不能无茶”不能自拔时，人也就自然而然地成了茶人。当然，这里的茶人和古代的茶人的概念不同，古语“茶人”指采茶者，如《茶经》说：“茶人负以(茶具)采茶也”；当茶人能诠释茶荈文化，解读茶器的渊源，集缕缕太和之气，悟出“吃茶去”的禅念，还著书立传，传道授业指点茶友，能使茶人从其专著或者言论中解惑知礼甚至悟道时，这就到了茶人中的佼佼者——茶者的境界。另外还有茶商，这里是指做和茶叶有关生意的商人。茶人和茶商最大的区别就是一个德字，陆羽在《茶经》中说：“茶之为用，味至寒，为饮最宜。精行俭德之人”，唐末刘贞亮倡茶有“十德”之说，“以茶散郁气，以茶驱睡气，以茶养生气，以茶除病气，以茶利礼仁，以茶表敬意，以茶尝滋味，以茶可行道，以茶可雅志。饮茶能恭敬有礼、仁爱雅志、致清导和、尘心洗尽、得道全真”。总之，饮茶可资修道，即“饮茶修道”。“饮茶修道”是指通过饮茶艺术来尊礼依仁、正心修身、志道立德，和敬谦恭，温柔敦厚，平易近人。连皇子朱权都会在《茶谱 · 序》中写道“……自谓与天语以扩心志之大，符水火以副内练之功……”，在清心寡欲、休闲品茗中修身养性。

而当今大陆的茶馆中常常挂着一幅幅“茶禅一味”“以茶会友”“精行俭德”“仁爱雅志”等名人的字画，但要能做到以茶会友、清心寡欲、修身养性可绝非几年之功，绝大部分茶店纯粹

是经商，做茶的生意只为赚钱，有些则是奸商，其具体表现有：不买我的茶，你不可以品尝；好点的做法是，便宜的茶可以品尝，贵的茶不可以品尝，对于那些品后不买的人，在背后骂街的算是给面子，当场轰人并恶语相向的也大有人在。有些茶商只推荐利润高的茶叶，甚至明知道是假茶。笔者在大陆去过不少茶店，也接触了很多“茶人”，如果他们第一推荐的茶叶就是金骏眉，笔者听到后的第一反应就是马上离开，其实茶业界人士都知道，金骏眉在2005年才出现，据2011年中国茶叶流通协会的推算，金骏眉由刚开始的一斤3 600元人民币，飙升到了2011年最贵的3万~5万元一斤，所以茶友把能喝上金骏眉为炫耀的资本，当然茶商更趋之若鹜，利润高的茶叶谁不愿意卖啊，可问题是许多茶商，本来就知道那不是正宗的金骏眉，却以正宗金骏眉的价格蒙骗茶友，那就不仅仅是道德的问题了，已经是法律要制裁的行为了。根据媒体的报道，由于真正的金骏眉产量小，市场上真的金骏眉不超过万分之一，甚至某些资深茶人断言，普通市场上根本不存在正宗的金骏眉，他说甚至连来自明星成龙的金骏眉可能都有问题，这样明知故骗的商人就是奸商，要通过法律严厉惩罚。茶人的做法则完全不同，开门期待茶客的到来，来者便是客，首先根据客人的需求，尽量满足，最后哪怕没有成交但多了一个茶友。如果一身铜臭，唯利是图，而且全然不顾消费者的需求和健康，笔者倒认为，他最好收起那些虚伪的行头，早早离开茶这个行业，别玷污了茶这个神圣的字眼，免得被人鄙视，甚至不得善终。笔者常常告诫自己，以茶清心、以茶为善，是茶人本身素质提升的过程，经过一段时间锤炼，茶人的言谈举止、精神面貌都会更加高雅，谦谦君子之风让人感觉舒服，甚至本身的气场，随时都让人感觉身处祥和的氛围之中。有如此高尚的心态和境界的茶人，怎么可能容易生病？怎么会不长寿？再看看周围那些心胸狭隘、精心钻营、心机用尽、钻进钱眼的人，有多少身体健康、精神矍铄、长命百岁之人？

让我们再来比较一下新加坡、马来西亚、中国台湾的老茶店，只要是客人进店，都会有服务人员热情相迎，首先会咨询对方是否在寻找什么，如果没有特定的目标，也会用泡好的茶招待客人，如果客人有其他需求，店主基本不会拒绝，即使最后客人没买任何东西，临走时，服务人员也会笑脸相送。毋庸讳言，在大陆刺探军情、蹭免费茶大有人在，但茶人要以平和的心态，去对待那些爱占小便宜、市侩之人甚至竞争对手，这样的人无处不在，要用茶人的德行来感化那些未来的茶友，怎能由于没赚到钱就恶语相加，没做成生意就鄙视对方。换个角度，作为试茶人，

也要先学会基本礼节(下文有解释)。茶人一般都喜欢登名山、寻佳泉、觅名茶，遇到自己心仪的茶叶绝不会轻易放过，但碰到以劣充好，或者不适合自己的茶，即使白送，茶人也未必会笑纳，有些“会做人”的茶友或许最后买点小小的东西，作为对店家的补偿，但对于那些直接开口不买就不能试的商人，或者愤然离去，也可以采用互利的方式，提前达成合意，就是如果对茶叶不满意，付多少钱的茶水费，即给对方一些茶、水、时间的补偿，这可避免撕破脸皮、大煞风景的事情发生，可谓两全其美。笔者那次庐山之行，为寻觅最好的云雾茶，在整个山上转了两天多，看了不少茶店的茶，到其中一间规模较大的庐山云雾茶专卖店咨询后，店主说有最好的庐山云雾茶，就是汉阳峰的头茶，一般来说这种顶尖好茶，在6月中商家应该还有存货，报价一斤1.1万元，问到能否试喝时，店主的回答："不可以品尝"（可以理解，已经习以为常）。到了庐山不试庐山泉水泡的"最好的"云雾茶，那一定终生遗憾，最后笔者提出：如果茶不是我想要的，我付100元的茶水费，店主当然欣然接受。第一泡茶入口，笔者不禁再次喊道：好！水太好了，甘甜入口，远远超过笔者在大陆所喝到过的所有瓶装蒸馏水、纯净水、山泉水，但三泡下来，总体感觉，无论从茶形、香气、底蕴、回甘、叶底等来说，茶是好茶，但还没到最好的那个级别，顺便和店主闲聊起来，对方也知道笔者是为找好茶而来，经过一番交涉，店主甚至给了超过40%的折扣，但笔者认为性价比不高，最后没能成交，交上100元钱潇洒地离开。大概3克茶，整个过程耗时5分钟，没让老板吃亏，笔者更是花钱买到了亲身体验，依此为标准继续去寻找自己心仪的庐山云雾茶。

功夫不负有心人，在庐山的第三天，笔者终于找到了让自己心动的庐山云雾茶。在一间茶店里，放着好几种庐山云雾茶，店主泡了两种"最好"的云雾茶，水还是那么清甘，但茶汤总是没到那种能够感动咽喉的舒畅，没有找到那份茶人期待的感觉，打算作罢，恰好店主的姐姐也在店里帮忙，她拿出了她亲自炒制的头采庐山云雾茶，煮水品茶，果真不同凡响，详问才知，对方以前是国营茶厂的员工，负责炒茶，现在每年都有人收购她家茶叶。按照她的说法，机器炒制的都卖了，只留下几斤自己亲自下锅炒制的第一天采摘的茶叶，当时只剩下一斤多了，最后被笔者全部扫光。她是一位非常慈祥的大姐，耐心地教导，细心地解释，毫无保留地比较她的茶和店主最好茶的不同。首先，她的茶是头采，店主的茶是第三天采摘的。另外，最大的区别是，店主的茶是她自己炒制的，由于经验不够老到，火候只能在最佳时刻前停止，而经验丰富的炒茶师，比如她姐姐，则可以掌握火候，炒制到最佳时刻，听起来似乎很简单，再略微炒得时间长点不就好了？店主的回答则非常到位，这是火候掌握经验的问题，没有人愿意冒险把这样的好茶炒过火，而无法卖个好价格，所以为安全起见，经验不够老到之人会提前收手。两种茶汤比较起来，一个香气更加浓郁，底蕴也更加丰富，但汤色不如店主的翠绿，茶叶也略带微黄，仔细观察茶叶上隐隐约约有些小气泡微现，这应该就是那位收茶大师所说的炒茶的最高境界"开花"吧。

贵州都匀毛尖产区

都匀毛尖

都匀毛尖茶生长在贵州省南部黔南布依族、苗族自治州的都匀县团山、哨脚、大槽一带，尤以主产区团山乡茶农村的哨脚、哨上、黄河、黑沟、钱家坡所产品质最好。茶区最佳海拔千

米，云雾笼罩，年平均气温为16℃，年平均降水量在1 400多毫米。都匀市处在北纬 26.15°。清明前后开采，如《都匀县志稿》所述：“自清明至立秋并可采，谷雨前采者曰雨前，茶最佳、细者曰毛尖茶。”1956年毛泽东主席亲笔命名都匀毛尖，与龙井茶比起来它的芽头要比群体种

图13 都匀毛尖干茶

小甚至比龙井43号都小，采摘标准为一芽一叶初展，长度不超过2厘米，龙井群体种则不超过3厘米，炒制500克高级都匀毛尖茶，需5.3万~5.6万个芽头，而高级龙井茶则需要3.6万~4万多芽头，由此可知，都匀毛尖的芽头比西湖龙井娇小纤细。都匀毛尖茶营养物质丰富，据贵州省茶叶科学研究所测定，茶多酚含量高达31.24%，比一般茶叶约高10%；氨基酸含量为124.51 mg/g；咖啡因含量28%；水浸出物为38.21%；儿茶素总量为124mg/g。它的特点是 “三绿透三黄”，即干茶色泽绿中带黄（见图13），汤色绿中透黄，叶底绿中显黄。外形条索紧结纤细卷曲、披毫，色绿翠，香清高，味鲜浓，叶底嫩绿均匀透亮。中国茶学家庄晚芳教授曾写诗赞曰：“雪芽芳香都匀生，不亚龙井碧螺春。饮罢浮花清爽味，心旷神怡功关灵。”

初尝都匀毛尖是2011年，借中国—东盟“官、产、学”合作论坛在贵阳召开之便，在当地找到了自己心仪的都匀毛尖。笔者到了一种茶叶的原产地，要品尝不同茶商三种以上最高级别的同一种名茶，再选择自己最满意的类型，在半年内喝掉至少半斤以上，同时和其他品牌的茶叶对比，这样才算粗略了解该种茶的特点。按照这种方式，笔者在贵阳茶叶批发市场转了两天，最后去到一间专做都匀毛尖批发的公司店面，喝了几个档次的都匀毛尖，还不算满意，最后店员说请出她们的“镇店之宝”，茶叶颜色绿中带黄，形状不如前几次纤细，茶叶也比较大，但茶汤的香气远远在其他档次之上，清淡而悠远，香气不是浮在茶汤之上，而是和茶汤浑然一体，四、五泡下来清香犹在，茶汤爽滑，回味甜美，当笔者得知此款茶叶的价格时，却有些惊讶，一斤不到2 000元，这和同一个档次的其他产地的绿茶相比便宜不少。于是跟商家说这个茶叶一斤至少值2 000元人民币以上，最后按照笔者认为的价格付款。茶人痛恨被宰，也不会占便宜，最重要的是，茶人会更尊重茶叶本身的价值，更希望价格可以体现茶叶本身的尊严。像这样的茶人，善良、正直的茶商应该喜欢的，或许她们在背后还会议论，当今社会怎么还有愿意多付钱的客户呢！

日本绿茶

日本饮茶的历史也非常久远，据日本媒体报道，在中国茶进入日本之前，日本之高千穗椎叶七山，以及其他地方都有野生茶。早在17世纪时，就有日本茶树被带到荷兰的记载，但日本饮茶的风气以及日本和尚从中国带茶籽回日本，更是在中国和日本有详细的记录，据《奥仪抄》记载："天平元年，中国茶叶传入"，那一年是唐开元十七年（729年），陆羽的《茶经》尚未成书。最澄、空海也尚未入唐。日本关于饮茶的最早记载见《古事记》及《奥仪抄》两书：日本圣武天皇曾于天平元年（729年）四月，召集僧侣讲经，事毕，各赐以粉茶，人人都感到荣幸。

唐朝时期，留学中国的日本空海大师，第一次把茶通过《空海奉献表》介绍给日本的嵯峨天皇，使得茶在日本得到种植和推广。最澄和尚是第一个把茶籽从中国带到日本并开辟茶园的人。根据日本的《物产篇》一书，圆尔辩圆大师根据在南宋学到的种茶制茶的知识，把从浙江径山带回来的茶种播种在静冈县安培镇，后又根据径山碾茶的制作方法，生产出日本碾茶，形成日本绿茶。日本绿茶的特点就是三绿：干茶绿、汤色绿、叶底绿。日本人在中国唐宋茶文化的熏陶下，并结合佛教禅宗的精髓，在日本镰仓时期，逐渐形成了日本的抹茶道"和、敬、清、寂"，当时是中国的宋朝时期，其奠基人是荣西和尚。可以说日本茶道起源于径山茶宴，径山寺的主殿里有

图14 日本煎茶茶叶

一副对联："苦海驾慈航，听暮鼓晨钟，西土东瀛同登彼岸；智灯悬宝座，悟心经慧典，禅机茶道共味真谛。"一语道破了日本茶道的起源。宋朝时期，斗茶风气风靡大地，皇亲贵族也很沉迷，再加上1261年的罗汉贡茶佛祖显灵等事件，对斗茶风气更是起到推波助澜的作用。这种风气对邻国日本也影响深刻，当时日本就有10种斗茶的方法了，赢者可以获得中国的文房四宝。据日本《元亨释书》记载，在1491年，日本还进行过"四种十服法"斗茶。在斗茶前，先用三种茶，让斗茶者品尝，以后在十次斗茶过程中反复出现，第四种只出现一次，看谁能分辨得出来，谁就获胜。到了日本江户时代中晚期，日本又形成了煎茶道，煎茶道不像抹茶道那么繁缛，它以简洁为美，提倡"和、敬、清、闲"的理念。无论是抹茶道还是煎茶道所饮用的茶都是绿茶，并且日本绿茶一直传承着蒸青方式，更加注重三色三绿，三色是：茶色、汤色和底色，三绿是：干茶要绿、汤色要绿、叶底要绿。

当今日本绿茶主要包括：

蒸青绿茶

煎茶：占市场份额85%以上，是通过较长时间的蒸制，来控制涩味，以达到最佳香气和甘甜味的大众绿茶，不少日本品牌的煎茶出口到其他国家，英文是Sencha，喜欢喝大陆绿茶的茶

图15（左）日本煎茶第二泡、（右）日本煎茶叶底

图16 日本抹茶

友，对于日本煎茶的甘甜度一般会赞不绝口，只是香气、口感和其他炒青、烘青绿茶有些不同，但可以很快适应。（见图14干茶，图15第2泡和叶底）

番茶：制作过程同煎茶，但原材料是取自夏秋的叶片较大而梗稍硬的茶叶来制作的粗茶，用冷水泡，是治疗糖尿病的最佳绿茶。由于它的咖啡因含量少，所以也适合在晚上和睡前喝。

玉露：覆园型绿茶，通过避光栽培，减少日光直射，增加甘醇、控制苦涩的高级绿茶。

抹茶：制作过程同玉露，但蒸青后去掉叶柄并干燥，再用天然石臼研磨成粉状，是茶道用茶，异常珍贵，其中以宇治抹茶最具盛名。（见图16）

蒸制玉绿茶：也叫栗子茶，制作过程同煎茶，只是最后一道工序要把茶叶揉成团状。

由于玉露和抹茶生长环境不同于其他绿茶，经覆园式栽培法培育而成，而且叶梗也被去掉，所以这种茶香气比较差，并且有海苔香味，有点像紫菜的味道，在大陆让不少茶人品尝，很多人都无法接受这种味道，甚至有些茶人说，喝了这种茶很想吐，可以说和大陆一水之隔的日本，它的茶道用茶，要被大陆的茶人普遍都接受非常不易，更何况众多茶友了。但是这种茶叶无论是从甘甜度、鲜嫩度还是营养成分来说都是可圈可点的，尤其是对于那些在海岛上长大，习惯了每天被海腥味吹拂的日本人，缅怀这种海苔味，这也是生长环境养成的爱好和习惯很好的证明吧。

炒青绿茶

茶叶的杀青采用炒青方式，在铁制的锅里将茶叶进行炒制，虽然这类茶叶市场比率并不大，但也有很久的历史，其主要产地是日本九州一带。

日本绿茶还有烘焙茶、玄米茶等，它们也都是在蒸青后，再通过烘焙或者混合炒制过的糙米，而制成的后处理茶，还有专门用来冷泡的日本茶。把茶和冷水放在壶中后，再把壶放进冰箱里，改天再拿来喝，它是夏季非常健康和纯正的解暑凉茶。

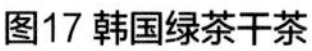
图17 韩国绿茶干茶

图18 韩国绿茶叶底

韩国绿茶

由于韩国与中国接壤且有陆路和海路相通的缘故，许多学者认为茶叶进入朝鲜半岛的年代要早于日本。一般推测茶叶进入朝鲜半岛约在公元六七世纪，早在南朝·陈（557-589）时，新罗僧人缘光，即于天台山国清寺智者大师门下服膺受业。随着佛教天台宗和华严宗的友好往来，饮茶之风很快传到朝鲜半岛。新罗时代（668—935）就有大批新罗僧人到中国学佛求法，载入中国宋代《高僧传》的就有近30人，他们中的大部分人在中国经过10年左右的专心修学后回国传教。他们在中国时，当然会接触到饮茶，回国时将茶和茶籽带回新罗。到了高丽王朝时期，吸收中国茶文化，再结合高贵典雅的高丽茶具的技艺和当地民族特色，形成了茶礼，并一直传承和发扬，直至今日，在韩国无论是举行释迦牟尼以及诸神的祭祀，还是燃灯会、八关会都要行茶礼，最后发展到婚丧嫁娶等也要行茶礼，茶礼几乎无处不在。但现在韩国市场上当地生产的绿茶并不流行，反而袋泡茶比较普遍，按照华人喝茶的方式去品味韩国绿茶，看干茶和中国的绿茶不同，经过机器加工，无完整叶片、无茶芽，倒是有不少碎梗，茶汤颜色黄中略带绿色，茶汤略浑，该茶是通过烘青工艺制作，口感尚还清爽，比印度阿萨姆绿茶甘甜，而且也非常耐泡，与大陆的绿茶相差不少，但比印度绿茶更容易被茶友接受。咨询过很多喝过此茶的大陆茶友，好像大多数人不太习惯这种口感，还是能照常喝下去，总比一喝到印度绿茶就要换茶，好很多。韩国绿茶干茶见图17，泡完后的叶底见图18，与印度绿茶的叶底相比，韩国绿茶比较柔嫩，手拉即断、手捻即碎，可以直接吃掉，印度绿茶的叶底反之，咬起来都很硬。虽然韩国绿茶品质一般，但韩国却在利用绿茶与生俱来的补水、抗氧化的特性，达到对皮肤的保湿、延缓老化、修复等功能，大力开发绿茶、绿茶籽系列美容护肤产品，其相应产品在国际上倒是颇受欢迎。

图19 安南窑茶杯

越南绿茶

古时，越南曾名曰安南。据记载，汉朝时期茶文化就传入越南了。中国陶瓷对于越南的影响也是非常巨大，直到在14世纪时，世界上能够烧制青花瓷的只有中国与越南两地，越南青花瓷茶具也深受中国影响，尤其在15世纪黎初期生产的青花和元代风格的青花很相似（见图19安南窑茶杯），越南生产茶具也是和风靡一时的饮茶风气相辅相成的。从1890年越南建立第一个茶园开始，越南一直引进世界各地的优良茶种，从印度到斯里兰卡，从中国的白茶到绿茶，到现在越南的茶叶种植非常普遍，越南的61个省中，有53个省种植茶叶，但茶园海拔一般不太高，在300米~600米，主要茶区在越南首都河内附近。由于日本和中国台湾商人进入，越南的茶叶制作水平和工艺也非常高，以至于有些人拿越南茶冒充台湾茶，先不去考究其商业道德的问题，至少说明它们的茶叶相似程度很高。另外日本人在越南培植的莲花翠玉绿茶（Lotus Jade干茶、

图20（左）越南绿茶干茶、（中）第二泡、（右）叶底

叶底见图20）就非常有特色，其实早在中国明代顾元庆《云林遗事》中就有记载莲花茶，当然当时的制作方式和现在的不同，但追求的意境相同。据说是在莲花塘附近栽植茶树，让茶叶完全吸收莲花的天然香气，经搓捻成条索状的茶叶，喝起来莲花香气浓郁，清香扑面而来，底蕴深厚，不忍下咽，回味无穷，而且，还非常耐泡，3克茶在盖碗中泡10次以上没问题。每次请茶友品尝这个茶，大家都赞叹不绝，每个人都会留下非常深刻的印象，真有“未尝碧露液，先闻莲花香。八泡蕴犹在，甘馥满齿颊”的感觉，正是因为莲花翠玉绿茶独特的香气和极高的品质，使得它的价格处在世界一级茶叶的价位上，2011年日本核电站泄漏的事件，更使得这种绿茶价格飙升了好几倍，现在这种茶在新加坡的销售价格都高于顶级的印度大吉岭、阿萨姆以及日本煎茶甚至大陆的明前西湖龙井茶。

印尼绿茶

印度尼西亚是世界上人口第四多的国家，也是世界上穆斯林人口最多的国家，还是世界上最多群岛的国家，别称“千岛之国”，曾经隶属葡萄牙，后来被荷兰统治了300多年，16、17世纪印度尼西亚的巴达维亚（现在的印度尼西亚首都雅加达）是荷兰东印度公司贩运东南亚货物到欧洲的最大集散中心。由于特定的穆斯林文化，当地生产的器具也有鲜明的穆斯林特点（见图21）。印尼是一个老牌的茶叶

图21 青釉军持

图22 印尼绿茶

出口大国，史书记载1607年荷兰人就在澳门将中国茶叶贩运到巴达维亚，1610年，荷兰直接从中国贩运茶叶转销到欧洲。早在19世纪初期，荷兰东印度公司就从日本引进茶种，在爪哇岛种植茶叶，它属热带雨林气候，温度适宜、湿度大而且茶区海拔可达2 000米左右，因此早在1829年，爪哇红茶就作为商品投放市场，成为世界上第二个红茶产地，比印度阿萨姆和大吉岭茶园都早。随后不但引进中国的茶种和印度阿萨姆茶种，还从中国招募了许多有经验的技工和茶农，指导和帮助他们进行茶叶的生产和加工，后来又在苏门答腊种茶，到第二次世界大战前，印尼是世界前三大红茶出口国，另外两个国家是印度和锡兰（现在的斯里兰卡）。

令人称奇的是印度尼西亚最初生产的红茶，只加柠檬不加牛奶，这是由于生长在赤道附近的茶树每天日照时间长，茶叶所含的茶多酚比较丰富，口感比较苦涩和醇厚的原因。即使到现在，印尼生产的红茶性价比都很高，但由于地理条件所致，它们都是大众茶，高端红茶无法和斯里兰卡的红茶相比，更无法和印度高海拔的阿萨姆、大吉岭的红茶相提并论。

直到1988年，印度尼西亚才开始生产绿茶，由于印度尼西亚地处赤道附近，日照时间比较长，它所产的绿茶氨基酸含量不够多，叶片不够鲜活，但茶多酚含量高，茶汤比较苦涩，因此常常添加一些可以减少苦涩的成分，比如柠檬、薄荷，同时应对当地闷热气候（见图22），印尼当地生产的绿茶还有一部分用去制作茉莉花茶了。在印度尼西亚市场的绿茶是英国立顿LIPTON、川宁TWININGS等公司封装的绿茶袋茶。

图23（左）印度阿萨姆绿茶干茶、（右）印度阿萨姆绿茶叶底

印度绿茶

一提起印度，每个茶人都马上会想到被誉为世界三大红茶之首也被称为红茶香槟的大吉岭、阿萨姆红茶，其中大吉岭地处印度北喜马拉雅山约2 000米处，北纬27°02′，东经88°15′，终年低温，地形陡峭，采摘困难，产量稀少，因而非常珍贵。明亮橙黄色茶汤，口感清冽甘醇，有香槟般的口感，麝香葡萄的芳香。阿萨姆茶产于印度东北喜马拉雅山麓的阿萨姆溪谷一带，它的经纬度是：北纬26°12′，东经92°56′，似乎都是比较适合生长红茶的地方，所以很少人知道阿萨姆还生产绿茶。相对于红茶来说，阿萨姆绿茶产量非常少，它的产量也只占印度茶叶总量的1%。

不知道印度的茶是否根据发酵程度进行分类？不然，绿茶是不发酵茶，看到图23，这是印度阿萨姆（ASSAM）茶区康吉亚（Khongea）的绿茶，阿萨姆茶区大约有1 600多平方千米，其中著名的茶区康吉亚只有7平方千米，大部分是原生茶树，茶汤比较粗犷强烈。从图23（左）的干茶照片来看，没人会认为这是绿茶。很显然，茶叶经过一定程度的发酵，汤色也不像中国绿茶那样鲜绿，而是呈现黄色，可能是机器加工的缘故，干茶见不到完整的叶片，更没发现芽头，倒是叶梗不少，所以茶汤比较浑浊，这又不同于中国茶芽头茸毛显露，或许这还和部分发酵有关。整体来说，茶香也不同于亚洲绿茶，比较淡，但口感醇厚，投茶量和浸泡时间不同于中国绿茶，不然茶汤会苦涩，该茶非常耐泡，一般都会超过十泡以上，喜欢喝中国和日本绿茶的人一般不会喜欢它的口味，但喜欢喝红茶的人，应该比较容易接受这种介于绿茶和红茶之间的口感，与几位华人茶友一块品尝此茶，大家的共同观点就是：不习惯，赶紧换成中国绿茶。看来印度绿茶要想占领其他国家的市场，尤其是喜欢喝中国或日本绿茶的国家和地区，仍然任重道远。

图24（左）老挝绿茶干茶、（右）老挝绿茶叶底

老挝绿茶

老挝与中国云南南部接壤，中心经纬度是北纬19°34′，东经102°32′，是茶马古道出云南易武后的第一个国家，Phongsaly省仍然还保留着浓厚的茶文化，由于老挝比较贫穷落后，土地、劳动力都比较廉价，所以早在1999年就有中国茶厂到该省的Komen村建立了茶叶基地，其中的野生古树茶与云南普洱不相上下，所以Komen也成了一个品牌，市场上的云南普洱茶也有不少来自这里。可能是受中国的影响比较大，老挝生产的绿茶和印度、日本、越南、印度尼西亚、马来西亚等国家的绿茶比起来，味道比较接近中国绿茶的口味，虽然少了些鲜爽，至少入口不厌，茶汤呈浅橙色，初品有股熏香，随后茶汤中内含一股高香，持续不断，口感很接近印度低发酵的红茶，耐泡程度也不错，8泡以上没问题，如果作为有机茶来替代其他绿茶，老挝绿茶也是不错的选择，如图24是老挝占巴塞（Champasak）的绿茶。

世界上还有很多地方生产绿茶，比如马来西亚金马伦高原的绿茶也不错，其他国家还有斯里兰卡、孟加拉等。虽然全世界绿茶的产量不如红茶，但世界上喜欢喝绿茶的国家却不在少数，除了中国、日本外，法国也有一些人喜欢喝绿茶，巴基斯坦西北部的人们喜欢喝绿茶，毛里塔尼亚人也比较喜欢喝台湾的珠茶和眉茶，最令人惊异的是北非的摩洛哥不但酷爱喝绿茶，而且还是世界上进口绿茶量最大的国家。尽管如此，全世界有80%以上的人喝红茶，只有10%的人喝绿茶，随着人类对养生和保健认识的增强和对绿茶的认识的深入，以及更多科学研究成果的公布，喜欢喝绿茶的人会越来越多，因为绿茶终将成为21世纪最健康的食物。

茶中新宠——白茶

白茶是一种轻微发酵茶，不经揉炒，传统白茶的制作工艺是通过日晒萎凋，最自然的方式加工而成，白茶在很大程度上保留了茶叶中的营养成分。白茶的嫩芽及两片嫩叶均有白毫显露，茶叶灰白，故名白茶。进入21世纪以来，人们对白茶的研究越来越多，很多研究结果发现白茶在有些方面的功效超过了绿茶。2005年在旧金山召开的美国化学学会学术会议上，美国生化学家洛德克博士公布了他对白茶抗癌研究的结论，白茶比其他茶类抗突变效果更佳，提出了白茶比绿茶和红茶更具有抗癌潜力。其实中国早在清代就揭示了白茶的特效以及珍贵，清朝周亮工的《闽小记》中写道："白毫银针，产太姥山鸿雪洞，其性寒凉，功同犀角，是治麻疹之圣药"，民国时期卓剑舟的《太姥山全志》写道："绿雪芽，今呼白毫。香色俱绝，而犹以鸿雪洞产者为最。性寒凉，功同犀角，为麻疹圣药。运售国外，价与金埒"，现代科学研究发现，与其他茶类相比，白茶的自由基含量最低，可以延缓衰老，美容美颜，抗氧化的黄酮类物质含量是其他茶类工艺生产的14.2~21.4倍，国外其他学者的研究还包括：Elisabetta Venditti发现白茶冷泡有更好的抗氧化性，Gilberto Santana-Rios发现白茶的杀菌效果比绿茶好……

中国福建白茶

对于白茶的起源，学术界一直存在不同的观点，最早的有远古、隋唐，还有宋朝、明朝、清朝的说法，有些学者甚至断言，白茶是中国最早的茶。虽然对于白茶起源的年代大家各持己见，但对于白茶的功效却是一致认同。中国白茶主要产区在福建省福鼎、政和、松溪、建阳等地，白茶的主要品种有银针、白牡丹、贡眉、寿眉等，尤其白毫银针，全是披满白色茸毛的芽尖，形状挺直如针，汤色橙黄明亮、清香淡雅、味道鲜醇。图25是在新加坡存放不到两年的福鼎白毫银针的茶饼，学自普洱茶的紧压饼，因为单纯的芽头发酵速度比较慢，为了更快的发酵，紧压程度并不高，便于取茶和存放。中国福建白茶在新加坡一间茶店被称为长寿茶， 由于福建白茶微发酵，从汤色、叶底和功效方面都和绿茶非常接近，略带花香或者果香，茶汤甘醇，耐泡。图26左图是当年的福鼎白毫银针干茶，右图是叶底。由于白茶有"一年茶、三年药、七年宝"之说，

图25 福鼎白茶茶饼

它既利于健康，又便于存放，而且升值空间很大，所以当今白茶的收藏热度越来越高。

随着市场需求的增加，而且白茶升值的空间仍然很大，必然刺激大量的博利者涌入。生产白茶的商家，为了快速出货，又重复着以前或者其他地方的老路，抛弃传统工艺，开始采用人为“催熟”工艺（美其名曰：提高效率，实则重蹈覆辙）。比如不用日晒萎凋，改为室内萎凋，如果茶叶既能享受阳光的照射，又可以避免茶叶受潮，还可以提高效率，免却每天人工搬进搬出房

图26 福鼎白毫银针的干茶及叶底

间之苦，倒也算工艺革新，但如果使用无法接触到阳光的萎凋室，通过人为吹冷风、热风来加速鲜茶叶的萎凋的方式，那就有些拔苗助长了。茶友在市场看到的那种颜色过于鲜绿，泡出来有草青味的白茶，大都由于鲜叶失水过快，茶叶整体发酵不足造成的。至于那些市场上见到的新白茶，干茶颜色发灰、发黄甚至发黑，那就说明制作时，人工干预过多，可能是湿度太高或者温度太高，造成太快或过度发酵。即使如此，卖家也会振振有词地告诉买家，这样的白茶更接近老白茶，药效会更高云云。虽然到现在笔者还没有找到相关数据，也未亲自测试，不过我们可以采用逻辑类推法，如果通过添加化肥、打农药长成的茶叶和有机茶叶功效相同的话，有机茶就没有存在的必要。推而广之，如果不经过日晒，仅采用室内人工吹风的方法，能和自然日晒萎凋达到相同的效果，那就不会有人推崇和执著传统日晒的白茶了。相信日后通过实验检测，其结果必然某些指标异常，至于是否对身体有害，则不得而知，即使有研究结果，那也是10年后的事了，最后结果能不能公布？公布后会不会被撤回？想多了真累！

尼泊尔白茶

尼泊尔位于喜马拉雅山脉南部，与世界最闻名的印度大吉岭地区绵延丘陵相连接。早在19世纪，就从中国引入茶籽， 但直到1999年的第四届亚洲国际茶叶大会上，尼泊尔才被正式列入世

图27 尼泊尔白茶（左）干叶、（中）初泡、（右）叶底

界茶叶生产国之一，尼泊尔国内四大著名茶叶产区是：Jhapa、Ilam、Panchthar和Khankuta，其中和大吉岭茶区地理、气候条件相似的Ilam茶区的茶叶，常被卖到印度与当地的大吉岭茶叶拼配，甚至当作大吉岭茶叶流向市场。尼泊尔现在除了传统的红茶外，也生产白茶，这款白茶如图27是白莲花茶（White Lotus Tea），茶形不漂亮，茶芽只占一小部分，大部分是叶片和梗，但香气高扬，有种特别的清香，略有莲花的气息，三泡过后和上文的福建白茶的第一泡口感和香气略同，制茶方式和印度类似，采用机器加工，茶芽中配些被切碎的茶叶，经几个茶友盲评，大家一致认为这款茶叶，虽然价格不高，但口感、香气和回甘都在同价位的福建白茶之上。

印度大吉岭白茶

白茶相对于红茶、绿茶来说比较稀少，高档白茶的价格也很昂贵，比如世界最著名的红茶产地印度大吉岭也出产白茶，和中国的白茶不同，大吉岭茶叶的干叶白色茸毛更多，芽形略细、略软，芽头以弯曲为主。从图28可以看出，这款大吉岭白茶发酵程度略重，从叶底来看，大吉岭更厚实粗壮，芽形整齐，几乎没发现单独的叶片，明显是经过筛选过。按照印度红茶的国际标准，是最高级别的SFTGFOP1。不过从2011年到2018年该白茶的质量并不稳定，整体质量在走下坡路，但价格却是每年在递增，发酵程度越来越高，芽头也不如初打市场时漂亮，回甘效果也不如以前，难道是订单增加，采用不同茶园的茶？还是用来制作价格更高的黄金（Gold）大吉岭红茶去了？笔者很茫然，只能多品尝和推荐大吉岭红茶了。可问题是，近一年来黄金大吉岭红茶没货。从口感上来讲，大吉岭白茶如同大吉岭红茶一样，口感醇厚，略有大吉岭红茶的高扬香气，泡上7泡后香气犹存，基本每泡茶都有回甘，白茶中的极品，不愧是著名产地的茶，和绿茶相比，就算都是茶芽的白茶，但叶底很紧致不容易嚼断，这样就少了吃茶的感受，即使说白茶的有些营养成分含量比绿茶高，但绿茶喝完还可以把叶底吃掉，那么绿茶中的有益成分会被人体吸收得更多，所以从健康饮茶的角度来考虑，绿茶仍然是笔者的第一选择。不可否认，全球范围内，越来越多的茶区都在生产白茶，比如印度、斯里兰卡以及东南亚几个国家。虽然现在白茶的知名度不是很高，但它毕竟是潜力股，正如８年前，听取笔者建议收藏白茶的茶友，至今获得超过十倍的收益，毕竟这是趋势使然，而且按照当前发展速度，中国福建这个白茶之乡的地位，也

图28 大吉岭白茶

会越来越受到来自世界著名茶区的强有力挑战，当然，消费者将会看到白茶价格的理性增长，最终与国际接轨。

下面结合杭州农科院茶叶研究所2011年的研究数据和中国农业科学院茶叶研究所2008年的数据，对中国六大茶类进行比较：

从表3可以看出白茶儿茶素总量比其他种类的茶都多，咖啡因最少，不太会令人兴奋，对于

表3 六大茶类咖啡因和儿茶素含量的比较

项目 单位 umol/g	白茶 福建白毫银针	黄茶 君山银针	绿茶 西湖龙井	乌龙茶 特级铁观音	红茶 正山小种	黑茶 云南七子饼
咖啡因	220	760	390	240	400	360
儿茶素总量	420	260	300	200	23	39

喝茶后不易入睡的人群，可以喝白茶、乌龙茶，至于易失眠之人晚上最好别喝红茶和黄茶，由于儿茶素是人体内自由基的清道工，具有抗氧化、抗癌、抗菌、抗突发变异、抗衰老、有助于美容护肤等功效，所以说，白茶、绿茶抗氧化、抗癌等效果更显著。

茶叶中含量较高的氨基酸种类有20多种，其中茶氨酸的含量最高，占氨基酸总量的50%左右，通过表4可以看到白茶、绿茶比其他茶类含量多很多，但白茶制造过程中茶氨酸含量增加是长时间萎凋中蛋白质分解而成，所以其他有益成分比如蛋白质就会相应地减少。茶氨酸有抗咖啡因、增强记忆力、抗肥胖、降血压、镇静等作用，也是绿茶的美味成分，茶氨酸(theanine)是在1950年由日本学者酒户弥二郎，首次从绿茶中分离出来，并命名的一种酰胺类化合物。为增加茶叶中茶氨酸的含量，提高茶叶的鲜爽和甘甜，日本抹茶会在采摘前20天左右，就用帆布遮蔽日光对茶树的照射。研究人员也很早就发现了绿茶的制作方式不同，可以造成茶氨酸含量的变化，氨基酸总量和茶氨酸含量均为蒸汽杀青最多，锅炒杀青次之，滚筒杀青最少，这也证明日本蒸青抹茶采摘、制作方式的科学性。表4列出六大茶类“茶氨酸”和“18种氨基酸总量”的比较：

虽然上面两表只是对四项成分做了比较，但它们是茶叶中含量最多的成分，其结果还是很有

表4 六大茶类“茶氨酸”和“18种氨基酸”含量的比较

项目	白茶	黄茶	绿茶	乌龙茶	红茶	黑茶
单位 umol/g	福建白毫银针	蒙顶黄芽	西湖龙井	武夷岩茶	祁门红茶	云南普洱
茶氨酸	30.08	17.30	17.98	6.27	14.62	0.71
18 种氨基酸总量	49.51	26.36	46.00*	11.17	23.55	18.34

* 游离氨基酸

参考价值的。在传统的六大茶系中，白茶除了咖啡因外，其他三项含量都是最高的，但全世界范围内白茶产量稀少，影响力不大。正如笔者早就知道了白茶健康、养生的功效，但由于以前好的白茶产量少，市场上不容易拿到，再加上早已形成喝绿茶的习惯，因此白茶只是偶尔备些，供茶友或者茶人来一起品赏而已。当然这里面也有茶叶食品安全的顾虑，几年前，中国有识之士就大声疾呼，鉴于白茶的制作时，很容易造成微生物超标，要尽快建立白茶卫生质量控制体系，但结

果却不尽如人意。因此笔者喝白茶的次数是在逐年增加，但所喝的白茶大多是来自其他国家，看来中国白茶的发展前途光明，但道路也是很漫长的。

茶中稀品——黄茶

记得80年代末上大学时，读到一篇文章介绍最贵的茶——君山银针，一杯要几块美金，当时大学毕业生一个月的工资不到10美金（黑市价1美金可以兑换10元以上人民币），笔者当时一个月的生活费都不够喝一杯君山银针的，所以一直有高山仰止的感觉。后来虽然经常喝茶，但由于君山银针本身产量就低，顶级的君山银针更是难得一见，因此一直没有喝到三款以上好的君山银针茶，北京茶博会上偶尔接触一两款，但一直没有找到感觉。笔者一直秉持对任何茶，如果没有品尝超过半年以上，没有比较三款以上的顶级同类茶，就不好妄断茶的真性，尤其变成文字。这是对草中君子的尊重，也是对读者负责任的表现，因此以下只做常识性介绍。

君山银针

君山银针是最具代表性的一种黄茶，产地是湖南岳阳洞庭湖中的君山，由于茶形纤细多毫，整体似银针，所以被称为君山银针。君山岛的纬度是29.35°，按照茶叶生长的最佳纬度范围来看，是小叶茶树生长的绝佳纬度，砂质的土壤、16℃~17℃的年平均温度、1 340毫米的年平均

图29 霍山黄芽

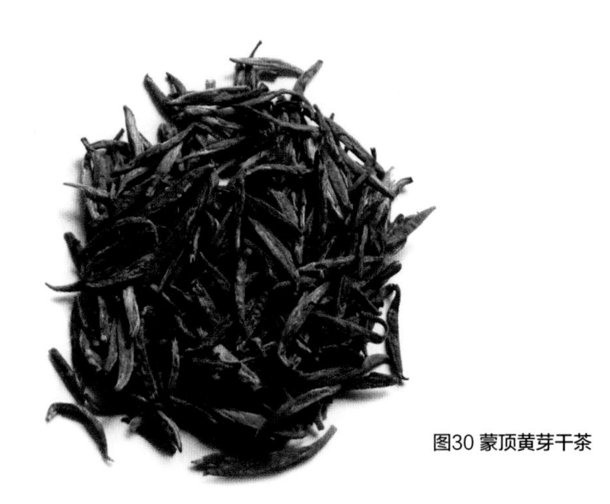
图30 蒙顶黄芽干茶

降雨量、树木丛生、常年云雾缭绕，这些都是优质茶叶生长的客观必要条件。从上面六大茶类比较的表格（表3）可以看出，黄茶中的茶多酚仅仅少于白茶和绿茶，但高于乌龙茶，而且远远超过黑茶和红茶，与其他类别的茶叶相比，黄茶中咖啡因的含量最高，也就是说要保持头脑清醒，喝黄茶效果最佳。君山银针茶最令人咂舌的趣观是冲泡时，茶芽立于水中，会三起三落。君山银针虽然名气不小，也名列中国1959年公布的十大名茶中的第六名，但仍有些资深茶友都不知道有此茶，甚至有人根本不知道还有一种茶叫黄茶。其实原因很简单，黄茶只有中国生产，与其他几类茶比较，黄茶整体产量低、产区范围小、影响力微，概言之，黄茶只能算小众茶。但这并不影响其他产区也出产黄茶，譬如安徽的霍山黄芽（见图29）、四川的蒙顶黄芽（见图30）等。

霍山黄芽

霍山黄芽，作为非常有特色和知名的徽茶之一，笔者也是最近几年才接触到，即使多年前去黄山寻茶，当地茶商都没有推荐这款黄茶，在他们眼里只有黄山毛峰、太平猴魁、六安瓜片甚至当地毛尖等绿茶，因此错失品尝用当地的水泡霍山黄芽的机会。霍山黄芽，现产于安徽省大别山北麓，是深山区，该处山峰叠峦，山高林密，雾多泉众，霍山的纬度是北纬31.38°，年平均温度15℃，年平均雾日达181天，年平均降水量1 400ml，整体环境非常适合小叶茶树的生长，由于纬度略高，山高地寒，所以采摘日期在清明后谷雨前。霍山黄芽干茶条直微展，均匀成朵、形似雀舌、芽头壮实、嫩绿多毫、清香持久、熟板栗香，闷黄工艺的香气不同于群体种西湖龙井的花香和栗香，滋味醇厚且很快回甘，汤色黄绿清澈明亮，叶底嫩黄，有独特的甜味和清爽的“熟板栗”香，有人描述说“烤草席”的味道。从品尝过程中来看，喜欢喝绿茶的茶友，不太容易接受这种香气和口感，喜欢重口味的茶友，连轻微发酵的乌龙茶都感觉太薄、啜之无物，所以它的客户群，应该是喜欢喝轻微发酵茶的人。回顾历史，霍山黄芽早有记载，但由于后期失传，民国后已经绝迹，直到20世纪70年代初期才恢复生产，真正走入市场的时间无从考证，但根据中国的经济发展过程，对于茶的大众感知应该从80年代末90年代初开始，所以作为新一代茶人的笔者，在21世纪才品尝到黄茶也很正常。

蒙顶黄芽

蒙顶黄芽是产于四川省雅安市蒙山的一种黄茶。蒙山属邛崃山脉，地跨名山、雅安两地，山势巍峨，峰峦挺秀，山周围终年云雾缭绕，蔽亏日月，气候适宜、土地肥沃、环境优越，素有“蒙山之巅多秀岭，恶草不生生淑茗”的诗句，蒙顶山区年平均温度14℃~15℃，年平均降水量2 000毫米左右，年日照时间1 000小时、年雾日280~300天，非常适合茶叶生长。著名的蒙山茶除蒙顶黄芽外，还包括知名的绿茶品种——蒙顶甘露。蒙顶茶是蒙山所产名茶的总称，早在唐朝白居易诗中就有“琴里知闻唯渌水，茶中故旧是蒙山”，据史书记载，蒙山茶从唐代开始就作为贡茶进贡皇庭，一直到清朝时期。虽然有文说，蒙顶黄芽栽培始于西汉，在没有客观证据（单凭传说不能自证两千多年前就有该茶，即使现代人记载一千年前，比如宋朝以前的事情，都不能让人完全信服，更何况一千年前记载的两千前发生的事情，同理类推，两千年前记载三千年前甚至更早的事情，可信度会更低）和无法自圆其说的情况下，笔者不能随声附和。一款好茶，哪怕是出世不久，也会逐渐赢得相应的尊严，而一款历史上曾经出现的茶，即使能依傍“名牌”，却只在表面上下功夫，而不靠过硬的品质来吸引茶友，最终也会黯然退市。这类似知识产权领域中，让人不齿、需要规制的“搭便车”现象，只是由于缺少适格的诉讼主体，也未对任何一方造成相应的经济损失，反而给当地族群脸上贴金，因此第三方听之任之，当地人可以自享红利，甚至乐意推波助澜。

下面以一款非遗传人所做的蒙顶黄芽来说明。首先，既然叫蒙顶黄芽，那茶形就应该是细芽状，由于黄茶的制作会经过一个闷黄的过程，其中茶叶会有10%以上的发酵，所以干茶的颜色应该介于黄绿之间，并且级别越高的茶，芽头上的毫毛越多，见图30。同样作为芽头的茶，与同产于四川的竹叶青、江苏的雀舌按比例来看，蒙顶黄芽比较细长，干茶的颜色也比较黄。蒙顶黄芽中还有一个独特的部分，就是用嫩叶制成的纤细而带尖峰的条索——峰苗，仔细观察图31，不难发现峰苗的踪迹，用峰苗一词，非常恰当，它并不是单指叶或芽，它也可以指嫩叶包裹下未冒出芽的整体。拿起一把干茶，手感略重，在预热后的盖碗中摇晃后，可以闻到一股淡淡的清香，虽不如绿茶鲜爽，却略带一份沧桑。也许笔者拿到的这款茶并不是最高级别，所以笔者只能泡出五泡茶，但其价位并不便宜。

蒙顶黄芽以“黄叶黄汤”闻名，其汤色黄亮碧透，口感淡香微甘、醇而不浮、鲜而不涩，与竹叶青、雀舌等芽头茶相似，是不折不扣的开会用茶，泡上两个小时也不会苦涩。

图31 蒙顶黄芽茶汤

中庸之茶——青茶（乌龙茶）

首先需要说明“中庸”绝非贬义词，古语云：“君子中庸，小人反中庸”；《论语·庸也》：“中庸之为德也，其至矣乎！民鲜久矣。”是说中庸是至高的道德；孔子称赞颜回说：“回之为人也，择乎中庸……”中庸的意思是不偏不倚，中正、平和。说乌龙茶是中庸之茶，是因为它处于绿茶和红茶之间，既保留绿茶的生机，又有发酵茶之醇厚，集二者之长，所以其接受度非常大。总体而言，排斥乌龙茶的爱茶之人应该寥寥无几。当年中国出口英国的茶除绿茶外就是红茶（Black Tea），其中就包括武夷红茶和乌龙茶。像武夷岩茶和台湾东方美人，即使是现在，也有不少人把它当作红茶。毕竟按照发酵程度来定义，从20%~70%都属于乌龙茶，总不能把发酵程度超过70%的乌龙茶，归属于红茶吧，毕竟发酵程度的量化，各大茶类并无严格界限，同一种茶叶本身就可以进行不同程度的发酵，再者随着岁月的推移，各大茶类都会自然而然地发酵、转化，总不能说陈年老白茶是乌龙茶、红茶甚至黑茶吧？有人会认为“老铁”是红茶吗？由此说明新的茶叶八分法的合理性，把普洱茶单独列出，按照传统茶叶六大分类法，普洱毛茶应该算绿茶，后发酵的普洱茶是黑茶，那么自然发酵的普洱生茶，经过几十年甚至上百年的转化，已经类似黑茶，为了准确的描述它，当然不能叫普洱熟茶，叫回普洱生茶又对不起时光的沉淀，所以叫老普洱或者陈年普洱更准确，它既不是绿茶也不是黑茶，就是普洱茶。

中国最有代表性的乌龙茶，按照发酵程度由低到高是文山包种、台湾高冷茶（阿里山、杉林溪、梨山、大禹岭、福寿山等）、闽南安溪铁观音、闽北武夷岩茶、闽西漳平水仙、潮安凤凰单枞、台湾东方美人等。当今世界上不少国家和地区也生产乌龙茶，亚洲除中国大陆和台湾外，缅甸、老挝、泰国、越南等，非洲东南部的马拉维、大洋洲的新西兰、夏威夷等国家和地区也生产乌龙茶。纵观近些年来生产乌龙茶的国家和地区，多多少少都和台湾有千丝万缕的联系，因为无论是原材料、技术、工艺、资金甚至人员，都有台湾人的身影。以上提到的乌龙茶，除夏威夷的乌龙茶外，其他每个产地的乌龙茶，笔者都多次品鉴，对轻发酵的乌龙茶，印象最深的还是台湾福寿农场的四季春茶、大禹岭乌龙茶、梨山茶等。从健康饮茶的角度审视，来自新西兰食品安全最高标准认可的有机乌龙茶园的Zealong乌龙茶，是一个非常好的选择。东南亚其他国家的乌

图32 泰国乌龙茶干茶和叶底

图33 马拉维乌龙茶干茶和叶底

龙茶，比如泰国乌龙茶也是不错的选项，它们和我们平时常喝的乌龙茶的口味相近，而且性价比也很高。泰国的乌龙茶产自泰国北部的清迈高山地区（图32），海拔可达1 300米，从工艺上非常接近台湾乌龙茶的做法，球状的干茶，颗粒饱满，颜色深绿的浅绿的都有，略带茶梗，茶汤香气自然，底蕴丰厚，高山韵味虽然不如台湾的高冷茶，但比大陆发酵程度相近的乌龙茶要丰厚得多，十几泡下来仍然有淡淡的茶香，满口的清爽。叶底也非常工整，茶叶脉络清晰，叶底如绸，摸之顺滑，拉之不易断，锯齿纹的叶沿，没有传统乌龙茶“绿叶红镶边”的发酵方式，如果和传统的福建安溪铁观音相比，它的香气不是外溢型，所以前几泡香气不能迅速吸引品茶者的注意，

图34 马拉维乌龙茶茶汤

但韵味深远，十几泡后，淡淡的茶汤中依然香气尚存，如果从健康以及性价比等方面考虑，台湾以及东南亚的乌龙茶都是大陆铁观音最强有力的竞争对手。另外喜欢喝高香乌龙茶的茶友，可以考虑广东的凤凰单枞和台湾的文山包种，闽西的漳平水仙以其独特的小方砖包装，从产地、质控以及工艺等方面，都是闽南铁观音的不错的替代品。

至于喜欢喝印度、锡兰红茶的人，换换口味，马拉维的乌龙茶（图33马拉维乌龙茶干茶和叶底，图34是茶汤）则更容易接受。因为无论从干茶还是叶底上评判，大部分茶人会认为它是红茶，而不是乌龙茶，它的茶汤也非常接近红茶，整体来说，它并不注重叶底的一致性，长短粗细的干茶都存在，可能是机器生产的原因吧，口感比较接近西方的红茶，毕竟它价格不高，是大众茶，对注重有机茶和性价比，尤其是口感比较重的茶人，它也是值得品尝的。

至于重发酵的乌龙茶，武夷岩茶最具代表性，它不但是中国十大名茶之一，也是茶人可以待客的茶叶必选。武夷岩茶产于福建崇安县。武夷岩茶具有绿茶之清香，红茶之甘醇，是中国乌龙茶中之极品（详见4.2武夷岩茶）。

安溪铁观音

记得2011年参加中国—东盟“官、产、学”合作论坛，回程经过广州白云机场转机，笔者在机场内找到一家铁观音茶叶专卖店，后来才知道，它是厦门一个上市公司的品牌专卖店。去时由于店主不让品尝，时间紧张就怅然离去，回程要等待三个多小时，时间比较充裕，再加上我们还有三个朋友一起，所以无论如何也要品尝一下她们号称最好的安溪铁观音了。由于自己最爱绿茶的缘故，喝铁观音也比较钟爱清香型的，于是她们从供钓鱼台的专供茶说起，到最后花了2500元买了一罐级别最高的铁观音（后来才知道只有50克，银色袋每带7克，7袋装）如图

图35 安溪铁观音

35，多亏笔者没有提议用100元的茶水费来品尝，不然一定被人笑话了。你想啊，7袋茶加上锡罐2 500元，那一小袋7克茶，即使单卖也要差不多300元了，当然不可能品尝了。商家或许知道300元7克这样的茶，相信品尝后没有人会买的，除非如有的茶友调侃的话“送礼能报销的人才会买”。

由于不可以先尝后买，只好购买后品尝了。这种最贵的茶，店员应该也未曾喝过，当我们邀请她们一起品尝时，美女店员欣然答应，马上煮水泡茶。古人云：“未尝甘露味，先闻圣妙香”。不知道是由于炒青的时机掌握得不太好，还是萎凋太快等原因，第一泡茶汤略有青草味，茶汤清香甘甜，几泡下来总感觉顺滑度不够，底蕴不足，回甘有限，泡到第五泡时，茶叶的叶片还未完全舒张开来，并且叶片上没有了红镶边（见图36，回去再泡后拍下茶叶的叶底），店员说是新工艺，红镶边大多已经去除，连嫩梗也被摘除，只剩叶片。我们知道铁观音茶的特点是“七泡余香溪月露，满心喜乐岭云涛”，再冲泡笔者自带的铁观音，这时店长和泡茶的美女已经无话可说了，笔者自带的2 000元一斤的茶，竟然完胜他们最好的20 000多元一斤的茶（那个锡罐应该不超过500元人民币吧，所以50克也要2 000元人民币）。回来再慢慢测试，发现第八泡时，茶汤已经出现水气，所以不可以再泡了。古人云，君子爱财取之有道，但这种做生意的方式，笔者实在无法苟同。茶本来就是精行俭德的人文诉求，千万不能成为某些商人名正言顺抢钱的媒介。另外关于小袋锡箔包装的问题，看起来是减少茶叶和氧气接触的非常好的办法，但台湾茶商很少使用，为此笔者特意去请教台湾资深茶商，他说在台湾这种几克包装的形式，很早就

图36 铁观音叶底

被依法禁止了，现在台湾没人用这样的包装，如果被查到，惩罚非常严重，除非要出口到其他地方。这是为了环境保护，那种小袋包装销毁时会排放更多的有毒气体，他还说台湾的标准还不是最严格的，日本早在1995年就禁止使用不可回收的塑料包装，台湾在食品方面还没有进行禁止。

安溪铁观音是中国十大名茶之一，据说源于清雍正或乾隆年间，产于福建省泉州市安溪县，属于半发酵茶，发酵程度介于绿茶和红茶之间，发酵轻的接近绿茶，发酵重的则更接近红茶。历史上早就有福建安溪产茶的记录，据《安溪县志》记载："安溪产茶始于唐末，兴于明清"。根据马来西亚有关东南亚喝茶的记录：早期的福建人喜欢喝乌龙茶，客家人喜欢喝炒青绿茶，广东人喜欢饮用六堡茶、普洱茶，福州人喜欢喝香片茉莉花茶。福建人比较喜欢喝的乌龙茶包括铁观音、武夷岩茶、台湾高山乌龙等，所以笔者也时常准备一些安溪铁观音，以方便喜欢喝铁观音的茶友过来喝茶。由于这个经历以及媒体揭露的铁观音农药残留物超标、被欧盟退回、2012年12月12日新加坡《联合早报》报道的日本伊藤园又发现中国福建乌龙茶农药残留超标、40万包茶叶被收回等原因，安溪铁观音茶将慢慢退出笔者的预留范围。

2012年4月11日"绿色和平"组织发布茶叶农药残留报告，随后又曝出茶叶稀土超标；中评社香港4月12日电，大陆茶叶在香港查出农药超标，长期饮用容易不孕不育；按照《新民周刊》的报道，中国98%的茶树都喷洒农药，铁观音、花茶首当其冲，还指出由于铁观音高产，高产的气候条件是茶叶生长期温度相对比较高以及大面积种植。气候热，虫子就多，如果没有农药化肥，是不可能保证鲜叶品质和产量的。安溪县茶业总公司工作人员声称，对国家目前已明令禁用的高毒、高残农药，安溪县早已规定禁用。但有关人士透露“原来蓄积在土壤、茶树中的农药仍可保留4~30年才能消失；而且，一些农药虽然在茶叶上是禁用的，但在周边农田、果园等使用，随茶园用水和空气飘移而附着在茶叶上，给茶树带来污染”。

实际上从2006年起，欧盟就将茶叶农药残留的检验项目从193项增加到210项，2007年的新标准检测项目达到227项，其中207项是当前仪器能够监测的最低标准；2006年，日本进口茶叶残留检测项目由71项增加到276项，并且采用“干茶法”进行检验，大幅度提高了市场准入的门槛，并从2012年3月起，日本考虑提高检测标准计划，把三唑磷的含量从0.05毫克/千克调整至0.01毫克/千克，按照日本规定，若有5%的产品被检出不合格，日方将全面禁止对此类产品的进口；台湾也从最初的165项提高到最近的305项，现在瑞士的SGS标准已经达到了318项，SGS是全球公认的第三方质量认证机构，318项检测包括检测是否有各种农药、重金属、微生物残留。大陆有统计数据表明，要达到欧美标准，从采摘、拼配、加工、包装到储运，每批次茶叶需要检测的农残指标数至少43个，微生物和有害金属检测指标在13个以上，每批次茶叶仅检测费用就高达3.36万元，这对于中小企业是一个很大的负担。据台湾资深茶人反映，现在台湾茶商通过SGS认证，检测的项目从233个~318个，收费并不算高，并且现在的价格下降了近一半，才4 000多新台币折合人民币还不到1 000元，为什么大陆国内检测的项目少，而且价格高得离谱？为了提高公众对大陆茶叶的信心，恢复和提高大陆作为世界最大出口国的声誉，政府或者官方机构可以考虑借鉴台湾的做法，引入国际上第三方权威机构的认证，比如TTB（位于德国的第三方检测机构）或者SGS，对于送交指定的权威机构认证并通过认证的公司，给予认证费用的补贴，没有获得认证的茶叶和公司，不能参加媒体的活动等行之有效的具体措施，来恢复市场对于大陆出产茶叶的信心。

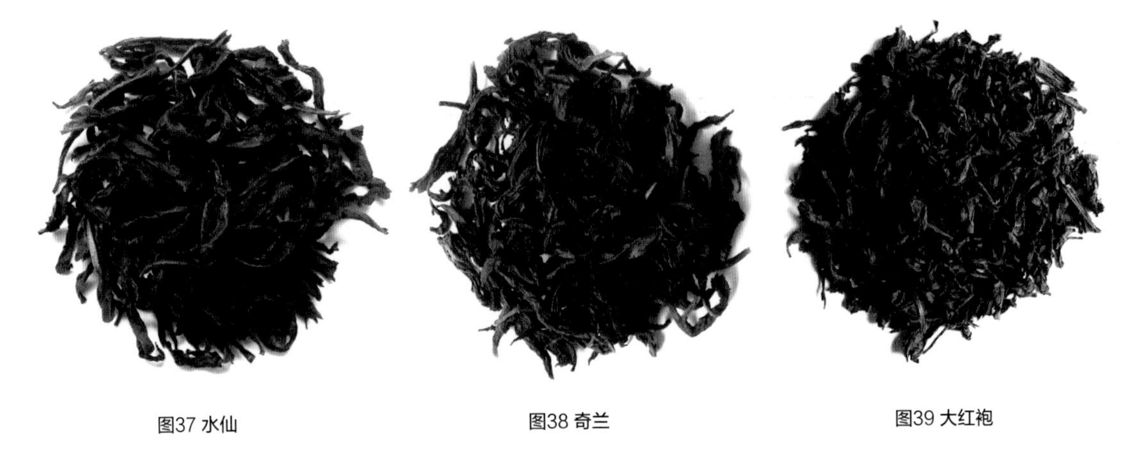

图37 水仙　　图38 奇兰　　图39 大红袍

武夷岩茶

正如史学家连横先生的《茗谈》中写道，待客的第一要素“茗必武夷”，可见武夷茶在当时文人雅客品茶时的分量之重，当然联系上文更容易理解，免得茶友认为有断章取义之嫌（上文是：台人品茶，与中土异，而与漳、泉、潮相同；盖台多三州人，故嗜好相似）。这里的武夷茶，特指岩茶类的半发酵茶——乌龙茶（也叫青茶）。所谓的岩茶是因“岩岩有茶，非岩不茶”而得名，喝武夷岩茶就是赏岩骨、闻茶香、觉岩韵的过程。由于武夷岩茶是半发酵茶，介于红茶和绿茶之间，正如连横先生所说“北京饮茶，红绿俱用，皆不及武夷之美；盖红茶过浓，绿茶太清，不足入品”。比较符合儒家思想的中庸之道，尤其为东南沿海一带文人雅士所青睐。

武夷岩茶的产地主要是在福建省北部的武夷山地区，所以也被称为“闽北乌龙”，由于历史悠久以及现代人又精于标新立异、独树一帜，所以现在有人说岩茶的品种有几百种，也不足为怪了。传统上按照产地分：正岩，半岩，洲茶。产于高海拔的“三坑两涧”（慧苑坑、牛栏坑、大坑口和流香涧、悟源涧）为正岩茶，产于低海拔的青狮岩、碧石岩、马头岩、狮子口以及九曲溪一带是半岩茶又称小岩茶。武夷山地区除正岩茶、半岩茶以外的其他产地就是洲茶的产区；按照产品分：大红袍（图39）、铁罗汉、白鸡冠、水金龟、肉桂，水仙（见图37干茶和图40湿茶和茶汤），奇种等，其中奇种又包括：奇兰（见图38），黄观音，金观音等。笔者喝岩茶的历史及频率远远不能和喝绿茶和台湾高冷茶相提并论，所以不会在此妄加评论，只想和大家分享一个真实的故事。

图40 水仙茶汤和叶底

十多年前，在新加坡举办的茶博览会上，笔者见到一位来自大陆专门售卖武夷岩茶的茶商，他带来好几种武夷岩茶，其分类比较特别，好像分太后、皇帝、太子、公主等级别。笔者深知在茶界要学的知识和未知经验非常多，因此不会轻易错过向茶商、茶友、茶人学习的机会，所以力邀他周末到自己的公司品茶，于是他就带最好的大红袍和笔者拿到的大红袍进行了PK。用这个（图40）专门泡大红袍的紫砂壶泡制，经过七泡茶的比较，结果是前三泡，在香气、颜色和口感方面，他的大红袍比较突出，后四泡，整体品性骤降，五泡后水味尽显，而笔者的大红袍虽然香气、口感渐淡，但香气和韵味依然很足。最后和他探讨后才知，虽然两种茶都是正岩大红袍，但茶人追求纯，在纯料的茶叶中品味出细微的差别，不同产区茶叶、同一个产区不同批次采摘的茶叶、甚至同一批次不同制作人、同一个人不同时间做出来的茶叶也不能掺在一起。而茶商追求客户的体验，所以几种茶进行拼配，取长补短，更容易被市场接受。按照他的原话“客户喝到第三泡就决定是否购买了”。笔者没有拼配茶不好的观点，正如图40的水仙生津和底蕴比较突出，奇兰香气和口感略胜一筹，按照一定比例拼配后，则合二者之长成为另外一款茶，就有老茶人偷偷告诉笔者，市场上有些大红袍就是这样制成的。诚然，把一款好茶的香气、口感和底蕴等视为一个整体，先声夺人必然会后劲不足，反之亦然，这也说明品鉴一种茶叶，如果不一一对比到第七泡，结论或有以偏概全之嫌，即使经过三分钟、五分钟闷泡，一次出汤再进行比较，其结果亦有层次缺失和无法体验韵味跌宕的亲身感受之弊。

漳平水仙

福建省是中国产茶大省，出产很多有名的茶叶，比如安溪铁观音（闽南乌龙茶）、武夷岩茶（闽北乌龙茶），金骏眉、正山小种等红茶，以及福鼎和政和白茶等，除此以外，漳平水仙也是一种有名的福建乌龙茶，它是闽西乌龙茶的代表，产于福建省漳平市，其中九鹏溪地区是漳平水仙茶的主要产区。漳平水仙是乌龙茶中唯一的紧压茶，制作工艺融合闽北水仙与闽南铁观音的制作方法，并创新使用木模压制成方形小茶饼（大约10克）。如此一来，这种小方饼设计，既节省空间、容易携带又方便定量浸泡，而且绵纸包装不但利于后期转化也更加环保。简言之，漳平水仙在保留传统技艺的基础上进行了创新，其发酵程度介于轻发酵的闽南乌龙茶和重发酵的闽北乌龙茶之间，香气属于外溢形，高扬幽长，清香如兰花，茶汤鲜醇，汤色以黄色为主色调，清澈透亮，有回甘，干茶茶梗粗壮、叶底肥厚、外形条索紧压卷曲，颜色乌绿带黄，绿叶红镶边。

笔者在2015年7月考察漳平水仙产地九鹏溪区，到蜿蜒起伏的茶区观摩，上手半人多高茶树

图41 漳平水仙产地

图42 水乡渔村

的枝叶，仔细观察茶树的生长环境，最后坐在公馆茶轩品茶，一边呼吸着略带茶香的清新空气，一边面对原生态梦境般“水乡渔村”和水岸茶园的景色，融合天、地、人、山、水、茶于一体，仿佛进入梦幻的世界。景区秀丽旖旎，让人流连忘返，但穿插在茶树周围，尤其是平坦区域可以遮阳的高大树木并不多，稀稀寥寥在诺大的茶园中略显形影孤单，这不能说不是一种遗憾。另外茶区海拔不算高，最高800米，当时气温很高，蚊虫不少，茶树的叶片被咬得很厉害，并留下很多小洞，这倒说明茶区没使用相应的杀虫剂，仍然保留着天然生态。当时笔者曾感叹道：“漳平水仙现在是小众茶，如果日后订量增加到供不应求时，难保不打农药、施化肥或者砍掉其他树木增加茶树面积”，于是就又跌入铁观音的怪圈，希望漳平水仙不要重蹈覆辙。

笔者还发现另外一个问题，在乌龙茶的大家庭里，按照品质来说，台湾的高冷茶一直处于金字塔的顶尖，尤其在轻发酵的乌龙茶领域，毕竟从自然环境、海拔高度、加工工艺、质量控制以及法制保障等方面，大陆的乌龙茶还有很长的路要走，而且有些客观因素是永远可望而不可及的，比如海拔2 000米以上的产茶区、茶叶送往国际权威质量认证机构SGS或者TTB进行三百多项指标检测等，因此台湾的乌龙茶可以作为乌龙茶的参照物，也就是说如果大陆同等级乌龙茶的价格远远超过台湾乌龙茶，那就意味着价格虚高，应为炒作。笔者在福建龙岩和朋友一起品尝了多款漳平水仙，包括获金奖的漳平水仙，并对比了“王子”“公主”等级别的水仙茶，找到了福建甚至其他地方茶友用它取代铁观音的原因，但笔者也有些惊讶，高端的漳平水仙茶的售价竟然超过台湾海拔1 500米以上的高端乌龙茶的价格，是信息不对称还是台湾的高冷茶没有入驻闽北地区？但希望不是地区保护主义，为了当地人民的福祉和闽北茶界健康的成长，需要引入相应的竞争机制，形成一个合理的价格体系，多用市场规律而慎用行政方式，杜绝相关的炒作现象，建立一个健康发展的茶叶生态圈。

台湾乌龙茶

台湾本岛南北长而东西狭。南北最长达394千米，东西最宽为144千米，呈纺锤形，北纬20° 45′ 至25° 56′ 之间，热带和亚热带气候，年平均气温（高山除外）为22℃，年降水量在2 000毫米以上，是世界上最好的产茶区之一，是少有的热带“高山之岛”，除西岸一带为平原外，三分之二的地区都是高山地区。按照出产茶叶的高山命名的著名乌龙茶有冻顶乌龙、阿里山乌龙（图43）、杉林溪乌龙、梨山乌龙茶（图44）、合欢山乌龙等，其中梨山的海拔在2 000~2 500米，梨山山区的福寿农场海拔2 500多米，该处所生产的高山乌龙茶叫作福寿梨山茶，据说是国宴茶。另外还有海拔2 100米以上的合欢山，是台湾生长海拔高度极高的乌龙茶产地，其中大禹岭地处2 600米的高山上，是台湾新兴的高山茶产区，茶区开垦不久，但所产的茶叶已经是公认台湾顶级的高山茶之一。还有就是令日本茶人津津乐道，号称台湾的神品“福寿山高山茶冬片”，据说是生长在2 700米的高山人迹罕至的地方，寒冬一二月采摘，水雾笼罩，温差变化大，此种极品茶叶鲜叶，品尝后先微涩，后回甘，笔者未曾见过，咨询台湾多名茶叶传人

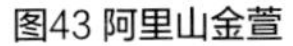
图43 阿里山金萱

图44 梨山茶干茶

和制茶大师，全都没见过，甚至好多位闻所未闻。一般认为，纬度南移，气温增高，茶叶叶片增大，茶叶中内含物增加，以EGCG为代表的复杂儿茶素增加，茶叶中多酚类与氨基酸比例增大，茶叶外形粗大，内质滋味浓烈而苦涩，反之，随着纬度的增加，气温下降，茶树芽叶缩小，水浸出物和茶多酚均减少，酚氨比下降，茶叶外形细小，滋味偏淡。台湾降雨量特别充沛，年降水量常超过2 000毫米，特别适合大叶茶的生长，早在19世纪中后期，英国东印度公司“德记洋行”香港负责人约翰·杜德（John Dodd），就是利用适合种植茶叶的纬度的理论去台湾考察，最后在台湾北部和印度阿萨姆纬度相近的地方种植茶树并获得成功。

最早的台湾乌龙茶源自福建，在清嘉庆年间，福建人柯朝去台湾传授种茶技术，并从福建武夷山引进茶种，种于今台北县瑞芳山区；清咸丰年间林凤池先生从福建带回的青心乌龙种茶苗，种于冻顶山；清光绪年间张氏兄弟从福建安溪引进纯种的铁观音茶，在木栅樟湖山种植；清同治时期东印度公司杜德在台湾北部和印度阿萨姆纬度相近的地方种植茶树，并于1869年把台湾精制的乌龙茶出口到美国，开创台湾乌龙茶出口美国的先河；民国初期，由日本三井物产株式会社自印度引进Jaipuri，Manipuri及Kang三个品种的茶籽，播植于平镇茶叶实验所，成为台湾和印度茶种杂交品种的开始，十多年后台湾又从印度阿萨姆引入大叶种茶籽，在南投县鱼池茶区试种成功，为台湾生产优质红茶创造了条件。其中不少趣闻，常常令茶人津津乐道，比如让台湾包种茶享誉台湾和日本的张乃妙先生“金牌赏”事件。1916年，张乃妙先生制作的乌龙茶参加台湾劝业共进会初制包种茶品评，荣获日总督特等“金牌赏”，当时台湾的茶业人士根本不相信他做的茶会如此极品，于是两次联名抗议，最后经两次越来越周密的现场检验测试，才被大家接受，他们一直怀疑是武夷山或者安溪名茶，从而成就了文山包种的盛名。

200年来，台湾不断引进了许多著名的茶种：大陆武夷、安溪乌龙茶、印度阿萨姆等红茶名种、蒸青的日本宇治煎茶和炒青的大陆碧螺春茶等，加上得天独厚的地理条件和几代人不断学习、探索和改进制作工艺，使得台湾的绿茶、乌龙茶、红茶在世界上享有非常高的声誉。绿茶有珠茶、眉茶等，乌龙茶有文山包种、冻顶乌龙、东方美人、高山乌龙等，红茶有日东红茶、日月潭红茶等，台湾茶的特点是：温婉、内敛、清纯、飘逸、含蓄、古典、谦逊和风雅。在茶叶的历史中，台湾不但制作了发酵程度最低的乌龙茶——文山包种，也制作出发酵程度最高的乌龙茶——东方美人，以及极具盛名的台湾高山茶，它的特点是茶叶柔软，叶肉厚，果胶质含量高，故色泽翠绿鲜活、滋味甘醇、香气淡郁，耐冲泡。一般来说，超过海拔1 600米的高山乌龙茶，香气随着海拔的升高而更加婉约，这正是高海拔的大禹岭乌龙茶比较低海拔梨山的乌龙茶更加淡雅的原因。除了茶叶以外，台湾在茶具方面还发明了闻香杯（如图45），在茶具使用方面，多了一个杯垫放在茶池中，不但保护了茶具，而且更加雅观、人性化，这也许或多或少和日本对台湾的影响分不开。比如为了满足日本市场的需求，配合国际上农残的检验标准，台湾的绿茶和乌龙茶都做得非常精致，更加注重食品安全。有媒体报道：根据台湾商界人士的反映，目前台湾茶农残的检验分为两个标准，一个是SGS（位于瑞士的第三方检测机构），另一个是TTB（位于德国的第三方检测机构），然而出口的茶叶及高级茶叶，均以SGS检测为基准，因为SGS具有国际性的公信力及权威性。目前台湾茶叶销售，均需出具上述两者之一的检验报告，否则消费者不太有意愿购买，通过这两种国际标准认证的茶叶约占整个台湾市场九成。

对于乌龙茶，笔者也比较偏好那些有淡淡清香、底蕴深厚、有回甘的乌龙茶。笔者刚开始接触冻顶乌龙茶时，或许由于茶香气比较浓郁，焙火程度略高，尽管它是台湾传统乌龙茶的代表，拥有众多FANS，但它却不是笔者喜欢的类型，只做备用；另外一种乌龙茶是1981年的改良品种，台茶12号——金萱乌龙（见图43）具有独特的奶香味道和台茶13号——翠玉乌龙的桂花香味，非常适合女性；再有白毫乌龙——东方美人茶，也叫香槟乌龙，由于它是发酵最高的乌龙

图45 闻香杯

茶，所以最接近红茶，口感比较丰润香柔，还略带成熟的水果香，常常会让人想起温婉可人的东方美女，是比较偏爱红茶的欧洲人的最佳推荐，难怪伊丽莎白二世女王亲自授名东方美人了。有些爱喝铁观音的茶友，可以尝试台湾的文山包种茶，清澈略带金黄色的茶汤，清香四溢，入口清新雅致，作为发酵程度最低的乌龙茶，文山包种茶最接近绿茶，在乌龙茶中对身体有益成分保留得最多。笔者最喜欢喝的台湾乌龙茶还是高山乌龙茶，所谓的高山茶指海拔在1 000米以上（北部地区海拔800米以上，中、南、东部地区海拔1 000米以上）的茶园所生产的茶叶，台湾传统的三大高山茶是：阿里山、杉林溪、梨山，下面对这三种高山茶做个比较：

表 5 台湾三大高山茶地理环境和茶叶品质各因素对比

名称	海拔（米）	纬度	经度	香气	茶汤香气	叶底柔嫩度
阿里山茶园	800~1400	23° 26′	120° 46′	味香	兰花香	较柔嫩
杉林溪茶园	1600	23° 40′	120° 45′	高雅	桧木香	细嫩柔软
梨山茶园	1500~2000	24° 15′	121° 15′	淡雅	甜梨果香	柔嫩厚实

一般来说，这三个高山茶产区的茶叶都是韵味深厚，回甘悠远，并且都很耐泡，高山气息浓厚，但每种又有各自的特点，就算同在一个茶区，但由于海拔的差异，产地不同，制作方法也不尽相同，工艺差别，所生产出的茶叶口感、外形、香气也是相差甚远。另外茶人都知道，即使是

同一个茶园的茶叶，阳光直射和漫射，茶叶的口感、形状和厚度也是略有差别，再加上机器制作和人工加工不同，不同炒茶师对火候掌握的不同等外在因素，使得茶叶的口味千变万化，很难笼统概括。但万变不离其宗，根据它们各自不同的香气来判断茶山，则是非常简便的方法，笔者以前比较喜欢喝梨山茶，幽幽的梨果清香中品味着淡绿透澈茶汤，袅袅的茶烟中仿佛身处高山云雾中，欣赏着一位清纯飘逸的梨美人，随着水注而舞动，在壶中尽情绽放风姿，她那含蓄婉约的万般风情会让人似汲梨汁，满口甘甜又略带芳香，十几泡过后，香气和回甘虽逝都不知离去，确实“淡而远”。

梨山山脉另外的高冷茶产区是海拔2 500多米的福寿农场，以及被称为台湾“雪乡”的合欢山，它的主峰海拔3 416米，其他山峰也在3 200米以上，其附近的大禹岭茶区2 570米，已经号称台湾海拔最高的茶区了。然而非常诡异的事情发生了，那是在北京的茶叶博览会上，一位美女销售人员，正在推销来自台湾合欢山的高山茶，当她说是采自海拔3 000多米合欢山的高山茶时，当时就愣住了，笔者自以为对台湾的高山茶有一定的了解，顶级大禹岭、福寿山、梨山、杉林溪、阿里山等高山茶都经常喝，而且还偶尔备几两好茶和其他茶人分享，但必须承认笔者还是第一次听说合欢山，尤其是海拔3 000多米还能长茶树更是闻所未闻，按照一般常识海拔每上升100米，温度就会下降0.5℃，台湾海拔3 000多米的山上，冬季应该是白雪覆盖，哪可能有茶树可以幸存？没有调查就没有发言权，无暇和美女讨教，就品尝了一下，是台湾高冷茶没错，高山气息浓厚，回甘也不错，但加工工艺不够精致，算不上顶级的茶，价格却是台湾获头奖比赛茶的价格。满怀疑惑，回去研究，才发现合欢山的纬度是北纬24°08′，东经121°16′就在梨山附近，两山之间的距离也就几十千米。笔者还和台湾茶农及茶商再次确认，茶树在海拔3 000米以上不能生长，我们知道茶树不耐寒，所以说，海拔3 000米以上的茶叶纯属乌有，海拔2 570米的大禹岭茶区已经是目前台湾生长海拔高度最高的乌龙茶产地了，至于海拔2 700米的“福寿山高山茶冬片”，正如上文所提，只当美好的向往吧。看来没有广博的知识，不掌握相应的科学原理，作为资深茶人也是可能被忽悠的。

笔者还发现，大陆市场的台湾茶，非常不规范，除了以次充好、夸大其词外，还有制作的标准也不同。笔者以前拿到的台湾乌龙茶都是直接来自台湾、新加坡或者马来西亚茶叶专卖店，除

图46 梨山茶叶底

了口感外，包装和制作看起来都比国内台湾茶精致。上文介绍了在台湾本地市场上的茶叶，如果没有获得TTB和SGS的双重认证，当地人都不认账，当然如果不通过相关的认证，台湾茶也不可以出口到相应的国家，或许大陆茶叶的进口标准不高，管得也不太严格，所以在大陆市场上台湾高山乌龙茶，哪怕是来自知名的茶商，都无法和出口到其他国家的茶叶相提并论。为了此事，笔者专门去请教台湾著名茶区的负责人，他说同一个茶区，为了出口不同的国家，施加的肥料和喷洒的农药都不同，这要符合出口国的检测要求。比如出口日本茶叶，只能买日本生产的化肥和农药……看来这也在预料之中，随之茶商会推出供不同地域、不同生产、加工、包装、印刷的产品，例如在海外市场上，原装台湾乌龙茶的袋装重量一般只有75公克、150公克，台湾所说的一斤是600公克，并且高档茶的包装中，一般都用日本生产的脱氧剂，而大陆市场上的包装则是五花八门，有50克、100克甚至还有125克的包装，有些里面根本就没有脱氧剂，即使有也不是日本生产的了。如果质量相同，这也无可厚非，但茶叶上带着4厘米以上的茶梗（见图44，笔者去台湾拿到的梨山有机茶），则是制作工艺的不精，大有用死梗充重量、变相提高价格之嫌。2012年在北京茶叶博览会上，与来自台湾著名茶区的第四代茶人谈起这件事情，他略感无奈地说，由于产茶期茶叶采摘量大，再加上出货量大、出货急，所以采摘时死梗难免被混入，再有管理上面也不能面面俱到、更不能越俎代庖；另外一位来自台湾百年老店的茶商则苦笑着说，以前采摘下来的茶叶，还可以手工挑选，现在直接被机器搓捻成球状或半球状，即使看到黄白色的死梗，也爱莫能助了。笔者继续问他，国外市场如何处理？他笑而不语。不过根据笔者的亲身经历，这一两年来，哪怕去马来西亚还是新加坡知名的老茶店，拿到的台湾乌龙茶里面的死梗也慢慢出现，看来这是台湾茶产地的问题了，知名茶商的茶叶，这个问题不严重，但带死梗的产品也慢慢流向市场。大陆市场上除了死梗的问题，以劣充好，还有些茶商用越南茶，或者其他产地的

茶冒充台湾茶的事件也层出不穷，如果市场需求的增加并没带来品质的持续性或者有所提高，反而每况愈下，那是对台湾茶声誉的侵蚀，或许会导致台湾茶在市场上的重新洗牌，更是爱喝台湾茶茶友痛苦抉择的开始。

如大陆某宝网店露骨的表白：只经营真正原产地台湾茶（无台式茶，无福建漳平阿里山制造的“台湾茶”也无任何猫腻的越南进口茶等，更无假茶。质疑者请移步，我无力一一解释。）

另外台湾大师许多年前就指出“越苦的茶越好!因为茶叶主要成分茶多酚中EGCG 苦味最强，却有抗氧化、抗癌、减肥、降血脂等作用，台湾盛行的味甘气香的高山茶在种植时空的选择上或者茶叶制作的过程中，最有用的成份EGCG大都被破坏殆尽，结果是饮用这种茶对健康的帮助有限”，香醇和原生态是辩证统一的双方，火攻增加香气，其结果就会造成茶多酚的损失，会偏离自然，茶商通过求变来促销自己的茶叶，本属商业自由的范畴，但如果没有领会茶的内涵，妄自提高某种感觉，却以破坏或者说降低茶叶本身的营养成分为代价，可能是得不偿失，历史已经多次证明，要出名、寻出位不难，但能长期被人接受，就一定是高质量、对健康有益、能充分彰显本身价值的产品。

茶中巨子——红茶

全世界销量最大的茶叶是红茶，英文是Black Tea，而不是Red Tea。按照传统的说法，世界著名的三大高香红茶是指印度大吉岭红茶、斯里兰卡的乌瓦茶、中国的祁门红茶，后来随着印度阿萨姆（Assam）红茶的加入，促成了世界著名红茶的扩容，于是出现了世界著名四大红茶的提法。中国安徽、福建、云南、四川、湖南等地都出产红茶，最近几年连陕西、河南、山东等北方城市也开始制作红茶，或许以前中国的祁门红茶独树一帜，但现在无论是在中国大陆还是东南亚茶店，说起中国著名红茶就一定离不开红茶新贵——金骏眉，这十来年，随着金骏眉的横空出世，其知名度已经远远超过其他老牌红茶，甚至成为中国红茶的旗舰。金骏眉红茶是正山堂茶业在2005年，以武夷山国家级重点自然保护区内、方圆565平方千米的原生态高山茶树的芽头为原料，在正山小种红茶传统工艺基础上，融合创新工艺研发出来的高端红茶。由于选料考究，精选富含营养成分和茶叶滋味成分的小种茶树芽尖作为原料，并在做青、发酵、烘焙等多个环节进行了工艺改进，自上市以来，就在中国迅速掀起了红茶热，金骏眉的出现，弥补了中国高端红茶的历史空白，带动了中国整个红茶产业的复兴。

中国红茶

中国是茶叶的故乡，据史书记载，早在两千多年前茶叶已经被人类所采用。明朝时期中国的茶叶走向英国以及欧洲各国，欧洲当地人最早接触的茶叶是Black Tea，虽然有人认为，当时从中国运往英国的茶叶中有绿茶，但经过18个月以上的海上漂泊，在那种潮湿环境和冷热变化不定的气候下，绿茶也已经开始发酵，已经无法真正体现绿茶带来的清香与鲜爽，所以笔者认为，早期英国所喝到来自中国的茶都应该是发酵茶，就是现在的乌龙茶和红茶。当时最有名的茶叶是武夷茶Bohea，福建武夷山的一种发酵茶，Bohea的读音就是武夷的谐音。下面我们从金骏眉开始，拉开介绍中国红茶的序幕。

图47 金骏眉芽头

金骏眉

金骏眉红茶的诞生，还有一个关于中华茶文化传承与创新的故事。2005年7月，正山小种红茶第二十四代传承人、正山堂茶业创立者——江元勋先生带领的正山团队，在友人的建议下，共同努力用武夷山桐木关茶树芽头，按正山小种的制作工艺，首先制作出干茶三两。当茶与水亲密接触的瞬间，香气四溢，汤色金黄透亮，滋味甘甜爽口、润喉、回味悠久，集蜜糖香、花香和果香于一体，高山韵味尽显。随后，在张天福、骆少君先生品评和指导下，在原料和工艺上又进行反复试验、分析、比较，2007年又进行了工艺完善和品质优化，最后才正式投放市场。金骏眉红茶的出现，完全改变了传统红茶“浓、红、苦、涩”的特点，引发了中国红茶的消费热潮，推动了整个红茶产业的发展。至于“金骏眉”名字的由来，首先因为言其色、示其质、喻其价。因其干茶条索含金色、茶汤亦金黄，而且得之不易，贵重如金，故取 “金” 字；骏字是由于表其形、彰其源、寄其望。其原料采摘于崇山峻岭之中，干茶外形似海马状，同时希冀此茶如骏马奔腾般蓬勃发展，有人说因其参与制作人的名字中含有骏字，故取“骏”；最后依据显其精、现其技、耐冲泡。自古《名茶录》中就有寿眉、珍眉。俊芽所制，好茶谓之眉，眉乃长寿之意，故取“眉”字。正山堂对金骏眉的定义：以武夷山国家级自然保护区海拔1 200米到1 500米高山野生茶树茶芽为原料，用正山小种400余年传统与创新工艺制作而成的茶叶。

笔者是新一代茶人，对于市场上新出现的茶叶一向比较敏感，自2009年开始品鉴，由于金骏眉红茶的市场非常混乱，一直不能确定自己品尝到的金骏眉是否正宗，直到2014年才喝到正

图48 金骏眉干茶

图49 金骏眉叶底

山堂的产品——金骏眉（图48干茶、图49叶底）。以前茶友问如何品鉴金骏眉，我一直不敢多言，毕竟接触时间太短，又无法得以确认，哪是正宗的金骏眉？因为我见到和喝到的金骏眉不下十种，从黄金金骏眉到黑金金骏眉，从桐木关金骏眉、武夷山金骏眉再到福建金骏眉，甚至还有其他省份的金骏眉，每个商家或茶友都会讲出一大段富有哲理而且让你不得不信的故事，究竟孰是孰非，笔者当时无法定夺，毕竟“没有调查就没有发言权”，如果可能会误导茶友，不如保持缄默。直到2016~2017年，笔者从正山堂新一代传人——江博士那里接触到正宗的顶级金骏眉（头采、特制），经过一年多的品尝和比对，才可以略留片语，藉此以飨读者。

1 **观其形、鉴其色**：干茶条索匀称紧结、粗壮、略带油亮，无论是一颗芽，还是一片细叶，基本都会同时出现几种颜色，比如金、黄、灰、黑等，黑色略多，而不是只有一种颜色，或者几种颜色的芽、叶的拼配。如果茶叶中都是全黄色和全黑色的混合体，正好说明它们与正宗金骏眉工艺的区别。正山堂金骏眉是在正山小种的基础上进行了创新，所以它既不同于传统正山小种黑色的形体，又保持发酵程度70%以上，从干茶的颜色上看，金骏眉的制作工艺就别具一格。概言之，那种黑芽桐木关金骏眉，不如叫“乌金芽正山小种”更确切，那些福建的黄芽金骏眉，不如根据发酵程度叫“闽芽黄金乌龙”或者“闽芽玫瑰金乌龙”，这样不但避开“搭便车”“傍名牌”之嫌，又可以打响当地相应工艺的茶类，整体来看，对健全和完善福建甚至中国茶业界的秩序具有深远的意义。

2 **辨汤色**：金骏眉每一泡的汤色会有深有浅，但主体颜色一直是金黄透亮，最初几泡还会有光圈，美不胜收，让人赏心悦目。我们知道在封建社会的中国，金黄色本来是帝王之色，普通人无论是衣服还是日常用品的瓷器都禁止使用金黄色，从而使得华人对金黄色都带有敬畏和仰慕之心，毋庸讳言，当今黄金色依然是高贵之色。即使有红色香槟之誉的印度大吉岭，它的汤色也只是橙黄色，若只对汤色评分，金骏眉应略胜一筹，当然，如果大多数评委是华人的情况下，则毋庸置疑。

3 闻香气、啜滋味：在台湾茶叶评比中，这两项的得分有时可以占到总成绩加权的50%以上。笔者和不少茶人、茶友谈及金骏眉时，大家印象最深的就是香气，它的香气层次非常丰富，是花、果、蜜综合香型，包含花香、果香、蜜香和木香等。它的香气属于外溢型，尤其是前3泡，香气飘逸，满屋浮香，如果和印度大吉岭红茶（Gold Darjeeling）对比，前3泡金骏眉一定会领先。由于金骏眉用芽头做原料，所以茶汤入口便先声夺人——滋味鲜活甘爽，高山韵显，口中茶香四溢，在迷人香气缭绕的空间内，它很容易把茶人带入那种赏心悦目、惬意忘我的境界之中，感受卢仝的“六碗通仙灵”，皎然的“三饮便得道”，甚至朱权的“一瓯通仙灵”。

4 比底蕴：虽然金骏眉采用芽头做原料，但它又与纯芽头的雀舌不同，是叶中包芽，还略带茶梗，从取材上就可以推断到金骏眉底蕴丰厚，实测也是如此。笔者认为，一款好茶，至少能泡7泡以上，笔者还和茶友提及判断是否是好茶的最简单方法，就是从第4泡开喝，如果到第7泡以后，不出现水味，就是好茶（纯嫩芽的茶除外），当然还要有良好的泡茶功底（见下文如何泡茶），金骏眉泡10多泡还绰绰有余，已经难能可贵。当然金骏眉的底蕴和海拔2 000米以上的印度大吉岭红茶相比，还是有些逊色。

5 观叶底：金骏眉的叶底更显英雄本色，古铜色的身躯，亮丽舒展、秀挺鲜活，芽头粗壮、短如笋，色泽均匀、整齐有致，无烂叶、无碎梗，不愧是中国红茶中的极品。

正山小种

前面说到金骏眉，这里就不能不提它的前身——正山小种（英文Lapsang Souchong），世界红茶的鼻祖。它的产区在福建省崇安县（即是现在的福建省武夷山市）桐木关，地处武夷山国家级自然保护区与武夷山世界自然遗产地的核心区，纬度是北纬27°33' ~27°54' 。据史料记载，桐木在宋代称崇安县仁义乡，由于当地大量地种植油桐树，受桐油发展的影响，这一地区地名曰桐木，这里又是出入中原的关口，故曰桐木关。据说正山小种迄今已有约400多年的历史，自17世纪，正山小种就远销欧洲，风靡王室，并引发了盛行至今的“下午茶（Afternoon Tea）”文化。武夷红茶在欧洲被称为Bohea，是武夷地名的谐音。随后为了区分其他产地的

红茶，当地人把武夷山桐木关之内的区域称为正山，有正宗、核心（正中）之意，而“小种”是指其茶树品种为小叶种，故取名为“正山小种”，传统的正山小种是经松木熏制，所以也称为熏制茶（Smoky Tea），武夷山正山小种红茶是中国地理标志保护产品。2018年初，中国国家主席习近平招待来访的英国首相特蕾莎·梅（Therasa May）的茶叙时，就喝的这种茶。由此可知，正山小种已经不是曾经单纯的丝绸之路上的商品，而成为茶文化交流的桥梁，更成为中西经济、文化交流史源远流长的见证。

下面以正山小种的实物照片为例（图50），分析它的特点：

干茶：以条索为主，可能由于是野生的原因，条型长短不一，芽叶兼有，碎茶以叶片为主，条索肥实，颜色灰黑，闻起来有一种自然甘甜的香气，并带松明香味。

汤色：清澈、秀丽，纯而不艳。根据投茶量和出汤时间的长短，汤色会出现浓红、橙红或桔黄等颜色。

香气：在完整的品茶流程中，预热盖碗后，加入茶叶再盖紧，随后摇晃盖碗数次，闻茶的干香，也是一个非常重要的环节，（本文在没有特意提及闻茶叶的干香，均指正常冲泡过程中，茶叶发出的香气和茶汤中蕴含的香气。）正山小种红茶以纯净、淡雅的高山韵味先打开品饮者的味蕾，再以温柔的松木香和桂圆香，来满足大家的嗅觉器官。与金骏眉相比，正山小种不够香艳和浓郁，但仍然有持久的香气。这明显区别于其他仿制茶或冲鼻、或短暂、或让人感觉涩腻。有些正山小种也产自桐木关核心产区，未完全采用传统的制作工艺，比如不使用松针或松柴熏制，当

图50 正山小种

图51 正山小种叶底

然会有另外一番滋味，这种工艺的正山小种被称为“无烟正山小种”，品鉴这种茶就不能品了三到四泡下结论，还需要综合考虑，推而广之，品鉴其他好茶亦是如此。

滋味：茶汤醇和、入口柔滑、很快回甘、底蕴持久（可泡10泡以上），不苦不涩，细细地啜吮，还能感觉到松香、花香、果香的滋味。叶底：呈古铜色或暗红色，有一定的亮度；柔软；叶面曲折、紧缩，不完全张开（见图51，其中大片是人为展开，是为了观察叶脉）。

泡制正山小种

图52 祁门红茶干茶和叶底

祁门红茶

祁门红茶是世界三大著名红茶之一，素有“香高、味醇、形美、色艳”之说，曾经大量出口。产地是安徽省祁门县，北纬30° 左右，当地土壤肥沃，山林众多，空气湿润，云雾缭绕，非常适合茶叶生长。祁门红茶以一芽二、三叶的芽叶做原料，经多道工艺精心制作而成。干茶呈褐色，叶底显紫铜红色，香气透发。（见图52）

毋庸讳言，笔者喝的祁门红茶不多，除了绿茶先入为主外，也和生活环境有关，毕竟在赤道多雨气候的新加坡，红茶的可选项从欧洲袋装红茶到印度大吉岭、阿萨姆红茶、锡兰红茶以及肯尼亚等非洲散装红茶，品种非常多，反而祁门红茶鲜为人知，更别说常喝了，倒是在大陆和一些茶友偶尔品尝到，为了探究它的过人之处，笔者也带些祁门红茶回新加坡和茶友一块品尝。经过一段时间品评，综合大家的反馈和笔者的亲身体会，首先需要声明，笔者没有找到顶级的祁门红茶（所以某些观点可能有失偏颇），但也算不错的祁门红茶（见上图），与印度、斯里兰卡的红茶相比，它条索纤细美观（上图是实际尺寸的放大版，干茶出现自然弯曲，长度15毫米左右），没有经过机器切碎，外形非常完整，嗅之、品之略有甜香，但星、马的老茶人依然缅怀以前传统工艺祁门红茶的味道，有些人还特意告诉笔者，如果拿到顶级的祁门红茶一定要告知他，很显然这款茶没能满足老茶人的期望，也没能触动笔者这样的新一代茶人，用最新网络语言“没有对比就没有伤害”，可以说与中国的金骏眉、印度和斯里兰卡高海拔的红茶相比，差距还是非常明显。其实透析其本质，纬度30度左右适合小叶茶的生长，这类茶是制作不发酵绿茶的绝佳原料，这就是为什么最好的绿茶都生长在此带，小叶茶的共同特点：鲜爽有加、甘甜度很足、耐泡性略差。因此用这样的小叶茶做红茶会有先天性不足，无法和用大而厚实的叶片制成的红茶同级类比，笔者认为这样的茶制作祁门绿茶可能更适合，这由植物生长环境使然，不能人为背道而驰，当然，部分创新未尝不可，把大叶、碎叶甚至茶梗等制成重发酵的红茶或者黑茶，是物尽其用，这才是“道”之所在。

印度红茶

作为世界上最大的产茶大国之一，印度出产众多著名的茶叶，受限于传统“Black Tea”的叫法，印度茶叶许多新品种都纳于其中，使得茶友无法区别Gold Darjeeling和Black Tea from Darjeeling和产于Darjeeling轻发酵的类似乌龙茶的Black Tea，所幸Darjeeling White Tea (大吉岭白茶)单独成类，所以笔者认为根据发酵程度把印度茶叶分为：红茶、乌龙茶、白茶和绿茶，更为合理。无论是印度、斯里兰卡还是肯尼亚、印度尼西亚生产的红茶的级别的制定标准不同于中国茶，在国外专业茶店购买茶叶时，都会遇到OP、BOP、FOP、TGFOP等字样，其中P：Pekoe、O：Orange、B：Broken、F：Flowery、G：Golden、T：Tippy以及数字等，按照特定的顺序出现，代表不同等级，为了方便理解，笔者对国际上红茶的等级相对中国茶的级别做了以下表格。

表 6 国际红茶等级划分相对中国茶的级别对照表

英文	简称	类似中国茶
Pekoe	P	第二叶
Orange Pekoe	OP	初叶
Flowery Orange Pekoe	FOP	芽孢
Golden Flowery Orange Pekoe	GFOP	芽头
Tippy Golden Flowery Orange Pekoe	TGFOP	初芽
Finest Tippy Golden Flowery Orange Pekoe	FTGFLP	精选初芽
Super Finest Tippy Golden Flowery Orange Pekoe	SFTGFOP	特级精选初芽
Super Finest Tippy Golden Flowery Orange Pekoe 1	SFTGFOP1	特一级精选初芽
Broken	B	碎的
Fannings	F	渣状
Dust	D	粉状

制作工艺还有CTC（Crush Tear Curl），是指用机器将茶叶碾碎（Crush）、撕裂（Tear）、卷起（Curl）形成茶叶成品。

图53 大吉岭 black tea 干茶和叶底

大吉岭红茶

大吉岭Darjeeling中文又被翻译为：金刚之洲，地处喜马拉雅山麓，北纬27°，平均海拔为2134米，盛产高香红茶，上品带有麝香葡萄味，被称为“红茶中的香槟”，是世界红茶之首。传统的红茶在此不再赘述，本节以市场上的一种Darjeeling First Flush Black Tea (直接翻译是大吉岭初摘红茶)，来自 Okayti庄园（建于1888年，海拔1770-2360米，是大吉岭产区83个顶尖茶园之一），级别是头采Excellence SFTGFOP1（Special Finest Tippy Golden Flowery Orange Pekoe 1级）的红茶为例，揭示现代大吉岭茶叶界涉足乌龙茶的端倪。

从图53看，无论是干茶和叶底，相信没有人认为它是Black Tea (红茶)，根据发酵程度，它应该隶属乌龙茶系。从干茶的形状分析，它也是经过机器加工，不过没有直接粉碎成传统红茶的细颗粒状，其中既有白毫显露的细芽，又有颜色绿黄的嫩叶，还有棕褐色的梗叶。从叶底看，即使茶梗也是嫩梗，所以茶汤层次非常丰富。茶汤绿黄透亮，香气高扬，第一泡入口就直接回甘，满口花香，二十泡下来（见图53的叶底），茶汤很淡，但茶香依然，看着晶莹碧绿的叶底，很想用之做菜或者凉拌甚至直接下肚，实在不忍丢弃，毕竟它的芽头和细叶非常柔嫩，不像大吉岭白茶的叶底一样无法咬断。

其实还有一款更接近金骏眉的二采黄金大吉岭Gold Darjeeling。一般来说，大吉岭茶叶一年可以采摘三次，头采First flush是三月中旬到五月，类似中国的春茶；二采Second flush是六月到八月中旬，类似中国的夏茶；三采Third flush是十月到十一月，类似中国的秋茶，在六月份和九月份也小规模地各采摘一次。不同月份采摘的茶叶，各具特点。比如头采大吉岭红茶，由于产量低，需求量大，所以价格不菲，干茶的茶叶颜色比较绿、比较浅，口感略淡，回甘快，花香悠扬，茶汤明亮、鲜活。二采的茶香气最特别，我们知道，茶友们一提大吉岭红茶，就会想到那种独特的“麝香葡萄”香，但那种香气只有在二采的茶叶中才有。据国际茶叶研究协会TRA（Tea Research Association）的研究结果，这种现象是由于茶树的基因造成的，这种香气只有在夏天寄生在茶树上的小昆虫吸食茶茎后形成。二采的茶叶与头采的茶叶相比，干茶颜色深、底蕴更加醇厚，所以非常适合制成颜色金黄、味道醇厚、香气独特的黄金大吉岭红茶，它是笔者非常推崇的一款高端红茶，可以说是大吉岭红茶的极品，其价格比上一款的头采大吉岭还

黄金大吉岭干茶、茶汤和叶底

贵60%多，而且市场经常缺货。笔者曾经拿这款茶与正山堂的特制金骏眉进行了比较，正如前文所说，前3泡，金骏眉领先，从第四到第10泡，各有千秋，但10泡以后，金骏眉水味尽显，据说金骏眉可以泡到15泡，但笔者没能做到，但此款黄金大吉岭，倒是泡出20泡。总而言之，金骏眉的制作工艺独占鳌头，但大吉岭茶叶的底料，毕竟是来自海拔2000米以上的山区，香气独一无二，茶汤内涵丰富，更持久耐泡，二者都是红茶中的极品，品质在伯仲之间，然而考虑到市场零售价，那么黄金大吉岭会胜出，因为它的性价比更高。概言之，在国际市场上，大陆生产的高端茶叶无价格优势，甚至还有价格倒挂现象，或者说存在着一定的泡沫。藉此笔者曾经和不少大陆茶界人士提及价格虚高的问题，大家都说："你知道采茶、制茶师的人工成本增长了多少吗？"还有运输、包装等其他成本的迅速增加，他们的逻辑就是："现在成本增加了好几倍，所以零售价也应该成倍提高"，听起来似乎很有道理，但纵观国际同类行业，100多年前印度、锡兰就已经大量使用自动化设备，从而使得茶叶产品的价格和质量的稳定性超越中国，最终导致中国茶被全盘替代，还别提现在茶叶的生态环境以及农药和重金属残留等因素，因此市场价格并不能真正反映它本身的价值。但世界的发展趋势就是经济和贸易一体化，形成一个地球村，国际上同类商品的价格必然理性趋同。遥想当年孙中山先生和一些茶界的有志之士多次呼吁，整合茶叶制作的小作坊形式，设立制茶新式工场，引进自动化设备，降低生产成本，改良新品种，诚信经营等（详见最后一章茶之思），近百年过去，大陆在茶文化传承和发展上仍需提高意识。

锡兰红茶

Ceylon锡兰，1972年更名为斯里兰卡，印度洋上的岛国，接近赤道，是世界三大红茶生产国之一，曾被誉为“世界上最干净的茶叶”。斯里兰卡最早的茶树种是19世纪取自中国，种在Kandy康提的皇家植物园中。至今最著名的五大红茶产区是Uva乌瓦（海拔1 520米）、Kandy康堤（海拔910~1 520米）、Ruhuna卢哈纳（海拔低于910米）、Dimbula汀布拉（海拔1 520米）、Nuwara Eliya努瓦拉埃利亚（海拔1 830米）。锡兰红茶一般以碎茶为主，现在也开始用完整的茶叶和芽头制作高端茶了（见图54，左边是努瓦拉埃利亚茶园红茶，右边是乌瓦高地的碎红茶）。锡兰红茶整体特点是汤色艳丽迷人，滋味纯厚强烈，香气高锐，略带花香和果香，其中乌瓦茶以回甘著称，颜色橙红透亮，茶汤表面出现金黄色光圈的为上品；努瓦拉埃利亚茶以“香槟茶”而出名，则属高山茶，茶色金黄或橙黄，香气高锐。总而言之，低海拔的茶区由于年平均气温比较高，茶叶日照时间比较长，茶汤口感会比较苦涩、醇厚，所以卢哈纳、康堤产区的茶叶比较适合加奶、糖。高海拔的茶，比如努瓦拉埃利亚的茶叶可以单品（叫作Plain Tea），乌瓦和汀布拉的茶叶二者皆可。

图54 锡兰红茶

努瓦拉埃利亚红茶

本节以一款可以直接品尝的努瓦拉埃利亚红茶和一款需要加奶加糖的乌瓦红茶为例，说明锡兰红茶的特点。Nuwara Eliya中文翻译为努瓦拉埃利亚，斯里兰卡的中部山区城市，距斯里兰卡首都科伦坡180千米，气温在4℃~16℃，海拔1 889米，斯里兰卡的避暑胜地，被誉为亚洲的花园城市，由于受到英国的影响，也有“小伦敦”的称号。早在19世纪末期，该地就制作出锡兰红茶，成为优质红茶的代表之一。图55是努瓦拉埃利亚茶园Lovers Leap Pekoe红茶，是一款可以直接品尝的红茶，如果根据中国茶的标准，从干茶和叶底来判断，该茶最多算乌龙茶，它也是最容易被喝中国茶的顾客所接受的锡兰红茶。茶汤颜色从浅红到橙黄再到金黄逐渐变化，非常具有层次感，茶汤入口甘甜，清香外溢高锐，有点木香、花香还略带薄荷香，非常有特色，通常浸泡时间不可太长，不然会泡出涩味，茶叶持久耐泡，是一种喝过就非常难忘的锡兰红茶。

图55 努瓦拉埃利亚干茶和叶底

图56 锡兰UVA红茶茶汤

乌瓦红茶

无论是世界上三大高香红茶还是四大高香红茶都少不了锡兰UVA乌瓦红茶，它既不是锡兰最早出现的茶，也不是本国排名榜首的茶，毕竟乌瓦红茶出现的年代不如康堤早，排名也不比努瓦拉埃利亚红茶靠前，正如茶的故乡——中国的祁门红茶的处境相同，世界上红茶的鼻祖是正山小种，现在中国红茶的榜首应该是金骏眉，真是“茶界也有新秀出，总有新茶超旧茶”。图57是来自锡兰红茶的后起之秀MLESNA曼斯纳B.O.P级的乌瓦红茶的干茶和叶底，曼斯纳茶叶是斯里兰卡皇室制定的饮品，也就是中文所说的御用或者是中国处处在争的“官”字头的茶叶。据说它提供3 000多种调味红茶，所以说，它是世界上最大的调味红茶也不为过。此款茶是由七月采摘的茶叶制成的碎茶，泡制时取茶量只需2~3克即可。虽然泡茶时就香馨入鼻，汤色也是万般迷人（如图56），如果不加奶、不放糖，其苦涩度，非东方人可以接受。这也是红茶碎茶普遍需要“伴侣”奶和糖的交融，才能发挥极致的原理所在。乌瓦红茶的香气对于新、马一带人还是非常熟悉的，第一品尝到乌瓦红茶就有一种似曾相识的感觉，慢慢品味，倍感亲切，突然会想起经常在小贩中心（Hawker Centre）、饭店和酒店喝到的世界三大红茶品牌的小袋茶的味道，顿然醒悟，真是：常饮之茶不知处，原来不少出名门！

图57 锡兰UVA红茶干茶和叶底

茶中黑金——黑茶

如果说绿茶代表着“青春”和“生机”，那么黑茶就展现着延续的生命和岁月的沧桑，撩动人的心扉就是愈陈愈香的特质。黑茶Dark Tea是一种后发酵茶，它不同于其他发酵茶，比如红茶Black Tea等，它是中国特有的一茶类。为了更好理解，可以把“渥堆”工艺提取出来，就是在茶叶制作后期中，使用渥堆发酵制作成的茶叶就是黑茶。至于“渥堆”，简单地说就是人为地加速发酵，通过加水加温，加速茶叶氧化并通过产生的微生物促使茶叶发酵的一种工艺。黑茶的产地有四川、云南、湖北、湖南、陕西、安徽等省份，主要品种有广西六堡茶、湖南黑茶、四川藏茶、湖北佬扁茶等。如果茶叶按照六分法，云南普洱熟茶，应算黑茶的一种，由于本书已经把普洱茶单独成类，所以此节就不再提及了。

在东南亚一带，广西六堡茶存量很大，而且20世纪50年代到90年代的老六堡茶，市场上也不少见。到老店或者和老茶友处品茶，想喝老点的六堡茶，总能喝到。记得在新加坡，曾经和一些老茶人谈及六堡茶，他们说随着锡矿行业的每况愈下，以前给工人用来提高免疫力、抵抗疾病的六堡茶，没了用场，当年大量进口的六堡茶，甚至成为负担。有位老先生曾经感慨地说，当时如果有人愿意要，都免费送，到了90年代，六堡茶又逐渐时兴起来，这应得益于普洱茶的风生水起。当时随着港、台经济的高速发展，喝老茶成为特定人群（不排除其中有人进行了一定的商业炒作）的时尚，茶是非再生的消耗品，所以六堡茶也顺势而起，尤其是有一定年份的老茶。下面以一款90年代的六堡茶为例(图58)，来说明六堡茶的特性。

六堡茶产于广西壮族自治区梧州市苍梧县，地处北纬23°26' ~24°10'之间，是大中叶茶树生长的最佳纬度区，年平均气温21.2℃，年降雨1 500毫米，海拔1 000~1 500米，终年云雾缭绕，非常适合茶树的生长。六堡茶干茶条索紧结、色泽黑褐（见图58，随着时间的推移和环境的不同，岁月的痕迹清晰可见），汤色红、浓明亮，滋味醇厚甜滑，香气显陈、略有槟榔香味，叶底红褐或黑褐色。

图58 90年代六堡茶

另外一种知名黑茶是湖南黑茶，因原料来自湖南益阳安化，所以也称安化黑茶。其种类包括：茯砖茶、黑砖茶、青砖茶、花卷茶、尖茶和千两茶等。由于茯砖茶会产生“金花”（学名：冠突散囊菌Eurotium cristatum，一种生长在土壤、茯茶、灵芝等物质上的真菌，2015年有学者已经提出将其修订为冠突曲霉A.cristatus），有不少研究成果证明它有“刮油”和降脂、降压、调节糖类代谢等功效（由于其他茶，比如普洱茶也有类似功效，笔者认为通过比较研究，告知共性，凸显个性以及适用人群才更有说服力），所以茯茶成为黑茶中的佼佼者。2008年黑茶制作技艺中茯砖茶制作技艺已经成为国家级非物质文化遗产。图59是2008年的极品湖南茯茶。

在八大类茶叶中，笔者接触最少的茶类就是黑茶了。作为新一代茶人，无论是从健康的维度考量，还是从美学的视角审视，与其他七大类茶相比，黑茶都是笔者最后选项，然而关于茶叶的最离奇经历却是和安化黑茶有关。2012年，笔者在同学的陪伴下，去一个三线城市的一间黑茶总代理的茶店品茶，笔者出门一般都会带品杯和几款常喝的茶，譬如西湖龙井、台湾高冷茶等，于是入座，拿出自己的品杯先开始品尝她的黑茶，虽然几泡下来，茶汤没有给笔者留下多少印象，倒是她的介绍，使人“耳目一新”。什么黑茶是所有茶里面最好的，因为只有黑茶里面有金花，有如此这般和那般功效，某知名学者、专家甚至日本的研究人员都证明了黑茶中某种成分的奇效…… 如果只是王婆卖瓜——自卖自夸倒也无妨，笔者也见过不少，可她说可以证明所有的茶中，只有她的黑茶不含农药，为了证明她的观点，她拿出一种市场常见的洗洁剂，滴在笔者自带的西湖龙井茶汤和台湾高冷茶茶汤中，同时也滴入她的黑茶茶汤中，西湖龙井的茶汤变得非

图59 2008年湖南茯茶

常浑浊、台湾高冷茶的茶汤有些浑浊，倒是黑茶的茶汤没看到什么变化，由此来证明她的观点正确。笔者深信这种检测方法，绝非她的原创，说严重些，她被洗脑了，真是没有文化害死人啊！

笔者是一名工科男、高级工程师，更相信实践出真知，但大前提是要弄清原理和逻辑推理正确。我们来分析上面的测试，首先农药残留的检测需要使用专业试剂，不是市场常见的洗洁剂，由于洗洁剂的化学成分多样，遇到不同茶汤会产生不同的化学变化，纯属正常。就拿这三款茶来说，绿茶未经发酵，乌龙茶轻发酵，黑茶是全发酵，如果洗洁剂中在水中变混浊的物质，可以被茶叶发酵产生的细菌分解，那么就会出现以上现象，同理，绿茶茶汤中含有维生素C最多，台湾高冷茶的茶汤中也含有一定的维生素C，黑茶茶汤中无维生素C，如果它可以和维生素C发生化学反应也可能出现以上现象，另外还有茶多酚含量等其他因素，这种测试结果和农药残留完全是风马牛。虽然笔者也不知道洗洁剂中的具体化学成分，但可以借此进行推导，她店里所有的生普洱都应该会发生变化，根据她的观点，也就是一定含有农药，熟普洱反之。经检验，结果完全符合笔者逻辑推导的结果，关键原因是笔者深知自己拿到的几款茶都是有机茶，从而证明她的方法和观点都有误，结果当然是不欢而散。几年后，经媒体曝光，才揭露出有关黑茶传销和洗脑的黑幕。这也是笔者一直强调的事项，学习茶叶知识，可以多听故事，但要常思考，勤学习，多验证，而且学识永远是各行各业突破瓶颈的关键。

茶中奇葩——普洱茶

说它是奇葩，首先普洱茶虽是地理标志(Geographical Identification) 产品，但普洱茶的出现年代远远早于普洱市的成立，因为2007年1月原思茅市改名为普洱市，这就是说普洱市不能适用地理标志产品来限制其他已经生产普洱茶的产地使用该市名作为茶叶名。其二，根据发酵程度，有些普洱茶应属于绿茶或者青茶类，而经过人工渥堆工艺发酵的熟普洱应属黑茶类，所以单提普洱茶不能确定茶类。第三，它是可以喝的古董，普洱生茶经过数年，甚至上百年的自然发酵和醇化，依然可以入口，甚至变化多样，岁月的痕迹更加深厚，再加上它是消耗性商品，不能还原和再生，因此更显珍贵，于是老普洱茶成为收藏者趋之若鹜的抢手货。笔者是新一代茶人，一直把健康饮茶作为首要目标，所以谈及普洱茶，就从有机普洱说起。大陆从2006年开始认证有机普洱茶，所谓的有机并不是简单的不施肥、不打农药。以有机食品为例，必须是从原材料、生产、加工、包装、储藏、运输、管理等每个环节都需要层层把关，有机生态茶至少需要满足以下几个条件：环境适宜（包括空气、气候、水质、土壤、隔离带等），并且每项指标都有严格的量化标准、所施的肥料的要求、农药的取舍、加工环境的国家标准、包装和储存的要求以及运输方面的规定。本节以存放在新加坡十多年——2006年出口日本、韩国的哥德堡号原生态普洱生茶为例(图60是紧压饼和叶底，图61是外包装)，谈谈普洱生茶的特点，希望可以借此帮助茶友，根据普洱生茶的变化来确定其他仓储地生普洱的年份。因为无论是地理位置、气候、温度、湿度、卫生还是空气质量等客观因素，新加坡、马来西亚一带都是普洱生茶的最佳仓储地。实践已经证明新、马一带存储3~4年的普洱生茶的转化程度和大陆南方10年甚至北方20年的变化差不多。

记得新、马一带的资深茶人，一直告诫我们：别常喝新的普洱古树茶。即使在新、马，要喝也要喝至少存放3~5年后的古树普洱生茶，不然伤胃，一旦成为既定事实，即使用中药调理也无济于事。笔者牢记先辈的前车之鉴，很少喝新普洱古树生茶。十多年前，笔者也在大陆和不少茶友提起该经验之谈，甚至是切肤之痛的领悟，可还是有不少“愣头青”，全然不听，还专门挑战其他茶友，说什么“我不喝绿茶，只喝新的普洱古树生茶，其他茶太淡、没感觉；看我喝的今年班章生普多么霸气，你可以吗……”真是小伙子睡凉炕——全凭火气壮，两三年下来，都是胃

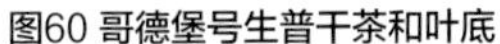
图60 哥德堡号生普干茶和叶底

图61 哥德堡生普茶饼

病缠身。喝茶没能获得健康，反而伤身，实在得不偿失。笔者偶尔品评一次刚制作出来的云南普洱古树生茶，每次至少要喝三种以上，最后感觉到饿还是小事，每次都是到半夜四点还全无睡意，尽管笔者有晚睡的习惯，但半夜两点多躺下很快就可以入睡，只是每年四月份前后都有那么一晚，会畅想着古树茶的苦中带甜的滋味和入口先涩后迅速化开的那种波澜起伏的感觉，苦思冥想，无法入睡。

普洱茶的另外一大类是熟茶，与普洱生茶相比，熟茶是近代新品。普洱熟茶的产生是通过人工后发酵，模仿生茶经过岁月的锤炼自然发酵制作而成的。究其原因是1973年以后，由于市场对老普洱茶的需求增长，如果让新普洱生茶自然转化成老普洱茶的口感，需要多年的时间去等待，于是一种快速的普洱熟茶制作工艺——渥堆发酵技术，在昆明茶厂研制成功。经过人为高温、高湿加速茶叶的发酵过程，只需45天左右，就能模仿出普洱生茶几年到十几年的自然发酵出现的口感，从此普洱熟茶悄然诞生（图62是10年的熟普前四泡，从右往左的照片）。不可否认，喝熟普洱很容易使人感觉饿，其功效是加速血液中营养成分的消化，这可能是很多人所说的

图62 普洱熟茶茶汤

减肥功能吧。但正常人的自然反应是饿了就吃东西，所以说，如果不能很好地控制食欲，所谓的减肥功能效果甚微，还有可能适得其反。

至于有人提出熟普洱茶可以致癌之说，国内外类似的研究指出很多超加工食品(ultra-processed foods)与癌症存在着一定联系，笔者就不再赘述或者就此展开，反而觉得唠唠家常、讲些常识更合适。比如说，臭豆腐是通过人为发酵制作而成，通过微生物作用产生具有蛋白质的胺类化合物，这种化合物与亚硝酸盐结合能生成强致癌性的亚硝胺，所以它也被列入致癌物之中，事实上知道这个信息的人很多，然而吃的人还是照吃无误，除了吃的量少、频率低外，还有人体强大的防御系统做后盾，再则每个人的体质不同，对于致癌物的反应也各异，所以没有看到二者之间必然的因果关系，又由于缺乏统计数据来证明它的致癌指数，所以在华人社区，臭豆腐还是天天卖，要吃的人还是天天吃，偶尔有异域游客大胆尝试，也未出现问题见于报端。推而广之，熟普洱也是在华人社会中流行，那些产地之人和经常喝后发酵茶的人，身体中自然会生成一定的抗体，而外地和不常喝熟普洱的人，即使喝点，毕竟摄取量有限，所以也正如某名言“喝不死人的”。因此笔者的态度是不主动泡制和推荐给他人，到朋友那边喝茶，如果泡熟普，也不会推脱，并和大家一块品尝，喝点未尝不可，何必扫他人之兴？如果朋友过来喝茶，专门点熟普，笔者就会拿出自己存放的熟普，或者用在新加坡存储至少8年以上的生普替代熟普和朋友共享，如此下来，偶尔静心体会，竟然发现这和茶道中的“和”“敬”不谋而合。这真是“有心求道无觅处，随性品茗在其中”。

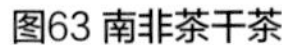
图63 南非茶干茶

图64 南非茶叶底

茶中例外——南非红茶

如果以前说“是茶就含咖啡因”应该说没毛病。茶叶的出现就是因为发现了它可以消除困意、能提神的功效，最初成为僧人苦读经书，念佛、悟道的催化剂，后来逐渐成为俗饮。直到Rooibos南非的一种红灌木有机茶，笔者称之为“如意博思”茶的出现，完全颠覆以上观点，因为它不含咖啡因。虽然按照传统中文翻译，Black Tea和Red Tea都是指红茶，如意博思茶应该算Red Tea，而不是Black Tea，确切地说，与属于山茶科的其他七大类茶叶不同，它属于豆科植物。见图63的干茶照片，可以看出它和以上所有的茶都有很大的区别。它的叶是长针状，所以说，干茶中有渣状的茶叶，不如说是切碎的小木屑更确切，制作好的干茶成品中，无法分辨出叶片还是枝干。从图64的叶底也可以看到小枝木屑、木梗等。总而言之，正是由于如意博思茶的特殊性，现在不少学者把它单独列为一类，即第八类茶。

如意博思茶生长在南非开普敦200千米以北的Cedarberg山上，Rooibos 是“红灌木”的意思。据说几百年前就已经发现，1930年前后，在当地广泛栽种，并进行销售，只是到近些年来，由于它的特殊性，才广受关注。在一些茶店销售的Cedarberg茶就是如意博思茶，其中Classic代表纯种的如意博思茶，还有多种不同口味、不同香气的拼配茶，满足不同场合、不同人群的需要。

如意博思干茶闻起来就有一种奇特的香气——悠悠的木香，它并非外溢高香型的茶。在投茶量固定的情况下，掌握好出茶时间，7泡过后尚有余香，茶汤还略带淡淡甜香，茶汤颜色非常艳丽，从深红到琥珀色再到橙黄色，次次让人惊喜不断。经多次品尝，从茶友的反馈来说，女性更喜欢，茶汤的视觉满足感非常高，还不影响睡眠，更重要的是性价比非常高，所以市场接受度越来越高。不过这种渣、末状的茶叶浸泡方式和中国茶不同，如果继续采取传统盖碗或者紫砂壶的泡制方式，茶漏经常被堵塞或者茶末混入茶汤，非常恼人，看来袋泡茶的方式值得借鉴，当然过滤材质用布质为最好。

清·康熙　蓝地冰梅开光博古纹长颈瓶

高 24 厘米　口径 5 厘米　底径 7.8 厘米

直口、长颈、圆腹，青花双圈底，冰梅纹冰浓淡有致，双弯菱形开光的双线内绘杂宝、博古纹，器物青花鲜艳青翠，层次分明，釉色发青，胎体细致，手感不重，器型完整，蓝地松纹和梅纹交互出现比较少见。

如何选茶、水、器？

从古至今，喝茶之人都会问一个问题，什么才是好茶？一千二百多年前，茶圣陆羽的《茶经》对茶的评价是：『上者生烂石，中者生栎壤，下者生黄土。凡艺而不实，植而罕茂，法如种瓜，三岁可采。野者上，园者次；阳崖阴林，紫者上，绿者次；笋者上，牙者次；叶卷上，叶舒次。阴山坡谷者不堪采掇，性凝滞，结瘕疾』。

何为好茶？

从古至今，喝茶之人都会问一个问题，什么才是好茶？一千二百多年前，茶圣陆羽的《茶经》对茶的评价是："上者生烂石，中者生栎壤，下者生黄土。凡艺而不实，植而罕茂，法如种瓜，三岁可采。野者上，园者次；阳崖阴林，紫者上，绿者次；笋者上，牙者次；叶卷上，叶舒次。阴山坡谷者不堪采掇，性凝滞，结瘕疾"；《金陵琐事》记载云泉道人说："凡茶肥者甘，甘则不香。叉瘦者苦，苦则香"；《西吴被乘》中以淡而远为第一，随后是香而艳，再次是常饮而不厌。明朝田艺蘅在《煮泉小品》写道："芽茶以火作者为次，生晒者为上，亦更近自然，且断烟火气耳。况作人手器不洁，火候失宜，皆能损其香色也。生晒茶，瀹之瓯中，则旗枪舒畅，青翠鲜明，香洁胜于火炒，尤为可爱"，明朝屠隆在《茶笺》中写道："茶有宜以日晒者，青翠香洁，胜于火炒"，在中国，古人在不同朝代，以不同视角来解释茶质的好坏，而且还进行了具体的对比，现代茶人要有批判性思维，先分析其机理，如果有可能还要亲自测试，最后取其精华，去其糟粕。

在欧洲，有些人通过对茶叶生长纬度的科学研究，提出了一种观点——茶叶纬度说，1778年英国的班克斯爵士曾建言：红茶适合生长在北纬26°~30°，绿茶则适合在北纬30°~35°。1823年布鲁斯在印度阿萨姆找到的野生茶树，证明了他的观点的科学性。到十九世纪六十年代，英国东印度公司"德记洋行"香港负责人杜德，又利用同样的方法到台湾考察，最后在台湾北部和印度阿萨姆纬度相近的地方种植茶树并获得成功，这又再一次证明了这种观点的正确性。我们知道北回归线23°26′附近不超过3°的纬度范围内，被科学家称为"生物优生地带"，北纬36°附近，是世界上公认的种植茶叶的最高纬度界限。而北纬30°地带气温适宜，能兼顾外形和内质，酚氨比在10左右，被认为是优质绿茶的理想条件。现代茶学的研究发现，茶树属于典型的亚热带植物，有喜温、好湿、喜酸、耐阴的生态特性。茶树最适宜的条件是：年平均气温≥10℃积温4 500℃以上，年平均极端最低温度不低于-10℃，年平均降水量1 000毫米以上，空气的相对湿度80%左右，土壤酸度PH4.5~6.5，坡度要25°以下，中国十大名茶基本都在这个范围，如表7：

表7 中国十大名茶所属维度对照表

十大名茶	西湖龙井	洞庭碧螺春	黄山毛峰	庐山云雾茶	六安瓜片	君山银针	信阳毛尖	武夷岩茶	安溪铁观音	祁门红茶
纬度	30°13′	31°18′	29°43′	29°31′	31°44′	29°31′	32°08′	27°43′	25°03′	29°51′
茶类	绿茶	绿茶	绿茶	绿茶	绿茶	黄茶	绿茶	乌龙茶	乌龙茶	红茶

进入21世纪，当我们再回顾先人的建言，不得不感叹他们的智慧，先人为我们指出了一条捷径，再加上我们自己通过不断学习、研究和总结，可知能生产出好茶的先决条件是：

地理位置：低纬度、高海拔；昼夜温差大；雾气缭绕、雨水充沛；有阳光但要漫射。

茶叶：在阳面有遮阴的烂石上生长，形如笋状、紫色、卷叶、经过自然晒青的野茶。

采摘季节：每年的第一次。

我们知道大部分茶树每年都可以采摘几次，第一次的春茶最珍贵，因为经过一个漫长的冬季，茶树体内的养分得到充分积累，加上冬天和早春气温低，茶树生长速度缓慢，因此长出的芽头都是茶树的精华之苗，可以说集日月之精华、天地之灵气、山雾之伟逸，一旦时机到来就会待时而发，这样冒出来的茶芽生命力强大、芽头壮，嫩度好，叶底厚实，氨基酸的含量相对于后期的茶更高，一些具有清香或熟栗香的挥发性成分含量较高，而具有苦涩味的茶多酚含量相对较低，使得茶叶入口香高而味醇，其营养也较高。另外这一时期的叶绿素含量也高，因此制成的绿茶色泽绿润，冲泡后如朵朵兰花或片片竹叶，视觉观赏效果好。再者早春茶一般无病虫危害，无须使用农药，茶叶无污染，根据张乃妙先生的说法：“每年春季采的茶，无论什么茶树，都比其他季节好。因为茶树过冬，受寒冬气候的制约，不长新叶，根部长期吸取地里的肥料（3~5个月），春天来临，萌生出来的新芽饱含累月积累的万物之精华，经冬寒的磨炼，避外界之染，是茶之精英”。台湾茶人常常为立春后87天还是88天的茶哪个最好，争得面红耳赤。日本也有“八十八夜”的说法，指立春后第八十八天，算是初夏，俗称“八十八夜の別れ霜”，这时采的茶叫“一番茶”，尤其在八十八夜采的新茶，据说喝了可以长寿。由于纬度不同采摘的时间也是不同，一般来说，茶叶的第一次采摘，温度要在日平均气温稳定在22℃以前，因此台湾有些地

区二月份甚至一月份就可以零星采摘了，大陆的西湖龙井老树茶要到三月中下旬，而日本则要到四月底五月初了，同样的道理，高山茶由于海拔比较高，温度比同一纬度的地方低，海拔越高采摘的时间越晚，这就是为什么大禹岭的茶叶采摘时间在十月份的原因，所以说，同一种茶，每年第一次采摘的茶一般都比较好。对于绿茶来说，每年头茶都是最好的，头茶鲜叶氨基酸含量较多，制成的茶叶味醇、鲜美。当然其他茶人会有不同的看法，曾经和几位来自台湾和大陆的茶人探讨过，什么时候采摘的乌龙茶最好？好几位来自大陆茶人都说秋茶好，比如安溪铁观音，秋茶香气更加浓郁，茶叶更加耐泡等，但他们也承认秋茶不如春茶鲜活、柔嫩，毕竟春茶经过一个冬季近5个月的土壤滋养，茶叶本身的营养成分比只在土壤了生长了2个月的秋茶来的多，日照时间和温度的不同也直接影响茶叶的酚氨比，茶多酚多的氨基酸就少，反之亦然。但茶人比较担心的铁观音秋茶的问题，是由于温度升高，害虫增加，为了保住茶叶，所以会打农药，即使茶树不打农药，但其他植物上也会打农药，所以对茶树也会有一定的影响，反观铁观音的春茶就没有这方面的担忧，至于滞留在土壤里面的农药残留或重金属则是另外的话题。反观台湾的高山茶就要另当别论了，因为现在台湾高山茶每年采摘不会超过三次，有些夏茶采摘的毛茶会直接扔掉，采摘并不是为了销售，而是为了下季茶叶的成长和质量，而很多高冷茶，一年只采摘一到两次，他们通常把十月份采摘的茶叫作冬茶，由于两季茶叶都要吸收5个月以上土地的精华，再加上高海拔，气温比较低，空气比较稀薄，害虫的种类少、成活率也相对比较低，所以春茶和冬茶应该相差不大，由于冬茶也要经过一个秋天，吸收阳光充足，气温略高，所以香气略重，更耐泡，这应该是那位台湾著名茶区的第四代传人，为什么一直强调冬茶更好的原因吧。无论别人如何认为，笔者的观点还是认为春茶好，就算香气不够浓厚，但清淡长远，或许和陆次云的“无味之味”感受类同吧。当然所谓的好坏只是个人的主观评判标准，它只是相对，毕竟每个人的喜好不同，所处的位置不同等外在因素，都影响好坏的判定，取其共性，总能总结出一个客观标准。

好茶的标准：真、顺、丰、透、美

茶香要真。“南方有嘉木，其叶有真香”，宋徽宗赵佶在《大观茶论·香》“茶有真香，非龙麝可拟”说起茶的香气，第一是“茶有真香”，茶叶本身的香气要清香幽雅，也就是古人所说的“精茗蕴香”，另外一种是通过再加工带来的香气，比如：蒸青玉露的蒸香、炒青龙井茶的火攻香等。香味是评估茶叶品质的一个至关重要的因素，比如在台湾某些乌龙茶比赛时，茶的香味（香气30% + 滋味30%）可以占到总成绩加权的60%，由此看来，香味是茶内涵的最佳体现。朱元璋十七子宁王朱权是现代泡茶法的鼻祖，他在《茶谱》中就特别强调保持茶叶的本色、真味、顺其自然之性。无论是茶人对茶香全方位的测评，茶客用闻香杯还是盖碗来体会茶香的瞬间，还是品茶师的“三口气”法去评价茶香的类别、纯度、高低和强弱，这里的香气都是指茶的真香。从古至今很多茶商为了市场的需求，进行人工加香，甚至加入了化工原料等，如果是经过测试和检验对身体无害那也无妨，但对于茶人来说，他们追求的是原装原味，纯正自然的口感，任何拼配或者添加都无法满足至纯、至真的追求。

口感顺滑。没有人愿意喝一种既苦又涩的茶，好茶除了真香外，喝起来不能发涩，这里需要特别说明的是收敛不同于发涩，发涩就像是吃了一个未熟的柿子一样，满口涩住，顿时口感停滞，舌喉麻木，这是由于可溶于水的单宁（Tannin）比较多，当单宁分子和唾液蛋白质发生化学反应，会使口腔表层产生一种收敛性的触感，人们通常形容为“涩”。茶叶中起收敛作用的成分也是单宁，温度高于80℃以上，茶叶的涩味和苦味就很容易地释放出来。拿绿茶来说，越好的茶越要温度低、时间长才可以体会它的美味和甘醇。茶单宁就是茶多酚，其中含量最高的是儿茶素，它有抗氧化、抗癌、抗菌、抗突发变异、抗衰老、预防口臭、抑制血糖上升等功能，从健康角度来说，造成发涩的水溶性单宁越多对人体越有益，所以有些茶人提倡喝苦涩的茶，但一般看来说，苦涩难咽的茶，还是用来做药时服用吧。茶人喝茶要求口感顺滑，要“常喝而不厌”，喝下后从口腔到咽喉的感觉都比较自然、非常顺滑，有经验的茶人会在寻找那种顺而滑的惬意，而且还要享受那种略有收敛的满足感，如何平衡更健康和更顺滑，不但是茶人也是茶商非常挠头的一件事。

底蕴丰厚。对于刚开始喝茶的茶客来说，底蕴或许是一个非常抽象的文字，没有几年喝茶的经验，很难理解它的含义，比如口感细微的变化，不同花香的转换，回甘的强弱等等。底蕴简单概括就是耐泡和口感丰富、持久有层次，至于鼻、口、齿、舌、喉等不同的感受，很多是只能意会不可言传的，需要溜英咀华、慢饮细品才能心领神会。但要上升到能通过观察和品尝就能判断出茶叶采自老茶树还是新培育的茶树，处在阳光直射还是漫射的区域、高纬度还是低纬度、低海拔还是高海拔等层次，则必须身临其境，甚至要亲自体验，再经过多年的实践经验的积累才可以达到。

汤色透亮。汤色在台湾乌龙茶评比中占10%，最基本的要求是汤色要澄清明亮，要透明清亮，比如在挑选龙井茶时，由于同一个时期，龙井茶的采摘时间、产地、制作水平等不同，可以通过汤色来判断茶叶的品质，清澈明亮的为上，越透越佳，茶汤的颜色以黄绿色为上，但龙井43号的茶汤颜色要比群体种茶叶要绿，也有一些茶叶比较细小或者带有茸毛，比如日本抹茶、贵州的都匀毛尖等的茶汤都不够透亮，所以比较茶汤最好是同一种茶叶、级别相近的来比更有说服力。

外形要美观。其实这一点并不非常重要，因为这里有人工茶和机器茶的区别，在采摘、制作时，是否全人工。如果外形大小均匀，色泽一致，那很有可能是机器茶。当今大规模的茶叶生产地，比如印度、斯里兰卡、肯尼亚等著名茶叶产地，都采用机器化生产，所以绝不能提到机器茶就感觉低人一等。当然对于一些老茶人来说，他们几十年来习惯了某个茶场的制作方式，而大陆和台湾等地还保留着一些人工制作的传统工艺，茶叶的外形就不如机器茶来的漂亮，尤其一些野茶，本身量就少，市场需求又大，所以在采摘和加工过程中，就不会太在意外形。在大陆，常常会遇到一些茶商，一看到茶形就大放厥词，把别人的茶大肆挖苦一番，又说自己的茶多么的好，众所周知，站在不同的立场，观点大相径庭也无可厚非，但总不能通过贬低别人来提高自己，更不能歪曲事实。茶友要广阅群书，多去茶叶市场实地学习，可以多听故事，再找茶人交流，最后小量入手，亲自比较品尝，这才是迈向茶人的正确之路。

叶底自然。一道茶叶泡完，要把叶底好好观察和感觉一下，首先好茶的叶底泡开后，茶叶开展如花朵般完整无缺（机器切割茶除外），不会是粗制滥造或者杂草丛生。台湾乌龙茶讲究的是枝叶连理，有些不良商家，为了增加叶底的美感，把细嫩的茶梗全部摘掉，其原因可能是为了避嫌，因为商家为了增加茶叶的重量把死梗、烂梗放进茶叶中滥竽充数。事与愿违，这样做的最大的问题是茶汤的香气和味道会受到影响。另外，也无法直观的判断茶叶采摘下来，是几旗或者说几叶，无法直接断定茶叶的质量，以及是否是人工采摘？还有让茶人很郁闷的是同级的乌龙茶，台湾乌龙茶就比大陆的铁观音养紫砂壶出现包浆的时间更快、更润亮。笔者喝到的台湾乌龙茶，无论是传统的冻顶乌龙还是新培育的品种：台茶12号——金萱乌龙，无论是条索状的文山包种还是颗粒状的梨山茶，都或多或少地保留着一段嫩梗，反而大陆的铁观音，有些高级别的茶叶，把嫩梗全部去掉，级别低的则拿些老梗来占体积、充重量，也就是说，先要注重茶叶本身的品质而后才可以谈叶底自然。

通过以上解释和分析，如何判断茶的优劣，大家可能各执其词，但其共性也不可否认。另外，还有非常关键的因素是区域、喜好或者饮食搭配等。比如吴越一带人以炒青绿茶为佳，而闽南地区则以半发酵的乌龙茶为最爱，西藏地区要靠酥油茶来维持日常生活。俗话说，一方水土养一方人，哪个地区就是哪类茶叶、哪样水质、哪种做法最适合哪个地区的人群，正如唐朝张又新在《煎茶水记》即〈水经〉中写道：“夫茶烹所产处，无不佳也，盖水土之宜。离其处，水功其半。然善烹洁器，其全功也”，一般产茶区长大的人，都喜欢喝当地茶，由于从小形成的饮食习惯，即使以后去到其他地方，也会认为他们从小喝的茶好，同理以某种茶为生的人群，经过成百上千年的自然选择，那种茶成为了生活必需品，当然对他们来说那种茶就是最好的茶了，这都是人之常情，甚至是生活之所需、健康之所依。但是作为茶人，要以能给茶本身的尊严作为基准，根据泡茶的黄金定律，体现茶叶的真性情和内涵，从而使得它们获得相应的尊重，还要纵观茶业全局，客观公正地评价每一种茶叶，这样听起来似乎有些玄妙，但好茶一定有它共同的特点，我们可以用五个字来概括：真、顺、丰、透、美。即香气纯真、口感顺滑、底蕴丰厚、汤色透亮、外观纤美、叶底自然，还要常喝而不厌。所以当我们回头去验证先人的经验总结时，结合自己的喜好，客观地给自己喜欢的茶一个公正的评价，由此也大概可以评估自己喝茶的层次了。

何为好水？

什么水最宜茶？茶友常常问起这个问题，其实回答不是很容易。首先要知道要泡什么茶？身处何地、目的是什么？比如泡明前龙井茶和老普洱的水质要求完全不同，绿茶比较清淡不像老茶那么醇厚，泡鲜嫩绿茶的水质硬度略高就直接影响整体口感，用极软水初泡老茶，不但水的轻甘被掩盖，还能直接暴露老茶的混沌。因此茶水配合非常关键，首选配合是当地的水泡当地的茶，譬如你身在庐山又要品茶，不使用谷帘泉的水泡茶，那定是憾事。另外目的也非常重要，如果大家只是一个聚会，喝的是普通的茶，就用普通的水好了，如果是新茶的开茶会或者茶宴，目的就是品茗茶，最佳的选择是至纯山泉水或者蒸馏水。下文笔者会做详细地解释。

水乃茶之母；水者茶之体。水质对茶汤的口感影响之大，有经验的茶友们都会有体会。至于史书中的记载就有唐人李德择水而茶、宋徽宗选水点茶待群臣以及一些诗词的描述，比如金人马钰在《瑞鹧鸪·咏茶》中写道：“虽是旗枪为绝品，亦凭水火结良缘。”明代熊明遇的《罗芥茶记》：“烹茶，水之功居大。”张大复《梅花草堂笔谈》“茶性必发于水。八分之茶，遇水十分，茶亦十分矣；八分之水，试茶十分，茶只八分耳！”古人的品茶的经验总结得非常精辟。就是说八分的水，泡十分的茶，也只能发挥茶性的八分，然而十分的水泡八分的茶，则可以获得十分的感觉，如果茶和水都是十分，结果应当至少十二分。古人追求泡茶的极致，当好水浸入茶体的那一刻，茶水交融，慢慢释放单宁，茶汤好像被赋予了新生命，仿佛正准备着和茶人分享其喜悦，茶人品尝后才会达到物我合一、忘怀世俗的境界，才会留下“六碗通仙灵”“三饮便得道”“一瓯通仙灵”等让茶人终生望尘莫及的愿景。

古人如何择水？

佛教中就记载了八功德水：一甘、二冷、三软、四轻、五净、六纯、七顺、八滑，这也是对泡茶水的最佳总结。古人为了达到最佳的品茶意境，择水几乎到了崇拜、痴迷甚至有点吹毛求

疵的地步。陆羽的《茶经》中，依据不同的水源，分水为三等“其水，用山水上，江水中，井水下”，而山水又以“拣乳泉、石池漫流者上”，江水“取去人远者”，井水则“取汲多者”，他强调用未经污染的“活水”。还有记载的唐朝宰相李德裕懂茶、识水的故事，说他能尝一口便能分辨出相近的金山和石头城的水，这些常常被茶人津津乐道。唐朝时期，先有刘伯刍把扬子江中冷泉水评为第一，随后张又新借陆羽之口在《煎茶水记》中评出前二十名泉，天下第一泉授予庐山康王谷帘泉。苏东坡对谷帘泉水也是不惜笔墨，被誉为苏东坡“茶经”的《寄周安孺茶》中写道“嗟我乐何深，水经亦屡读。陆子咤中泠，次乃康王谷”，在《西江月 · 茶词》中写道：“龙焙今年绝品，谷帘自古珍泉”。还有苏东坡曾经想用长江巫峡下游的水来蒙混过关，未等茶水交融，就被王安石识穿的故事，这说明王安石酣知水性。另外也看出苏东坡品茗的境界和品位与王安石还相差甚远。宋徽宗赵佶在《大观茶论》中写道：“水以清轻甘洁为美，轻甘乃水之自然，独为难得”，宋朝以后赞誉谷帘泉的诗词也不计其数。说起元末画家倪瓒用担水中后桶可能被担水人放屁污秽了的水来洗脚的荒唐事，则令人啼笑皆非。还有乾隆皇帝用银槲量水的重量，来测评泉水的品质，结果封了个“天下第一泉”给北京的玉泉，然后又在《高宗御制汲伊逊水烹茶诗》中把玉泉水和伊逊河水奉为巨擘，伯仲之间均为天禀。那以前的天下第一泉：镇江中冷泉、庐山的谷帘泉、济南的趵突泉等又该如何定位呢？这也成了茶客茶座上的趣谈。

自陆羽把无锡惠山泉评为“天下第二泉”后，后人创造了一种“拆洗惠山泉”的办法，就是把一般的泉水煮开后，倒入背阴处的水缸内，让泉水承夜露。据说用这样的水“烹茶，与惠泉无异”，故称为“自制惠山泉”。至于江水，一种被喻为“拆洗”手法也被广泛使用，就是取未被污染的江水再投入一点明矾，搅动几下，静置片刻便成清甘澄碧的好水，据说其味不下山泉。这是因为中医认为，明矾具有解毒杀虫，抗菌等作用，当明矾溶于水后电离产生了Al^{3+}，然后生成带有正电荷氢氧化铝胶体粒子，与带负电的泥沙胶粒等粒子相聚结合，形成可沉于水底的比较大的粒子，从而起到净化作用，然而它的副作用也是明显的，残留的铝对茶汤的味道影响非常大，过量铝会伤害到大脑。至于《红楼梦》中贾宝玉品茶栊翠庵一节，提到的妙玉用陈年梅花雪水泡茶，在当今现代化的社会已经不现实了，汽车污染、工业污染以及其他污染，即使下雪，雪水也已经不可以饮用了。另外还有一些用石头来过滤泉水的方法，欧洲有用牡蛎壳来过滤水的方法等等，其原理大同小异，都是通过其本身或者它的微孔对水起到过滤的作用。

古人对于先人评出泉水的名次颇有微词，清朝方文在《惠泉歌》中写道："世人不识山水理，但闻惠泉便云美"。中国之大，绝非某些文人墨客可以全部涉及的地方，所以一定有很多好水未被发现，也有许多历史上盛名的泉水已经枯干。比如江苏丹阳的观音寺水、浙江杭州的白沙泉、六一泉、江苏镇江的中冷泉、明高启笔下的石井泉、苏东坡笔下的安平泉等，就算有些泉水还在苟存残喘，但也是面目全非了，比如趵突泉、虎跑泉等。那么按照现代人的标准，什么才是好水呢？

水的指标

在谈到水时，不可避免地要提到两个专业名词：PH值和水的硬度。PH值，简单地说就是酸、碱程度的数值，从0~14，在标准温度（25℃）和压力下，PH等于7的是中性，大于7是碱性，值越大，碱性越强，小于7的是酸性，值越小，酸性越强。正常人体血浆的PH值总是维持在7.35~7.45之间。临床上把血液的PH值小于7.35称为酸中毒，PH值大于7.45称为碱中毒。

我们人体是酸性环境，所以要通过饮用碱性水中和身体内多余的酸性废物，保持人体PH值的平衡。人体也需要抗氧化水来抵抗自由基对健康细胞的攻击，分割水分子团，减小粒子的尺寸，增加吸收和排毒的接触面。能量水通过远红外线激活共振给水注入能量。（何谓远红外线？它被称为生命之光，其波长在4~400微米之间，而对人体有益的特定波长领域是8~11微米之间，如其投射于水分子时，会与水分子的振动产生作用，而促使水分子活性化。水分子一旦活性化，生存酵素亦会活化，也就可以防止细菌的侵蚀，这就是应用远红外线的理论所展现的效果。对人体免疫系统有极大之帮助。）

现在市场出现了很多水质净化器，采用离子交换树脂来软化水质，消除重金属和坚硬离子，利用载银活性炭除臭、杀菌、提升口感，再通过超膜过滤器的微孔过滤技术滤除杂质，保留有用的矿物质。有些设备还能做到随意调节水质的PH值，最后输出只有抗氧化效果的能量水。这就是非常好的水质了，这样的水不需要烧开可以直接饮用。某些情况PH＞8的直接饮用水，可能更适合老年人，但就泡茶来说，水PH值应该在7.5以下，否则茶多酚易氧化。

在日常生活中，当我们身体中的酸性物质增加时，这些酸性物质就会储藏在脂肪中，我们的身体会长期通过自身产生的物质，来中和这些过量的酸性物质，这样很容易破坏身体平衡，对身体的器官和骨骼做成伤害，因为大部分的细胞都无法在酸性环境下健康生存。这正是提倡健康饮食，多吃蔬菜、少吃红肉，增加维生素C的摄入量、多吃植物纤维丰富的食物、少吃酸性食物的原因所在。维生素C分子中有烯二醇结构，这种结构是非常容易受到氧化的，不过这种氧化的速率还受到环境酸碱度、水分活度和保护性物质的影响。只有活性水才能担负起携带养料、排泄废物、促进循环的作用。由于碱性离子水分子团小，而水的分子团越小，水的活性就越强，渗透力、溶解力就越强，就更容易为身体带入营养，排泄废物，为身体细胞补充水分，而碱性离子水呈负电位。人体内有一种“超氧自由基”，它是一种缺少电子的过氧化物，它能破坏体内组织，引起疾病。现代医学证实许多疾病都由自由基引起，如色斑、老人斑、血管硬化、器官病变、癌变等。据专家证实，碱性离子水可消除人体血液中75%的自由基。

还有一个名词是具有抗氧化特性，它可以减少自由基对身体的危害，减缓氧化速度。另外一个名词是氧化还原电位 (ORP: Oxidation-Reduction Potential)，它具有抗氧化特性、减少自由基对身体的危害、减缓氧化速度、排毒的功效，它的值越高越就表示越容易氧化。

表8 不同水和碳酸饮料的PH值和氧化还原电位

种类	自来水	开水	蒸馏水	过滤水	瓶装矿泉水	碱性氧化水	碳酸饮料
PH值	6.8-7.5	6.8-7.5	7.0	6.8-7.5	7.0-7.5	8.5-10	2.5
ORP(mv)	150~350	150~350	100~200	150~250	100~250	-150~-300	

再有就是水的硬度，它分为：碳酸盐硬度和非碳酸盐硬度两种。碳酸盐硬度：主要是由钙、镁的碳酸氢盐[$Ca(HCO_3)_2$、$Mg(HCO_3)_2$]所形成的硬度，还有少量的碳酸盐硬度。碳酸氢盐硬度经加热之后分解成沉淀物从水中除去，故亦称为暂时硬度。

当今世界上水硬度的标准尚未统一，有的国家用每升水中含有 CaO 的毫克数表示，比如德国的“dH”，1dH相当于1升水中含有10毫克CaO；水的德国硬度分类标准为：0~4dH为特软水；4~8dH为软水；8~15dH为中等硬度水；16~30dH为硬水；大于30dH为特硬水。中国国家规定饮用水的硬度的限值是25德国度。

有些国家则用$CaCO_3$的含量来表示，以$CaCO_3$（分子量＝100）的当量来表示，并以水质中含1ppm $CaCO_3$为1度，比如美国。中国则使用德国的度，但现在的趋势都是用$CaCO_3$的含量来表示硬度，按照这个计量标准，泡茶的水的硬度越低越好。一般来说，硬度低于40可饮用的山泉水非常罕见，能使用硬度40~80的山泉水泡茶已经非常奢侈，它们是极软水或叫特软水，硬度在100以下的为软水，200以上的是硬水，硬度高的水可以掩盖茶汤的涩味，但太高茶汤就无茶色，无味了。

国际标准水硬度分类为：（以$CaCO_3$计）0~50毫克/升为软水；50~100毫克/升为中等软水；100~150毫克/升为微硬水，150~200毫克/升为中等硬水，大于200毫克/升为硬水。

德国硬度dH和ppm之间换算值为：

100mg$CaCO_3$/L=5.6dH 或者1dH=17.86 mg$CaCO_3$/L

所以100mg $CaCO_3$/L= 5.6dH，450mg $CaCO_3$/L= 25.2dH

还有一种用电导率间接得出水的总硬度的方法，因为水的溶解性总固体（TDS：total dissolved solids）是溶解在水里的无机盐和有机物的总称，与水的总硬度值成正比，把总固体溶量ppm值除以10，即可得水的硬度值，误差在2~3之间。

中国地下水质量国家标准：Ⅰ类≤150 、Ⅱ类优质水≤300 、Ⅲ类≤450 、Ⅳ类≤550、Ⅴ类>550

中国建设部生活饮用水水源水质标准：Ⅰ类≤350、Ⅱ类优质水≤450

- 中国生活饮用水国家标准≤450、中国建设部饮用净水水质标准≤300
- 日本生活饮用水标准：健康水：无硬度要求、舒适水：10-100（纯净水和净化水）、自来水：≤300
- 欧盟生活饮用水标准：自来水：≤60

在英国法国和德国，自来水都可以直接饮用，也有相当多的人坚持在家里喝矿泉水，或者把

自来水用过滤器过滤之后再喝。倒是新加坡由于自来水可以直接饮用，所以大多数人直接饮用而很少使用过滤器。

国际饮用水现状

2008年3月20日出版的《自然》杂志，用10页的篇幅，发表了美国耶鲁大学、麻省理工学院等四所顶尖大学，包括美国工程院院士在内的多名科学家联合撰写的一篇题为《未来几十年水净化的科学与技术》的论文，震惊了全球的科学界。文章指出，水中传染性病原体包括各种寄生虫、原生物、真菌、细菌、立克次氏体、病毒等，当一些传染性病原体被传统的自来水消毒工艺去除或减少，新的变异病毒与细菌却随之产生，因此饮用水的消毒已经变得越来越有挑战性。传统的四步法常规自来水处理工艺中的加氯消毒方法，不但会产生致癌的消毒副产物，而且游离氯对控制水生病原体，如隐孢子虫和鸟分枝杆菌是无能为力的。文章还指出饮用水服务行业应使用新兴的技术替换使用多年的加氯消毒技术。

据世界卫生组织统计：80%的疾病、50%的癌症与饮用受污染的水有关，人体的疾病80%与水有关，喝优质饮用水有益健康长寿。由于全球性的水资源污染，饮用不洁净水已经成为人类健康的第一大隐形杀手。据世界卫生组织资料记载，迄今为止已查出水中的污染物超过2 100种；由饮水而引起的疾病占人类疾病的80%；由水传播的40多种疾病，在世界范围内仍未得到有效的控制，全世界每年有2 500万儿童，因饮用受污染的水而生病致死，中国城镇居民生病和亚健康状况的60%与水污染有关系。统计还表明：

全球有12亿人因饮用被污染的水而患上各种疾病，患病率高达20%；

全球80%的疾病是由于饮用水被污染造成的；

全球50%的癌症与饮用水不洁有关；

中国饮用水现状

随着社会的发展，技术的进步，我们不需要像古人一样费尽心思去寻找水源，只要去超市，可选择的水应有尽有。中国在2006年制定的《生活饮用水卫生标准》GB 5749-2006，与现在实施的标准GB5749-85比较，新标准加强了对水质有机物、微生物和水质消毒等方面的要求，新标准中的饮用水水质指标由原标准的35项增至106项，增加了71项。其中，微生物指标由2项增至6项；饮用水消毒剂的指标由1项增至4项；毒理指标中无机化合物由10项增至21项；毒理指标中有机化合物由5项增至53项；感官性状和一般理化指标由15项增至20项；放射性指标仍为2项，新标准本计划在2012年7月1日强制执行，但由于一系列的原因，新标准的实施日期推迟至2015年，最后你知我知了，现在GB/T5750-2006只是推荐性的检测方法标准。根据财新网的《中国饮用水水质现状》爆出“自来水真相”，中国内地自来水的合格率仅有50%；全国35个重点城市中，仅有40%城市有能力检测106项全指标，地级市、县级市全部需要送检，大批县市、乡镇水厂连常规指标检测能力都不具备。而且一个水样做完106项检测，需花费2万元以上；其中的42项检测，也至少需要5 000元以上。

表9 中国、欧盟、日本饮用水水质标准

中国水的卫生标准	瓶（桶）装纯净水	瓶（桶）装饮用水	生活饮用水	生活饮用水	欧盟饮用水	日本饮用水
	GB 17324-2003	GB 19298-2003	GB 5749-85	GB 5749-2006		
22℃菌落总数（CFU/ml）					100	20
37℃菌落总数（CFU/ml）	20	50	100	100	20	-
大肠杆菌(MPN/100ml)	3	3	3	0	0	-
硬度			450	450	60	350

从表9似乎可以看出发达国家对水的硬度要求可以比较宽，但对菌落总数控制得比较严格，瓶装水比生活用水的标准要高，然而桶装水和饮水机的二次污染就是最大隐忧。在日常生活中，我们经常用到的是自来水，来自城市供水系统。造成自来水污染的主要原因有：

- 水源的工业污染；
- 自来水处理过程中残留物的污染；
- 供水管道造成的二次污染。

一般自来水厂采用含氯消毒剂，其中水中残余氯和水中残留有机物相结合，会形成三卤甲烷、卤乙酸、全氯乙烯等，这些化合物有些是致癌物质，有些对胎儿有副作用。随着水源的污染加重，自来水厂消毒剂用量有越来越多的趋势。自来水即使烧开，也只能去除某些细菌，而重金属、有机污染物等其他有害物质仍存在水中。需要注意的是，自来水的余氯在加热特别是在沸腾的时候，会加速和水中的有机污染物产生化学反应，生成一种强力致癌物——三卤甲烷。

现在很多人开始饮用桶装水。其实桶装水也存在不少隐患。除了水源的水质无法保证外，桶装水和饮水机还会产生二次污染。我们知道饮水机要定期消毒，如不定期消毒，会有细菌、病毒滋生，一旦桶装水打开，要尽快用完，因为只要有空气进入，空气里的细菌就能溶解到水中，并且在水里迅速繁殖。广东省环境资源利用与保护重点实验室采样检测发现，在常温条件下，饮水机里的水，第一天有害菌落数量为0，而在第10天却攀升到了8 000，这证明桶装水受二次污染相当严重。此外，所有桶装水都通过臭氧消毒，臭氧残留物在水中产生致癌物溴酸盐，对身体产生慢性伤害。笔者在中国人民大学订了几个不同品牌的桶装水，在北京大学附近也订了不少桶装水，试水和泡茶下来，基本没感觉出不同，最后咨询送水公司，他们的答复是，除了某些品牌特定大瓶包装外，北京的桶装水都是用北京的水，不同公司用各自的处理方法，然后装进各自品牌的水桶中分销到周边。笔者曾经在北京想从某知名网站订农夫山泉的瓶装水，几乎问遍北京零售商，就没有找到水源是千岛湖的农夫山泉的水，最后在一间店下订单（价格比较高），等了两个星期才送到。

目前北京水质硬度划分为五个区，北区的水质较好，硬度一般在120~180mg/L，其他大多数地区水质都较硬，东区水质较硬，硬度一般低于300 mg/L，西区、中区水质较硬，硬度一般在400mg/L左右；南区水质硬度最高，一般在450mg/l以上。世界卫生组织推荐的生活饮用水的硬度是在100mg/L，而水的硬度超过170mg/L都会结垢（图65为中国人民大学宿舍楼烧水用的电热壶，笔者实测中国人民大学教学楼和北京大学教学楼水管水的硬度都是340多mg/L）。所

图65 笔者用过的电热壶　　图66 品水

以我们可以通过烧水后水壶上是否结垢来判断水的硬度。中国《生活饮用水卫生标准》规定硬度不得超过450mg/L。食用水硬度在450mg/L以下，在这个范围内硬度高，会影响口感，但不会对人体造成多大的危害。

近些年，国际上对饮用水中毒害物的研究表明，水中已经检测到的化学品有10 000多种，其中致癌与可致癌物就多达100多种。国内外由水中检出的有机污染物已有2 000余种，其中114种具有或被疑有致癌、致畸、致突变的“三致物质”；但中国受困于检测水平的限制，只能从水源中检出100余种有机污染物。再则，中国的大多数水厂，仍然在用100 年前的技术。据权威人士透露，中国95%以上的自来水厂仍然在采用常规工艺流程，即“沉淀——加药反应、混凝沉淀——过滤(依次为活性炭、石英砂、卵石)——消毒(液氯)——输配水”。这种净水工艺沿用了百年，虽然局部有所改进，但原理和功用大抵不变，无法有效去除溶解性有机物、氨氮和臭味物质。中国已经意识到这个问题，并且以国际最新技术为标准，打算从第一代技术直接升级到世界上最先进的第四代的“纳滤技术”，这已是业界共识。

矿泉水不适合泡茶

矿泉水的国际标准，海拔50~2 500米的是泉水，2 500米以上是山泉水。天然矿泉水，一般是指从地下深处自然涌出的或经人工发掘的、未受污染的地下矿水，它含有一定量的矿物质、微量元素。纯净水是通过电渗析器法、离子交换器法、反渗透法、蒸馏法及其他适当的加工方法制成的不含杂质的水。通过蒸馏得到的纯净水单独称为蒸馏水。而矿物质水是在纯净水的基础上，加入人工合成矿化液而成，比如硫酸镁、氯化钾等，也有人称它为仿矿泉水。中国市场上有很多品牌的水：有纯净水、天然矿泉水、矿物质水、天然水、蒸馏水等，有来自高山的，海拔6 000多米的，也有海拔5 000多米的，也有来自深层地下水的，有小瓶装的，大桶装的，北到长白山，南到海口，西到西藏东到千岛湖，还包括三大直辖市，甚至其他国家。为了达到最佳的喝茶效果，笔者对大陆、新加坡及马来西亚市场上可以找到并且有具体水质成分的水做了品水和统计。

表10 各品牌水质成分统计

品牌	水源地	毫升	内容
昆仑山	昆仑山	510	天然雪山矿泉水6178
金贡泉	长兴	350	天然矿泉水
Ganten	惠州	570	天然矿泉水
依云	法国	500	矿泉水
Volvic	法国	500	天然矿泉水
Refresh	新加坡	500	纯净水
Ocean	马来西亚	550	天然矿泉水
H2O	马来西亚	600	天然矿泉水
深岩	上海	350	天然矿泉水
康师傅	长白山	550	天然矿泉水
泉阳泉	长白山	600	天然矿泉水
多吉泉	西藏	4000	天然矿泉水
火山岩	海口	542	饮用天然矿泉水
怡宝	廊坊	555	饮用天然矿泉水
深泉	天津	550	饮用天然矿泉水
蓝涧	北京	500	饮用天然矿泉水
可蓝	青岛崂山	500	天然矿泉水
今麦郎	北京	550	饮用矿物质水
ALKAQUA	徐州	570	优质饮用天然水
农夫山泉	建德/靖宇	550	饮用天然水
九千万	河池	350	饮用天然泉水
冰露	北京	550	纯净水
冰纯水	北京	600	饮用纯净水

如表10，标准的500mL的瓶装水，国内的品牌很少。另外有几个品牌的瓶装水，同一个品牌在不同的城市，水的原产地不同，但标签上水质成分的数值却没有变化。就北京来说，市场上小瓶装水的品牌来自外地的水很多，大桶装水北京就地取材的比较多。现在我们饮用的矿泉水和矿物质水，里面还有多种人体需要的微量元素，并且一般含钙、镁较多，有一定硬度，常温下钙、镁呈离子状态，极易被人体所吸收，有很好的补钙作用，但煮开后钙、镁离子易与碳酸根生成水垢析出，其他微量元素有些也随着水温的升高而发生化学变化，从而矿泉水中对人体有益的成分会失去很多，所以钙、镁离子含量高的矿泉水是不宜烧开使用的，所以就不能用来泡茶了。通过表11的比较可以看出，小瓶装矿泉水中绝大部分水质中的钙离子都会超过20mL/L、镁离子超过12ml/L，所以不适合再次烧开泡茶，其中景田百岁山、泉阳泉矿泉水例外，并且TDS又很低，所以这两种矿泉水可以用来煮开泡茶，笔者测试景田的桶装矿泉水，泡茶非常好。

明朝张源的《茶录》说："真源无味，真水无香。" 在这些品牌的瓶装水中笔者一一品尝，清甘无味、口感非常好的有：Ocean、屈臣氏蒸馏水、Ganten景田、冰露、多吉泉、泉阳泉，还有几个品牌由于产地不同口感也不同，如果不同产地用同一组数值来代表水质成分，另外如果数值范围很大，甚至没有上限，对消费者来说不公平的，剥夺了消费者的知情权，在法制严格的国家，这类商品根本是不可以上架销售的，所以笔者不推荐，在此也不做比较。泡茶的水的PH值应在7~7.5之间，所以笔者经测试和品尝后认为，在北京，品茶可以选用屈臣氏蒸馏水，喝茶可用瓶装冰露、泉阳泉或景田水，其他像“九千万”水饮用和泡茶都非常好，但价格偏高，市场上也不易寻到。

从古至今，许多著名的典故、实例都已经证明，用当地的水泡当地的茶，效果会更好。正如被后人赞誉为“泉神”“水神”的唐朝张又新在《煎茶水记》即〈水经〉中写道：“夫茶烹所产处，无不佳也，盖水土之宜。离其处，水功其半。然善烹洁器，其全功也”；宋代称为白鹤茶的君山银针，要用君山的白鹤泉（柳毅井）泡制才是最佳搭配；黄山毛峰配黄山泉水才能出现莲花升腾（见上文黄山毛峰），龙井茶配虎跑泉是茶人津津乐道的向往，现在的虎跑泉的“泉水”与二十几年前的感觉不同，笔者没有亲自测量过，不过虎跑公园里的茶社倒是印出“虎跑泉泉水的总硬度是34.03”（有笔者于2017年3月27日所拍照片为证），不知道这个指标是指以前的山泉水还是当今的水？庐山泉水配庐山云雾茶则是笔者近些年来在大陆品尝到的回甘最佳、入口顺滑、底蕴尽显的茶汤，在新加坡，笔者可以用硬度25的日本富士山的天然矿泉水泡西湖龙井头茶，这应该是茶人，尤其是喜欢喝中国绿茶的最高配置了。

下表对法国、新加坡、马来西亚、中国、日本市场上印有明确成分的主要品牌山泉水、矿泉水、饮用水做了一个统计。适合泡茶的水中钙离子含量不可以太高，因为水中钙离子含量高了水会发涩，再高会变苦。当水的$CaCO_3$的含量大于170mL/L时，烧水壶经过一段时间都会出现明显的结垢，所以用来泡茶的水要选硬度低的水。水中的微量元素对茶汤的口感和颜色影响非常大，一般来说，茶叶的苦味来自咖啡因、可可碱、茶叶碱、茶皂苷、苦味氨基酸及部分黄烷醇类。另外，由于自来水多是使用镀锌的管道，当水中锌离子含量超过一定量时，茶汤产生难以忍受的苦味，这也是某些地区自来水泡茶发苦的主要原因，水中的铝含量也对茶汤的口感影响非常大，含量略高时，茶汤会变苦，含量超过一定值时，茶汤味道变涩，并且对人体有毒，这也是为什么用铝壶烧水是茶人大忌。另外随着科学的研究深入，发现使用硅酸盐含量高的矿泉水洗脸，可以增加皮肤弹性，舒展面部的细小皱纹，延缓皮肤衰老，这种美容方法似乎越来越盛行。

表11 26种瓶装水的成分比

内容(单位：mg/L)	PH 值	锶(Sr^{2+})	钾(K^{+})	钠(Na^{+})	钙(Ca^{2+})	镁(Mg^{2+})	偏硅酸	硫酸盐	碳酸盐	氯离子	TDS
昆仑山:天然雪山矿泉水	7.0-8.5	0.4-1.0	1.0-5.0	20-80	25-100	15-70	4.5-9.5	30-120	130-400	20-90	200-600
金贡泉：天然矿泉水	6.0-8.0	≧0.1	0.6-2.0	4.8-17.4	10.8-32.4	1.5-5.7	≧25	9.0-27	59-120	1.4-6.9	120-300
Ganten景田：天然矿泉水			0.5-10.0	1.0-15	2.0-15	0.1-10	25-70				50-180
依云 法国：天然矿泉水	7.2	0.4	1.0	6.5	80	26	19.5	14	15	10	345
Volvic法国: 天然矿泉水	7.0		6.20	11.6	11.5	8.0	31.7	8.1	71	13.5	61.6
ACQUA PANNA意大利：天然矿泉水	8.0		0.9	6.7	32	6.4	7.1	22.7	103	9.0	141
H2O马来西亚：天然矿泉水	7.3		2.0	10	14	5		3	70	2	
深岩 正广和：天然矿泉水			0.2-1.70	3.5-83.4	4.5-22.1	1.9-12.3	25-49				210-475
泉阳泉：天然矿泉水	7.1-7.6		0.8-3.0	1.7-5.8	3.1-7.9	1.6-7.1	25-35				50-120
康师傅：天然矿泉	7.0-8.0		2.0-8.0	3.0-16.0	7.0-20.0	6.0-20.0	30-50	3.0-8.0	70-140	1.0-5.0	70-300
火山岩：天然饮用矿泉水		0.2-1.0	2.0-6.0	25-45	3.0-30.0	3.0-16	25-45				120-300
怡宝：饮用天然矿泉水	6.0-8.5	0.2-0.54	0.6-5.10	31-109	7.5-25.5	2.5-10.5	16-36	6.6-27	110-330	3.1-13	181-493
深泉：饮用天然矿泉水	7.5-8.5	0.2-0.5	1.0-3.0	7-18	30-65	10-25	25-60				160-600
蓝润：饮用天然矿泉水		0.3±0.1	0.12-1.360	4.6-12.6	36-96	9.3-39.2					214-500
多吉泉：天然矿泉水	7.2-7.6	0.2-0.5	0.5-10.0	1.0-5.0	14-30	2.0-10.0					60-150
5100: 西藏冰川矿泉水	7.0-8.3	0.2-0.5	3.0-15.0	30-65	10-120	6.0-15	25-55	15-60	200-600	3.0-10	200-800
Laoshan:崂山矿泉水	7.0±1.0	0.25-0.85	0.5-5.50	4.5-35.0	15-45	1.5-15.0	30.5-36.5				135-315
Health-pro:马来西亚天然矿泉水	7.4		2.0	4	29	1		1	134	10	126
AllA FONTE 马来西亚：矿泉水	7.5		6.0	4.5	36.9	15.3		11	160		193
贝尔：天然弱碱性饮用水	7.0-8.5		1.0-1.80	2.5-5.0	28-48	4.0-10	8.0-12				60-160
农夫山泉：饮用天然水	6.8-7.8		≧0.350	≧0.8	≧4	≧0.5	≧1.8				
九千万：饮用天然泉水	7.3-7.8		0.01-5.0	0.5-5	1-8	0.5-6	>8		2-20	<5	<60
Refresh 新加坡:纯净水			1.0	5.9	1.0	1.0		1.2	24	1.0	
AQUA 印度尼西亚：高山泉水	7.2		1.90	8.5	14.5	4.9		2.4	72	2.3	
Ocean 马来西亚：天然矿泉水	7.0		5.30	7.3	30.3	1.0		26.1	80	26.0	100
Premium 日本：富士山天然矿泉水	8.3		1.20	6.8	6.4	2.2					25

通过以上瓶装水的成分比较可以看出，中国各种品牌的成分含量变动区间非常大，不像其他国家只有一个固定数值，一般来说，同一个产地的天然矿泉水，其化学成分相对稳定，其原因应是水源地不同。通过品尝测试，TDS数值小的水口感更轻甘，这也验证了乾隆皇帝用银斛量水的重量来测评泉水品质的合理性。

如何择水和烧水？

挑选宜茶之水：

由于所处的地域不同，种族的不同，个人喜好的不同，所以每个人对于茶汤的感觉也是不同的，对于古人总结的经验，不可以人云亦云，也不要全盘否定，要结合自己的亲身经验做出相应的评价，结合上面的分析和笔者多年喝茶得到的一些心得：

品茶就用蒸馏水，如果有山泉水的蒸馏水就最佳了。笔者在新加坡常用OCEAN的蒸馏水，一种来自马来西亚山泉水的蒸馏水，在北京一直使用屈臣氏的蒸馏水，这些都是至纯的PH=7的蒸馏水，原水中暂时硬度（钙、镁）经处理已经完全达到软水的标准了，用这样的水泡出来的茶可以真正体现茶的内涵，不折不扣地把茶本身的原貌展现出来。

但是“水至纯则无鱼”，长期饮用蒸馏水，身体需要的一些矿物质会无法补充，所以才有喝茶，我们平时喝茶完全可以因地制宜地选择适合的水泡茶。但无论如何，不要用含钙、镁成分高的矿泉水烧水泡茶，详细说明见上文。

对于不可以直接饮用的自来水，并且用第一代水处理技术的地方，使用水处理器，有些高级的设备，不但可以过滤、消毒还可以调节碱性水的浓度，生成最适合泡茶的抗氧化的能量水。如果没有办法的话，可以先把水烧开后倒入不完全密封的瓷缸中放置24小时后再使用，这是否和古人“拆洗惠山泉”的办法有异曲同工的感觉？累是累点，但茶人乐意亲自动手泡出能让自己满意的茶汤，那种自我实现的满足感是不言而喻的，这种层次应该到了马斯洛层次理论中最高阶段——自我实现的需求。正如北宋苏轼在《试院煎茶》中所言：“君不见，昔时李生好客手自煎”，诗中的李生是指唐代的名士“谦君子”李约，为人重情好客，有客来烹茶必亲自煎茶，充分体现了他“茶礼待人，礼而致和”的高尚思想境界。就算是堂堂一国之君——宋徽宗赵佶，他用惠山的泉水亲自点茶招待群臣。可以说他们的层次之高，已非常人能理解，用现代人的语言来解释，就是由上向下的服务精神和奉献精神，即使到今天，这样的人也屈指可数。

用自来水泡茶还有一种补救措施，就是用银壶烧水，银器可以消毒已经成了一个基本常识，它的科学原理是银与水接触，便能产生微量的银离子进入水中，银离子可以改变细菌细胞的电物理性能，破坏细胞的结构，对细菌有很强的杀伤能力，所以用银壶烧水可以起到消毒的作用。在自来水可以直接饮用的国家，由于水处理技术已经非常成熟，比如欧洲的法国、亚洲的新加坡（实测新加坡自来水的硬度是78）等，用自来水烧开泡茶，口感已经非常不错了，一般来说，用铸铁壶烧水泡茶已经达到“九分”水的程度了，所以在新加坡，一般喝茶时，这样的水已经绰绰有余，但仍然舌感略重，甘甜不足，如果和再生水比起来，再生水的口感轻，还有一种说不出来不好的感觉。在品茶的时候，使用OCEAN的蒸馏水， 一种来自马来西亚的山泉水的蒸馏水来招待茶人，大家都会欣喜而归，至于日本富士山天然矿泉水，或许只有茶道用的抹茶和顶级西湖龙井茶才算最佳搭配。与新加坡一桥之隔的马来西亚的茶文化底蕴非常深厚，就拿吉隆坡来说，那里的茶文化传承得非常深入和普遍，喜欢喝茶、喜欢收茶的华人也大有人在，大师级的茶人也比新加坡多，但由于马来西亚的自来水不可以直接饮用，有些茶人添加了健康水处理器，并且许多茶人用银壶烧水，但银壶新加坡几乎没有市场，这些都是外界环境所致，茶人能学会如何适应环境，因地制宜，就难能可贵了。

并不是说每种茶用特定的某种水，都可以得到最好的口感，通常来说泡茶最佳的水应该是软水，但苦涩的茶可以用硬度高的水来泡，不但可以掩盖涩味，反而可以圆润爽口，但太高则无茶色，无味了。再如一年之内的生普洱，尤其是古树茶，多多少少会有点青涩的感觉，如果直接用蒸馏水浸泡，就无法掩盖其苦涩，反而前三泡，直接用饮用水，口感会好些，随后再上蒸馏水，才更加清甜，回甘悠远。山泉水的蒸馏水，不但可以充分体现嫩茶的香气，而且“真水无味”它本身无任何味道，却略带甘甜的山泉水质，可以极大程度上给茶友最佳的口感。还有一点需要强调，因为蒸馏水已经煮开过，泡绿茶时，烧水时就没必要再烧开了，这样还可以节省烧水的时间！再以绿茶为例，喝绿茶讲究的是色翠、香郁、叶鲜、味醇，香而不苦，鲜爽甘甜，正如清朝茶人陆次云说：“啜之淡然，似乎无味，饮过后，觉有一种太和之气，弥瀹乎齿颊之间。此无味之味，乃至味也。”笔者至少品评过来自中国、日本、韩国、越南、印度、马来西亚、印度尼西亚等十几个国家多款绿茶。虽然每种绿茶的茶性不尽相同，但由于茶叶鲜嫩，所以对水的温度要求都比较低，就是初泡不能超过75℃。比如龙井的第一泡，水与茶交融的瞬间温度以70℃最好(水温75℃，因为热水从水壶中倒到容器里的温度大概下降5度左右)第二泡在70℃，哪怕只打算泡三次，头泡壶水的温度也不可以超过85℃。日本绿茶第一泡的温度最高70℃， 第二泡65℃，有些极品茶像玉露，第一泡的温度是35℃~40℃，然后略高。煎茶则是50℃~65℃。所以第一泡的温度不可以高，第二泡水温可适当调高。

20多年前去虎跑泉边的茶社，品尝用虎跑泉水泡的极品龙井的场景还历历在目， 当时整个茶馆只有包括笔者在内的两位客人， 每个人都静静地坐在各自的茶桌前，屏住呼吸，细细品尝清淡但深远的茶汤，闻着幽幽的栗香，享受着先略苦后回甘醇的洗礼，三泡下去叶底转翠，舌根、舌中味蕾全部开启，浑身好像赋予了新的活力，这就是茶人所说的喝“通”了的境界吧。十几泡过后，实在舍不得丢弃叶底，就慢慢咀嚼那一枪一旗的茶叶，那种感觉就是一种不可言传的快感，如果说茶汤滋润了口、舌、喉，那种感觉就会更加刺激你的感官，给人一种难以忘怀的“爽”。正是那种“至味入心”，那种感受让笔者永远无法忘怀，正是这次经历，龙井茶便成了笔者的最爱。2009年再次去虎跑泉边的茶社喝龙井， 真是天壤之别， 无奈求证茶社， 得到的答复还是很客观：“现在的虎跑泉水早就干了， 你喝的是自来水；茶叶也不是极品龙井了， 此‘极品’非以前之极品了”。在所有的茶中，红茶、黑茶最为厚重，青茶居中，而绿茶少了发酵这道工序，所以少了醇化，因此茶叶最接近自然，口感比较淡。口感淡的茶更会期待甘甜泉浆的拥抱，所以喜欢喝绿茶的茶友，硬度越低的水越好，如果能找到山泉水的蒸馏水就千万不要错过。如果没有的话，可以尝试把硬度高的水，煮开后，放置在瓷盆里24小时后，再用来泡茶，或许也会有点小惊喜！如果你无法找到这样的水，或者以上方法比较累，其实还有补救的办法，就是通过烧水壶和泡茶壶来弥补水质方面的不足。

烧水——五沸法：

茶圣陆羽的《茶经》写道："其沸如鱼目，微有声为一沸，缘边如涌泉连珠为二沸，腾波鼓浪为三沸，已上水老不可食也。"陆羽认为水煮到一沸加盐，二沸时舀出一瓢水，再加入茶叶，等三沸时，把刚才那瓢水，放回去止沸，并取下煮茶的锅。因为唐朝煮茶还会加些作料，比如葱、姜、枣、橘皮、茱萸、薄荷等一起煮，所以汤要嫩。正如现代人煮粥一样，一旦过火，汤会有串味甚至有焦味，里面的料会过火，不但营养成分被破坏也很难下咽。到了宋朝，喝茶方式已经转变为点茶了，已经不再添加任何作料，做法是：先用水把茶调成糊状，然后用长嘴的汤瓶注入沸水来斗茶，比汤色、比汤花挂盏的时间长短等，所以对烧水的要求也和唐朝有些不同。宋徽宗赵佶在《大观茶论》中写道："凡用汤以鱼目蟹眼连绎进跃为度，过老则以少新水投之，就火顷刻而后用。"他认为水烧至鱼目蟹眼连绎进跃为好。而蔡襄的《茶录》记载："候汤最难，未熟则沫浮，过熟则茶沉。前世谓之蟹眼者，过熟汤也。"蔡襄认为蟹眼汤已是过熟，而赵佶认为鱼目蟹眼连绎进跃为度。到底谁是谁非？我们知道宋朝时期蔡襄率先制作出了小龙团，非常精嫩，品质更加优良，连苏轼都要"独携天上小团月，来试人间第二泉"，所以可以认为，细嫩的茶用一沸的水最好，如果茶不是非常细嫩，用二沸的水，汤最佳。

明朝张源的《茶录》"汤辨汤有三大辨、十五小辨。一曰形辨，二曰声辨，三曰气辨。形为内辨，声为外辨，气为捷辨。如虾眼、蟹眼、鱼眼连珠，皆为萌汤，直至涌沸如腾波鼓浪，水气全消，方是纯熟；如初声、转声、振声、骤声，皆为萌汤，直至无声，方是纯熟；如气浮一缕、二缕、三、四缕，及缕乱不分、氤氲乱绕，皆为萌汤，直至气直冲贵，方是纯熟。蔡君谟汤用嫩而不用老，盖因古人制茶造则必碾，碾则必磨，磨则必罗，则茶为飘尘飞粉矣。于是和剂印作龙凤团，则见汤而茶神便浮，此用嫩而不用老也。今时制茶，不暇罗磨，全具元体。此汤须纯熟，元神始发也。故曰汤须五沸，茶奏三奇"，张源解释得非常详细也很有道理，由于从明朝开始，喝茶方式已经变成冲泡法，也就是现在的泡茶方式，所以他认为水要五沸才是最佳，这就是五沸法的来源。

那如何量化一沸、二沸、三沸、四沸、五沸？一般来说，一沸为90℃，二沸为94℃，三沸为98℃，四沸为100℃，五沸为100℃后再沸腾到无声。当然水的沸点是随着气压变化而变化

的，气压越小，沸点越低。我们这里说的情况不包括高海拔的地区。那如何烧水才可以达到泡茶的最佳效果？首先要由水质决定，对于不可以直接饮用的自来水，并且用第一代水处理技术的地方，水质如何会直接影响人体健康。我们知道常规自来水处理工艺中的加氯消毒方法，产生致癌的消毒副产物，比如三卤甲烷，也就是我们常说的氯仿，不但很容易破坏茶中维生素C，也已被流行病学证实为动物致癌物质，它在消化道内迅速被吸收，在体内可以转化为一氧化碳而使人出现中毒症状，因此许多国家都规定了水中三氯甲烷的最大含量，美国国家环保局规定氯仿在饮用水中的污染极限是10ug/L，德国为25ug/L，中国生活饮用水水质标准（GB5749—85）规定生活饮用水中氯仿的最高允许浓度是60ug/L。减少氯仿的最简单和实用的方法，就是吹洗法和跌水法，据有关科学研究，煮沸法去除氯仿是非常有效的方法，消除率可以达到99%以上，所以使用明朝张源的“五沸法”，把自来水烧沸，打开壶盖，让水再沸腾2~3分钟，水汽没有时，也是水中残余的挥发性有机物挥发掉的时候，把煮水壶放到一个保温的装置上来准备泡茶，此时的水对需要水温高的茶时最佳，比如老普洱茶、岩茶和乌龙茶等。当然使用银壶烧水会更健康。

如果是在自来水可以直接饮用的国家，由于水处理已经非常好，已经达到甚至超过国际饮用水标准，烧水时可以根据茶叶的不同，选择不同的烧水温度。比如绿茶、黄茶要求水温比较低，所以一沸的水泡茶刚刚好，90℃水倒进壶里面温度会下降5℃左右，然后再根据具体茶的适合温度去泡茶。白茶温度略高点，可以用二沸的水，乌龙茶用三沸的水，老茶和武夷岩茶就用四沸的水，这种方法也适合纯净水和蒸馏水。

何为好器？

如何选烧水之器？

自古以来，茶人饮茶绝非为了解渴，而是一种修身养性的方式，寻求自我境界的提高，所以品茗时不但讲究“三好”：“茶好、水好、火候好”；还要“三雅”：“器雅、人雅、环境雅”，对茶具的要求，也要尽善尽美，不但外观高雅，还要具有完好的发茶性。古人云：器为茶之父；工欲善其事，必先利其器。这里的“器”就要从泡茶用的烧水壶说起，无论是古代的青铜器还是陶瓷器，随着社会的发展、科学技术的进步、人类品位的提高，铜壶、陶壶都已经完成自己的历史使命，慢慢退出茶具中用来烧水的器具之列。这是由于泡茶用的水出现任何杂味，比如铜腥、土锈味都会大大影响茶汤的原味。现代茶人所用的烧水壶，一般是普通铁壶、铸铁壶、银壶，炻壶、瓷壶、玻璃壶、金壶（偶遇）等。由于壶具的选择，也讲究“淡泊平和、超脱世俗”，正如陆羽在《茶经》写道：“瓷与石皆雅器也。性非坚实，难可持久。用银为之，至洁，但涉于侈丽。雅则雅矣，洁亦洁矣，若用恒，而卒归于铁也。”

记得有一年去吉隆坡拜访马来西亚一间老茶社时，主人打算请出他珍藏的金壶来烧水，我们要品的茶是他们封装的台湾冻顶乌龙，笔者建议用铸铁壶，可主人生性好客，最后决定用一只老银壶来烧水，盛情难却，只好客随主便了。品茶时，我们慢慢聊起吉隆坡茶人的现状，才豁然发现，虽然只是一水之隔的新加坡和马来西亚，差别竟然如此之大。马来西亚的中华文化底蕴非常深厚，茶文化更是根深蒂固，但他们还一直推崇银壶烧水，这和新加坡绝大部分茶人用铁壶来烧水截然不同。为了弄清原因，笔者特地对新、马两地的水质、铁壶、银壶的性能做了比较：

水质方面，马来西亚自来水管的水不是饮用水，而新加坡任何地方水管的水，都可以直接饮用；如果只是喝茶不是品茶，两地都是用水管的水烧开泡茶；再则银壶煮水时，银与水接触，会有微量的银离子进入水中，银离子可以改变细菌细胞的电物理性能，破坏细胞的结构，对细菌有很强的杀伤能力，所以用银壶烧水可以起到消毒的作用；用铸铁壶煮的水，铁与水接触，二价

铁离子会释放出来，所以会出现山泉水效应，不但可以补充人体需要的矿物质铁，能起到预防贫血，亦可有效去除茶中的霉味，提升茶汤的品感。

综上所述，如果泡茶之水是非饮用水，从健康角度考虑，还是先消毒为好，也就是说用银壶烧水为好；当泡茶之水已经非常纯正，并且可以直接饮用，用铸铁壶烧水则更佳。

再根据烧水壶本身材质的导热率w/(m*k)来分析，铁:84-90、银:429、铜: 401、金:317，由这些参数可以得知：在相同的条件下，银壶烧水会最快烧开，而铁壶最保温。每个茶人都知道水温对于发茶性至关重要，1 200年前陆羽的《茶经》里面专门提到“乘热连饮之，以重浊凝其下，精英浮其上。如冷，则精英随气而竭”，所以如果喝茶的人少，用只小银壶烧水，一次只倒一壶，倒完再烧，倒也是个不错的方法，不然就是铁壶的最好了。

烧水铁壶的分类

常用的烧水铁壶可分两种（图67）：

- 普通薄胎不锈钢壶，以下称普通铁壶。
- 铸铁壶，一般以日本铸铁壶最有代表性，以下称铸铁壶。

下面通过实验比较普通铁壶和铸铁壶的导热性以及保温性，普通铁壶都比较薄，不像铸铁壶胎体那么厚重，从而加热速度和保温效果会有所不同。笔者用600毫升的水，在功率1 600W的电磁炉上，用普通铁壶、铸铁壶烧水，并记录温度的变化如下：

图67 笔者常用烧水壶

表12 普通不锈钢壶和铸铁壶烧水用时比较表

600毫升的水	水烧开用时(分钟)	烧开后的水温(摄氏度)随时间(分钟)的变化			
		下降到100℃的时间	95℃	90℃	85℃
普通不锈钢壶	3′02″	25″	1′06″	3′05″	5′41″
铸铁壶	3′12″	30″	1′54″	5′12″	9′07″

通过上面实验的数据可以看出：600毫升的水用普通铁壶和铸铁壶烧开的时间相差微乎其微（10秒），但保温效果铸铁壶却比普通铁壶强很多，比如水温下降到85℃的时间，铸铁壶比普

通铁壶长约三分半。

另外长期使用，普通铁壶里面会结一层水垢，化学成分主要为碳酸钙，其中矿物物相最多的是在温度70℃~90℃形成的文石相和较少的低温形成的方解石，而铸铁壶基本看不到结垢。最近台湾生产的炻器壶大行其道，那些“回归”传统用柴烧的大师壶，更是价格不菲，与铸铁壶相比，虽然它的保温效果不错，但缺点是：

- 不可以在电磁炉上直接使用，就像上面提到的吉隆坡老茶友要用银壶烧水，他只好用电热炉了，同时要时刻注意安全，防止烫伤、着火等意外发生。
- 无法补铁，不能增加水质的甘甜口感和提供身体所需的铁离子。科学家早已发现铁是造血元素，成人每天需0.8~1.5毫克的铁，严重缺铁会影响智力发展，而实验证明饮水、烹调使用铁壶、铁锅等铁制器具，可增加人类身体对铁质的吸收。由于铁壶煮水能释放出易于人体吸收的铁（铁制器具溶解出的铁质是二价铁离子），可以补充人体所需的铁元素，从而有效预防贫血。
- 铸铁壶都经过高温工艺涂装，壶身耐擦，随着擦洗次数的增多，将呈现金属质地的黯然之光，可达到“赏心悦目、百玩不厌”的效果。

总而言之，如果在普通铁壶和铸铁壶中做选择的话，铸铁壶当仁不让是茶人的最爱，与炻器壶相比，铸铁壶的优势也很明显，如果这类的炻器壶，采用最新材料或者使用最新技术，比如纳米材料，拆分聚集在一起的水分子团，增加养分的吸收面积，增强水质，提高茶汤的口感，那应另当别论。我们可以用它作为储水壶，依然用铸铁壶烧水，烧开后倒进这类壶中，再放在保温的设备上，这样就可以锦上添花了（见图73）。

铸铁壶烧水可提高水的沸点?

有文说铸铁壶烧水可以提高沸点，无论从科学原理还是实际测试，笔者认为此观点有误。难道测试地点海拔不同？如果用高压锅的原理来推导，似乎有些道理，但前提条件是要密封，然而无论铸铁壶胎体多么厚实，盖子如何严密，但都无法回避壶嘴是和外面空气直接相通这一事实，即使壶内可能出现气压高于室外大气压，那也应该把壶里面的水“压”出壶嘴，这是基本的物理常识，那为什么还有许多茶友都随声附和？苦思冥想不得其解，只能作为茶余的趣谈了，在此建议茶友，对于任何人的观点，都要去推敲去验证，不可人云亦云。

最佳茶炉

使用日本的铸铁壶烧水，常常需要和酒精炉配合使用，日本人用酒精炉是起保温作用的，水烧开后才放到酒精炉上保温。因为烧水的火候非常重要，以前古人推崇炭火，还要大火快煮，现在的电磁炉、电热炉，都非常方便，并且功率还可以调节，一般来说，除了冬天在茶室用电热炉烧水，可以一举两得外，平时使用还是电磁炉比较方便、安全、干净。现在的电磁炉都可以调节到1 600W、2 000W甚至更高，用它来烧水两、三分钟就可以烧开，速度非常快，但是考虑到电磁炉的电磁辐射量比普通家电器高出几十倍甚至几百倍，而且泡茶时，电磁炉离人体很近，所以购买电磁炉一定要选购正规厂家生产的知名品牌，以免对身体健康造成危害。记得几年前就在国外见到一种远红外炉，它的优点解决了烧水壶材料的问题，不管是铁壶、铜壶、银壶、炻壶、紫砂壶，甚至玻璃壶都可以使用，远红外线对身体不但无害，而且还有益于人体，如果结合现代的合金技术，可以做到防电磁波危害、防静电等功能，这样的茶炉才是茶人的最佳选择。

最佳火候

是不是用铸铁壶加上远红外线茶炉就万事大吉了呢？当然不是，另外一个需要注意的问题就是烧水的火候，古代的茶人常常在追求“蟹眼已过鱼眼生，飕飕欲作松风鸣”的感受，这就是对烧水及其火候的最确切描述。古人把水烧得太嫩称为“婴儿沸”，太老称为“百寿汤”，一般来说太老的水，由于水沸腾时会不断排除溶解于水中的气体，特别是二氧化碳，出现如陆羽所说“水气全消”，从而影响茶汤的口感，因此茶人都不再用它来泡茶了。至于嫩水倒是可用，一般来说，泡绿茶时，用铸铁壶烧水，等听到有“松风”声，开始冒热气时，就要打开壶盖，看到水泡由蟹眼变成鱼目后，关掉热源，由于铸铁壶的慢热性能，即使马上“熄火”，铸铁壶中的水还是会通过余热加热到“边缘如涌泉连珠”的二沸状态，此时的水是泡茶最好的时候。实际操作中往往一个不留意，水进入了波涛滚滚的三沸了，弃之可惜，此时可兑入一沸的水加以混合再来泡茶，不至于上好的甘泉完全弃之或只做洗涤之用，这也是古人推崇的一沸后，先取些水备用的道理，对现代茶人比较有实用的烧水方法——五沸法（详见前文）。

古往今来，凡深谙茶道之人都是在高雅的氛围中寻求极致的口感，在恬静的情趣中获得最佳的享受，在品赏的过程中达到超凡脱俗。这不但要“三清”：“汤清、气清、心清”，“三雅”：“器雅、人雅、环境雅”，还注重“三何”：“何时、何地、何茶”，在至善至美中达到修身养性的儒士境界。要想达到这种境界，还需要对泡茶壶做一番比较和取舍。

如何选泡茶之器?

泡茶的器具，古人称之为茶器或茗器。人类用具的发展历程，从石器——陶器——青铜器——瓷器，每一次都是一场巨大的变革，都是人类文明进步的标志。中国陶瓷的发展为人类文明史留下了璀璨的一页，最新的考古发现已经证明，中国江西仙人洞遗址发现了当今人类历史上已发表的最早陶器，距今有两万年，也就是说陶器在旧石器后期已经出现了，而最早的原始青瓷，可以追溯到4 200年前（对原始青瓷的概念进行扩大解释后），发现于山西夏县东下冯龙山文化遗址中，以后的考古发现有殷朝、汉代等原始瓷器。而瓷字的出现，则是在东汉学者许慎的《说文解字》中，他对瓷的解释是“瓷，瓦之坚者也”，瓦属陶器。中国真正意思上的瓷器出现在东汉时期，浙江绍兴上虞县发现东汉晚期的青瓷，它的特点是：胎质致密坚硬，胎色多为灰白或淡青灰色，瓷化程度较高，敲击声音清脆。釉层均匀，胎釉结合紧密，吸水率低，表面施釉较厚，釉层透明，有光泽，在1 260℃到1 300℃的高温下烧成的，已经具备了瓷器的各项基本条件。关于瓷器，当前学界并没有一个统一的定义。但一般认为，必须具备以下几个条件：

- 胎料是瓷土。
- 胎体吸水率小于1%。
- 经过1200℃以上温度烧制而成。
- 瓷器表面所施的釉，必须是在高温下与胎体一道烧成的玻璃质釉。
- 瓷器烧成后，必须是胎体坚硬结实，组织致密，叩之能发出清脆悦耳的金石之声。

到东晋时“器则陶拣，出自东瓯”是指瓯窑的青瓷器，它可以说是最早的专用瓷器茶具了，不但美观易于清洗，也大大改变了陶器的吸水性和存封陶土的气味。从吸水性来看，普通瓷器为0.1%~0.5%，陶器最高可以超过20%，宜兴紫砂中紫泥的吸水率是7.1%，烧成壶后的吸水率一般不超过2%，所以要品尝原汁原味的茶叶非瓷器莫属。有个茶友曾谈到他的不快经历，客户去他的店里买茶叶，喝到他用紫砂壶和专用茶具泡的茶，客户感觉不错，就买了茶，两天后客户回来找他，说他在店里喝到的茶和买回去的茶不同，笔者这个朋友有口难言，就用客户拿回来的茶叶，在他店里再泡一次，最后客户无语。最后他“痛改前非”，再给客户泡茶，就用盖碗和普通茶具了。虽然盖碗会烫手、长期使用也不会助茶香，对于品茗来说，它不是最好的选项，但作为泡茶器具，尤其是为了品尝原汁原味的茶汤，盖碗还是最佳选择。

作为茶人，我们知道要泡出一杯好茶，并非易事。除了三好“茶好，水好，火候好”外，泡茶用器具也是至关重要，古人云：器为茶之父，此处的“器”是指泡茶器具。茶人去品茶时，一般都会要求主人用盖碗泡茶，它可以真实反映茶的本性，不像用紫砂壶泡茶，长期泡制同一种茶叶，会增加茶香、提高茶汤的韵味。现在来分析吸水性对茶汤香气和韵味的影响。用盖碗、瓷壶和紫砂壶泡绿茶、乌龙茶做个比较：

表13 不同泡茶器皿对乌龙茶、绿茶的香气和滋味的影响

香气	盖碗/瓷壶	宜兴紫砂壶	滋味	盖碗/瓷壶	宜兴紫砂壶
乌龙茶	高锐	高郁	乌龙茶	韵味	醇正
绿茶	嫩香	平和	绿茶	鲜爽	味长

从表13可以看出，冲泡绿茶还是用吸水率最低的茶具比较好，比如盖碗、玻璃壶或瓷壶，要品尝醇正的乌龙茶，吸水率稍低的紫砂壶比较好。然而每个人的口味和嗜好不同，则另当别论，比如喝岩茶，许多茶人特别钟爱其“岩韵”，泡岩茶需要闷才可以让茶性发挥出来，盖碗是很好的泡茶器，但如果茶人不想用瓷器，那可以用朱泥紫砂壶来发挥其效，所以说，紫砂壶是泡茶器具里的重器。

最佳泡茶器——紫砂壶

谈及紫砂壶，我们需要了解一下紫砂壶的历史及出现的时代背景。当今对紫砂壶出现的最早年代有以下三种观点：

- 2 400年或者更早：起源可上溯到春秋时代的越国大夫范蠡，距今约2 400年前。
- 1 000多年：根据对宋代羊角山古窑址的发掘，可追溯到北宋中叶，距今约有1 000年的历史。
- 500多年：从明代正德——嘉靖时的龚春（供春），距今500多年历史。

持第一种观点的人，大都根据一个美丽的传说，1930年《工商半月刊》的《宜兴之陶业调查》一文中就写道："宜兴之陶业，相传为春秋时范蠡所创造"。传说范蠡帮助越王勾践覆灭吴国后，带着西施弃官经商，经无锡到宜兴，他为了尽力制陶事，竟将自己的姓氏也改为陶，这就是历史上大名鼎鼎的"陶朱公"，宜兴鼎蜀镇的陶业工人都供奉范蠡为陶业祖师。然而早在清光绪1882年撰修的《宜兴·荆溪县志》中就有记载质疑这种说法了，所谓陶朱公的陶，是指当时齐国（现在山东肥城西北陶山），陶朱公则是因为他经商成功并总结经商十八则，被后人广为传颂，奉为至宝，后人给他尊称。宜兴陶瓷生产始于新石器时代，这可以从1976年宜兴红旗陶瓷厂，在施工中发现了紫砂古窑遗址得到证实。随着考古的继续深入，先后共发现古文化遗址七

图68 紫砂壶

图69 台北故宫博物院藏南宋刘松年《博古图》

处，其中就有新石器时代遗址五处，所以说，这个观点不对，或许范蠡曾经为宜兴陶业的发展做出了很大的贡献，宜兴人为了尊重和纪念他才保留着这个美丽的传说，古往今来搭名人便车的事情比比皆是。

持第二种观点的人，则是根据宋代龙窑窑址发掘出的残片推断，紫砂壶起源于宋代中期。另外，广为引证的是北宋著名诗人梅尧臣的“小石冷泉留早味，紫泥新品泛春华”，欧阳修《和梅公仪尝茶》中写的：“喜共紫瓯吟且酌，羡君潇洒有余清”等，来说明早在宋朝时期紫砂壶已经出现，并在文人雅客之间使用了。其实只要有点考古知识和了解些饮茶历史的人都不会认同这个观点。首先宋朝时期斗茶风气非常流行，上到皇帝下到王公大臣，都乐于其道，北宋著名茶人也是小龙团茶的发明人蔡襄在《茶录》中写道：“茶色白，宜黑盏，建安所造者绀黑纹如兔毫，其坯微厚，熁之久，热难冷，最为妥用，出他处者皆不及也。”宋徽宗赵佶在《大观茶论》中也认为：“盏色贵青黑，玉毫条达者为上，取其焕发茶采色也”，他还用惠山泉的水、兔毫建盏、龙团茶亲自点茶招待大臣，而兔毫建盏的露胎是紫褐色，是否是欧阳修所说的紫瓯、梅尧臣所说的紫泥新品？根据蔡襄《茶录》“兔毫紫瓯新，蟹眼清泉煮”，这样看来这里的紫瓯、紫泥应该是指兔毫建盏，跟宜兴紫砂壶无任何关系，再说宋朝时期喝茶的方式是点茶，所以更不可能用紫砂壶泡茶，如果说宋代饮茶习俗中除点茶为主外，尚有煎茶，宋代羊角山古窑址的紫砂残片，应该是当时日用陶，粗用煎茶、煮水或者盛水的紫砂器，也绝非给茶人品茶之用。因为距宋朝两、三百年前的陆羽在《茶经》中就写道：“茶有九难：一曰造，二曰别，三曰器，四曰火，五曰水，六曰炙，七曰末，八曰煮，九曰饮。阴采夜焙非造也，嚼味嗅香非别也，膻鼎腥瓯非器也……”后来明朝的许次纾在《茶疏》中，更明确地指出：“煎茶用铜瓶，不免汤，用砂铫，亦嫌土气”，这样的紫砂器会有土气，不适合煮水和煎茶，更不可能用来泡茶，如果非要和茶联系

起来，只有汲水器的份了，但当时的汲水器银瓶大行其道，此处的银瓶并非就是指银质的汤瓶，这可以从唐朝诗人白居易的《琵琶行》“银瓶乍破水浆迸”中得到证实，这里的银瓶是指白色的瓷瓶，陆羽在《茶经》中说“邢瓷类银，越瓷类玉”“邢瓷类雪，则越瓷类冰”，宋朝苏东坡的《试院煎茶》“银瓶泻汤夸第二，未识古人煎水意”，黄庭坚在《满庭芳》中写道：“相如方病酒，银瓶蟹眼，惊鹭涛翻”，茶人不会用紫砂器作为汲水器，或许只是普通的日常用品吧……所

以笔者认为说紫砂壶出现在宋朝的观点并不确切，宋朝出现的紫砂器，即使是用紫砂泥做的壶，也和当今紫砂壶的意义完全不同，绝不可同日而语，不会是用来泡茶的紫砂壶，如图69是藏于台北故宫博物院南宋刘松年的《博古图》，这应该是宋朝诗词中常常提到提梁壶，就算当时用紫砂做成这种样式的提梁壶，最多也是烧水的器物而已，与明清以后用来泡茶的紫砂壶完全不可相提并论，为了防止误导后人，还是看看第三种观点吧。

第三种观点是根据明末清初宜兴人吴梅鼎写的《阳羡瓷壶赋·序》："余从祖拳石公读书南山，携一童子名供春，见土人以泥为缸，即澄其泥以为壶，极古秀可爱，所谓供春壶也。"得知紫砂壶的创始人是距今500多年的明代正德——嘉靖时的龚春（供春）。中国工艺美术大师徐秀堂先生写的一本紫砂专著，书名就是《宜兴紫砂五百年》，据中国考古报告，出土的紫砂壶仅有20件，被称为最早的紫砂壶是南京市马家山明嘉靖1533年吴经墓出土的紫砂提梁壶。前些年南京博物馆考古所人员，对宜兴进行了3年多的考古发掘，最后得出的初步结论就是宜兴紫砂被有目的使用是明朝中晚期。

紫砂壶在明朝异军突起，绝非是由于哪个皇帝的喜好或者某个发现造成的，而是随着新泡茶方式的兴起，茶人在实践中发现，用紫砂壶泡茶更可以泡出茶的真味。明朝周高起在《阳羡茗壶系》中说："近百年中，壶黜银锡及闽豫瓷，而尚宜兴陶，又近人远过前人也""陶曷取诸？取诸其制，以本山上砂，能发真茶之色香味"；明末清初时李渔在《闲情偶记》说："茗注莫妙于砂，壶之精者，又莫过于阳羡"；明代文震亨《长物志》也说："茶壶以砂者为上，盖既不夺香，又无熟汤气"；写于晚明的《阳羡茗壶系》："壶经久用，涤拭口加，自发黯然之光，入手可鉴"；清人吴骞的《阳羡名陶录》中也感叹道："惟宜兴之陶，制度精而取法古，迄乎胜诸名流出，凡一壶一卣，几与彝商周鼎并为赏鉴家所珍"；连日本也深受影响，在《茗壶图录》中写道："茗注不独砂壶，古用金银锡瓷，近时又或用玉，然皆不及砂壶"，总而言之是："裹住香气，散发热气，久用能留茶香，还可养出包浆油润光泽，用得越久价格越高"。另外，紫砂壶端庄、朴实、内敛、古朴、风雅，符合文人雅客的审美趣味，与饮茶人的品行相呼应、相得益彰，所以紫砂壶在明朝中晚期大行其道，提倡"景瓷宜陶"为品茗必备之器，最终成为雅俗共赏，饮茶品茗的最佳茶具之一。

清　青瓷哥釉品杯

高 6.2 厘米　口径 6.9 厘米　底径 4.8 厘米

杯子整体施青釉，里外都开片（包括器底），铁足，壁厚超过 0.5 厘米，釉层厚过胎体，手感厚重，整体温润滑腻，内、外底中心都略凸。

肆 怎样泡好茶？

泡一种茗茶，要根据它本身的特质来冲泡，除日本蒸青绿茶外，笔者泡茶前一般先用沸水把茶具淋洗一遍，再给茶叶来个『沐浴』，才开始冲泡。

诚然，泡好一壶茶也绝非轻而易举，即使许多资深茶人谈及明前绿茶时，还会说只能泡3–4泡，其实不然，或许因为他们对所泡的茶缺少了解，没有和茶进行多次『沟通』，更确切地说，他们没有静心去思索，清心去聆听、细心去实践、全心去总结、倾心去分享。

醒茶——霖淋仙颜

泡一种茶，要根据它本身的特质来冲泡， 除日本蒸青绿茶外，笔者泡茶前一般先用沸水把茶具淋洗一遍，再给茶叶来个“沐浴”，才开始冲泡。笔者的经验是：先用热水温壶、温杯等其他茶具，这不但是为了提高杯子的温度，提高茶汤的品质，也是健康饮茶的前奏，洁器是为了洗涤尘埃，洗茶不但可以涤除灰尘，还可以即时洗去茶叶中残留物。由于笔者一直从事收藏和鉴赏，所以经常会在高倍放大镜下，发现晶莹透亮的微生物在紫砂壶表面的凹缝中爬行的情况，而青花瓷基本上是釉下彩，表面沉积杂物的概率不大，但釉上彩等表面凹凸不平的器物表面都有杂物，即使用热水淋浇后还会有些杂物继续依附表面。推而广之，茶叶在成长、采摘、制作、封装等过程中部可避免地与外界接触，所以为了健康，快速洗一遍，平衡可能失去有些营养成分和可能喝进一些不干净或者有害成分，那么快速清洗法是最佳选择。

洗茶过程就是先把茶叶置于壶或盖碗中，倒入50℃~60℃左右的热水，等热水全部湿润了所有茶叶时，端起壶或盖碗，先左右后上下轻轻摇动一、两次并立刻倒出，洗茶完成。扁平、条索形的茶叶要快，颗粒状、紧压型的可略慢些。从茶叶遇水到水被完全倒出，整个过程要控制在10秒之内。诚然，泡好一壶茶也绝非轻而易举，即使许多资深茶人谈及明前绿茶时，还会说只能泡3-4泡，其实不然，或许因为他们对所泡的茶缺少了解，没有和茶进行多次“沟通”，更确切地说，他们没有静心去思索，清心去聆听、细心去实践、全心去总结、倾心去分享。比如拿最嫩的西湖龙井头茶来说，其鲜嫩、其娇贵、其稀缺等都是众所周知的，只要茶人静心去聆听它的心语，去体会它的真谛，掌握好茶叶最唯美的时刻，3克茶泡6泡还依然是淡淡的豆香、甘醇的茶汤、黄绿间饱满的倩影、一旗或二旗一枪、以每泡各异的仪态展现在能欣赏和驾驭它的茶人面前，6泡过后常常依依不舍，有时超常发挥还可以泡出8泡茶来，这还不算第一次的洗茶。（笔者用2017年3月24日头采的群体种西湖龙井3克茶，竟然泡出历史最高纪录13泡，同一种茶，北京马连道茶城和新加坡的茶人都泡出超过10泡茶），所以日后再有茶友说，绿茶不禁泡，那只能说他见识短了。

说起洗茶，笔者遇到过几位分别来自日本、大陆和台湾的茶人，他们都不赞成洗茶，其实原因很简单，他们是茶农或者茶商，或许由于他们已经和自己的茶建立了非常深厚的感情。但作为茶人，笔者认为，无论多好的台湾乌龙茶，还是大陆的绿茶都要洗茶，日本的蒸青绿茶可以除外。如果你见到过茶叶的制作过程，看到过包装的流程以及密封袋打开后取茶方式等等，你应该也会深有同感，为了健康，还是要简单地洗一次茶为好。不赞同洗茶的原因很多，有些是引用某些学者的观点，说茶叶中的有益成分第一泡会析出50%以上，如果我们掌握好洗茶的水温和洗茶的速度，茶汤中损失的有益成分和灰尘、油腻、农残，甚至添加成分来比是微不足道的。因此笔者在温杯后，把3克绿茶放入盖碗中，然后倒入50℃~60℃的热水，到水能浸泡到所有茶叶时，左右上下轻轻晃动并马上把水倒出，整个过程控制在5秒，不要超过10秒，相信茶叶中有效成分的损失是微乎其微的。古时茶人深知茶是草木中人，茶能通仙灵，所以喝茶前“霖淋仙颜”，也称为“醒茶”，先和茶打声招呼，给它沐浴，等候着茶、人更亲密的接触，那现代茶人为什么不可借鉴呢？

如何泡好绿茶？

泡茶谁不会，还用学？我北大的美女同学如是说。有时真是无语，也许“泡”，每个人都会，但泡好泡坏，别人是否愿意喝才是关键，比如泡绿茶要盖盖，有多少茶人知道？其实泡好一碗绿茶非常不易，绿茶比较娇嫩，它的茶汤和乌龙茶或者红茶比较，本身颜色就淡、口感比较弱，所以如果水温高了就烫熟了，水温低了香气和口感都淡然无味，所以泡好绿茶需要真功夫。记得有一次和新加坡原茶艺领导谈及杭州当地人泡龙井茶的方法时，他的看法非常犀利，“他们不会泡龙井茶”。也许有些杭州当地人觉得不屑一顾，但茶人知道：产茶地的人不会泡茶，做壶的人不会喝茶，做茶杯的人不会品茗，本来就很正常。再有每个人的立场、品味、视角、素养不同，给出的结论也是各异，只有茶人才是真正欣赏茶和茶器的人，他们会更有闲暇、经验、品位去品评。自古至今有名的茶人有谁是茶农？有几个是做茶具出身？不然也不会出现很多年前日本制造非常宜茶的茶杯（见下文如何选择茶杯），到现在为止大陆市场也没出现类似产品。当欧美咖啡、茶叶研究人员已经为获得最佳口感的冲泡温度为0.5℃的不同而争得面红耳赤时，许多人都认为顶尖绿茶、白茶最佳的水温要在70℃时，茶商、茶友和“茶人”在冲泡娇嫩绿茶时，有多少人还是一成不变地把刚烧开的水倒进透明的玻璃杯子中，抓上一把茶叶放进杯子里面？高达95℃的热水，无论是上投法还是中投法，茶叶被烫得遍体鳞伤，哪有心情发挥它的真性情，这么高的温度再盖上盖子，那就会产生一道新菜“沸闷绿茶”了，并且维生素类，特别是水溶性维生素C、B族维生素遇到热水可以破坏其内部结构。如果用蒸馏水泡茶，因为水经过一次沸腾，因此就不需要再烧开了，等刚过一沸时，把水倒进容器，等水温下降到80℃时，再把容器的水倒进泡茶器和茶叶嫩芽慢慢交融，以后每一泡时都要掌握好温度和出汤时间，这时再有茶叶“达人”提醒你，明前龙井茶只能泡三、四次时，你便可以会心地一笑。

另外泡绿茶的误区就是不能盖盖子，其原因如上，如果温度控制的好，泡绿茶一定要盖盖子。因为绿茶里面的维生素C很容易在空气中氧化，维生素B也会很容易损失。另外，绿茶中含有丰富的具有预防贫血功效的叶酸，为了保持绿茶中叶酸量，泡茶时要加盖，这些都是经过国际科学研究证实的，在大陆很少人知道泡绿茶要盖盖子，当你提出来时，或许会遭到群攻，这就是考验茶人心态的时候了。如何委婉地说出其中的道理，又不伤害对方的颜面和自尊，来普及科学知识，还是点到为止，甚至闭口不言，顺其自然，让大家一错再错？我们知道真理常常掌握在少数人手里。记得和一位新加坡资深茶人也是原新加坡茶艺界的领导喝茶时，他说，关于这一点，他在三十年前就对浙江大学的一个茶学专家提过，不过至今，当地的泡茶方式还是一成不变。笔者也深有同感，当笔者拿着日本制造的非常宜茶的杯子到宜兴、景德镇和大师、茶友交流时，大家都能明白其中的道理，但几年下来后，市场上类似造型的杯子根本就没出现，因为没人做过，也没有订单，所以没人去尝试。

我们知道，紫砂壶泡茶可以助茶香是无可置疑的，但如果用紫砂杯子喝茶，那可另当别论了，首先杯子是茶人唯一唇吻的器物，首先要唇感好，可紫砂毕竟是紫砂，再细的颗粒也不如带釉瓷器的唇感来得舒服。再则由于紫砂的双重透气性，泡茶是最佳选择，但喝茶就成缺点了，茶圣陆羽早在《茶经》中就说“凡煮水一升，酌分五碗，乘热连饮之，以重浊凝其下，精英浮其上。如冷则精英随气而竭，饮啜不消亦然矣。”杯子最重要的特点就是要聚热留香，手感同唇感也大体相同。以此类推，那些内瓷外紫砂的杯子，从聚热留香来看，比纯紫砂品杯略胜一筹，但毕竟唇感、手感是茶人最直接的感觉，哪个更适合喝茶则不言而喻，如果只是为了标新立异，茶人一般不会采用。另外紫砂品杯，终不如洁白如玉的瓷杯更容易融合文化气息，古人说：“陶之精者，谓之瓷。”因此可以说，用紫砂茶杯喝茶的茶客，或许没有体会到茶人至精、至美的器具追求，除非是潮汕一带，这样杯子是只喝一种茶叶的工夫茶具。茶人相互交流的经验常常非常实用，很有价值的，但毕竟茶人位卑言轻，对整个茶业界的影响微乎甚微，所以茶人能把自己的心得体会通过书籍、媒体和更多茶友分享，也是精行俭德的一部分。

笔者非常赞同南宋著名哲学家朱熹，通过饮茶品茗的过程“茶本苦物，吃过却甘”提炼出“始于忧勤，终于逸乐，理而后知”，现代人不但要“理而后知”还要“知而后用”“用而后验”“验而后悟”。参考其他人的经验，探索出最适合自己的泡茶方式才是正道。由于绿茶的品种非常多，另外粗茶和嫩茶，春茶和秋茶、量多或量少、泡茶的容器大还是小、形状等因素多少会左右泡茶的方式，水质的不同也直接影响茶汤的口感，所以笔者在此以100毫升左右的盖碗、

3克明前西湖龙井群体种、屈臣氏的蒸馏水为例做个演示，希望读者可以借此举一反三，泡出最佳口感的茶。

明前龙井可以泡7次以上，步骤如下：

① 先准备一壶烧开的普通水，两个公道杯，一个盖碗和几个茶杯。

② 一边用铸铁壶或其他铁壶烧水，一边用上面普通热水给所有的茶具净身。

③ 用茶匙取出3克龙井茶，倒入洗好的盖碗中，盖上盖子。

④ 如果需要闻茶叶的干香，可以把茶叶在盖碗中上下摇动几次，通过盖或碗来闻茶的香气。

⑤ 当烧水壶温度刚刚烫手时，大概在50℃~60℃左右，从烧水壶中倒出半公道杯的水，把水倒进各自的杯子中，七八分满，让茶友先净口和品水。另外剩下10毫升的水直接倒进盖碗，如果盖子或者盖碗边沿沾了茶叶，要用公道杯的水把它们全部冲到盖碗的碗底，等水全部滋润了茶叶时，轻轻摇动盖碗，再迅速把水倒出，这是茶洗，整个过程最好能在5秒钟内完成。

⑥ 当烧水壶中的水“徐徐蟹眼生”，刚开始冒泡，就是我们常说的“一沸”此时的温度在90℃左右，立刻关电或关火。

⑦ 把烧水壶放到一个保温设备上，日本人常用酒精灯来保温，现在电热炉保温非常方便，可以把温度提前设定在90℃。

⑧ 把热水倒进一个公道杯，一般来说水的温度倒进去会下降5℃左右，现在公道杯的水温在85℃左右，两个公道杯来回对倒两次。

⑨ 沿着盖碗的边沿把水注入，有经验的茶人会根据现场的情况，要快点出汤还是强调欣赏来控制倒水的方式，用点还是圈，控制着第一泡热水接触茶叶时不能超过75℃，由于茶叶已经湿润，所以75℃的水遇到湿润的茶叶时，茶、水的温度应该在70℃左右，这是国际上大多数人认可的泡顶级绿茶的最佳温度，等水到盖碗的八分满时，马上盖上盖子。

⑩ 把烧水壶中的水倒入公道杯，为下次倒水做准备。

图70 青花瓷泡龙井茶

⑪ 用“三口气”的方式，放松深呼吸3次，大约15秒钟出汤，把茶汤倒入另外一个公道杯，并依次分倒进每个茶杯，如果是招待新茶友，每次可以留三分之一的茶汤和下次混合使用，如果是茶人则可以完全倒完。

⑫ 此时另外一个公道杯的水可以直接倒入盖碗了，温度会比上次略高一点。出汤时间也要略长，大概20秒。

⑬ 同样的方式第三泡温度再略高一点，时间在30秒。

⑭ 等第5泡时，热水可以用烧水壶直接倒入公道杯的水，温度大概85℃，出汤时间差不多要一分钟了。

⑮ 第六泡可以用热水壶中的水直接沿盖碗画圈倒入，温度大概在87℃左右，时间一分半。

⑯ 第七泡热水壶中的水用点倒方式，直接倒入盖碗，温度大约在90℃左右，时间两分钟。

⑰ 如果茶还有味道，可以把水温逐渐提高，再倒入盖碗中，时间根据水温来控制，这样还可出几泡茶。

整个过程说起来不算复杂，但在实际操作中，能掌控大局则难能可贵，在这么多年品尝西湖龙井的过程中，印象深刻的是2017年顶级的西湖龙井头茶，笔者曾经泡出过13泡茶，当然如果是个例，也不值得在此指出，后来该茶在北京的马连道和新加坡泡制，都达到12泡以上，其原因是气候的问题，与往年相比，2017年头采日期差不多晚了近十天。

茶友们常常会听到泡茶人说，这次茶没泡好。这除了个人的心情无法看出，其他因素都可以直观觉察到，比如只顾说话了，出汤时间没掌握好，热水没及时跟上，温度没控制好等等。另外

过墙梅——喜上梅梢水盂

让茶友杯子空得太久，不但不礼貌，而且会造成杯子温度的下降，直接影响后倒茶汤的口感，所以在第五泡时，中间增加一次品水，不但解决了这个问题，也可以顺便补水、净口、感受回甘，并等待更加清淡的茶汤的到来，增强之间对比。这种中间补水的方法也适用于其他绿茶。比如绿茶的粗茶，可用二沸水；秋茶比较耐泡可以减少出汤时间，多泡两次；容器较大温度下降的也快，可以增加浸泡时间；敞口的容器就要比聚热的容器多泡一会；如果水质不好，可以通过增加浸泡时间，减少出汤的次数来弥补等等。

如何泡好乌龙茶？

乌龙茶的泡制和绿茶相差甚远。以泡球状台湾乌龙茶为例，第二泡出汤一定要快，时间最短。盖碗也可以泡乌龙茶，但谈及发茶性，紫砂壶就非常合适，这是因为紫砂泥料的双重透气性（下文详解），又因为它可塑性强，而且紫砂壶上的字、画可以增加文化、艺术的成分，长期使用那种黯然之光又添加了不少把玩的乐趣，现在甚至成为某些人投资乃至投机的标的，但这绝非是茶人所为，不过这也表明它的价值所在，而且经常使用还会升值。台湾商人很擅长运用文化的概念，从20世纪末紫砂壶的疯狂、 21世纪初的普洱茶风暴，到现在的台湾茶叶、茶具等，哪里没有他们的身影？毋庸讳言，由于中国台湾和大陆同宗，有共同的语言和文化，有着相近的文化认同感，台湾制作出很多使用价值、艺术价值很高的茶具。现在泡台湾乌龙茶，有些茶人改用台湾生产的炻器（图71），炻器亦称“缸器”。这个词汇是舶来品，取自日语，是指通过烧制而不是用石头制成的器具，是介于陶器与瓷器之间的制品，无釉、不透水，不透光、吸水率在6%以下。紫砂器就是炻器中一种。炻器的出现对传统的紫砂壶市场冲击已经越来越明显，无论是从

图71 台湾炻壶

图72 黑泥紫砂壶

宜茶、工艺、艺术还是从安全、人性化等方面比较，都不在大陆紫砂壶之下，就算市场上最敏感的零售价格，台湾的炻器茶壶也比同个档次的宜兴紫砂壶来得低，所以说，如果现在大陆茶业界再不觉醒，不但在茶、瓷器的发源地——中国，喝到的名茶、买到的高端瓷器的品牌是外国品牌，甚至连只有大陆才出产的紫砂器的市场也会被来自台湾的炻器瓜分，形势严峻，或许这正是大陆紫砂业要醒悟的时候了。

笔者一直以健康饮茶为出发点，所以更加推崇淡茶温饮的喝茶方式，这不同于喜欢喝浓茶的茶友，希望茶友们可以根据自己的习惯适当调整。还是以台湾的乌龙茶为例，它对香气的要求非常高，在茶叶评级时，香气的加权指数可以高达30%，从而刺激台湾发明了闻香杯。笔者还是比较喜欢淡雅幽香的茶类，比如梨山茶是高冷乌龙茶，其香气和金萱甚至冻顶乌龙绝非同类，对不同产区、不同海拔、不同工艺的茶叶进行比较，本身就不公平更加不合理。记得十多年前年，笔者带着台湾大师亲自再次焙火的杉林溪高山乌龙茶（重焙火）到北京，跟一些茶人分享，几乎所有的人都没喝过这种口味的台湾乌龙茶，一致摇头。几年下来后，随着国内茶人喝到的乌龙茶品种、口味的增加和品位的提高，终于认识到再次炭焙的难度和茶汤底蕴的深度。反而现在台湾不少专家和学者开始批评这种为了增加香气，加大焙火程度和次数的工艺，因为这样的制作工艺会造成对身体有益的茶多酚大量损失，不利于健康。但偶尔品尝一次底蕴深厚、香气独特的极品高山乌龙茶，即使少获取点对身体有益的茶多酚也值得，但不可成性、成瘾。当茶友爱上高海拔的台湾乌龙茶的口味后，他们应该对台湾资深茶人所说的“当海拔超过1700米后，茶叶的香气已经不会随着海拔升高而出现很大的变化了”深有体会，但通过口感、喉韵和叶底还是不难分辨的，海拔越高的茶，越能体现茶叶“正直、高雅、谦逊、睿智、平和”以及“淡而远”的君子之韵。笔者是受传统中华文化熏陶的新一代茶人，在此还是用紫砂壶泡茶，来说明如何泡好台湾乌龙茶，由于紫砂壶吸茶香，才有“一壶不侍二茶”之说，如果茶友紫砂壶比较多，可以考虑为同一种茶准备二到四把不同容量的紫砂壶，在泡茶时，一个用作“公道杯”，另外来接洗茶的茶汤，这样二到四把壶可以同时得到茶水的滋养，更增加喝茶养壶的乐趣。台湾乌龙茶的形状有条索形、半圆和圆形，因此在取茶量和泡制方法上存在一定差别，条索形的茶取茶量要比半球或者球形的要多50%，以图72紫砂壶为例，它们是二杯到十二杯紫砂壶，容积约20~150毫升，泥料是20世纪80年代左右的黑泥紫砂壶，台湾梨山乌龙茶是颗粒状茶叶，最好用大开孔或者带球形滤网的紫砂壶、7克梨山茶和景田的桶装水为例：

① 先准备一壶烧开的普通水，一把泡茶的紫砂壶，另外的壶做公道杯用 (如图72，当今景德镇也在烧制不带盖的瓷器“壶”，作为带柄的分茶器)，一个装水的公道杯，几个茶杯。

② 一边用铸铁壶或其他铁壶烧水，一边用上面普通热水给所有的茶具沸水淋身。

③ 用茶匙取出7克梨山茶，并倒入沸水淋过的紫砂壶中（根据人数选择泡茶壶），盖上盖子。

④ 如果需要闻茶叶的干香，可以把茶叶在紫砂壶左右晃动几次，闻壶中茶的干香。

⑤ 等到烧水壶刚刚烫手时，大概在50℃~60℃左右，从烧水壶中倒进泡茶的紫砂壶30毫升的水，水不可以直接倒在茶叶上，到水滋润了全部茶叶时，轻轻摇动紫砂壶，再迅速把水倒到另外一把紫砂壶，这是“茶醒”，整个过程不要超过10秒钟。

⑥ 当烧水壶中的水涌沸如腾波鼓浪时，就是陆羽所说的“三沸”时，此时的温度在98℃左右，立刻关电或关火。

⑦ 从烧水壶中倒出少半杯热水到公道杯中，再倒满紫砂壶，盖上壶盖。把烧水壶放到一个保温设备上，可以把温度提前设定在95℃以上。（如图73）

⑧ 轻轻摇动公道杯，让热水快速降温，45秒后把水倒进各自的杯子中，七八分满，让茶

友先净口和品水。

⑨ 等紫砂壶中的热水倒入一分钟后，迅速把茶汤倒入作为公道杯用的紫砂壶里。用一把紫砂壶给每个杯子倒茶，如果是新茶友，每次不可以倒完，要留些和下次混合使用，如果是茶人，则不能混合，把剩下的茶汤直接淋在另外的紫砂壶上，在整个泡茶过程中，都要不断淋壶，使茶具始终保持很高的热度。

⑩ 把热水直接倒入紫砂壶中，由于乌龙茶需要沸水来冲泡，所以尽量减少任何可以造成水温下降的可能性，这就要求加热水时，要快还要点冲，但不能集中在一片茶叶上。

⑪ 用“三口气”的方式，放松深呼吸3次，大约15秒钟出汤，把茶汤倒入另外的紫砂壶中，并依次分到每个茶杯。

⑫ 第3泡的时间是30秒，第4泡50秒。第6泡以后，每次增加30秒，并且还要用热水淋壶，一则加速茶质的析出，二则是加快紫砂壶出现包浆的速度。

一般来说高档的台湾乌龙茶，用这种泡法都可以达到十泡以上，其中要注意的问题是，在泡乌龙茶时，由于乌龙茶比较耐泡，所以要准备一把烧水壶和一把倒水壶，倒水壶一直放在保温器上，如果有好几种茶叶要品尝，喝茶的人也不多，可以通过减少用茶量，增加浸泡时间，减少出汤的次数来调整泡茶的方式，如果需要观赏茶汤的颜色，可以用玻璃的公道杯，需要查看叶底，就要准备一个小瓷盘来放叶底和一个竹夹。总而言之。高海拔的台湾乌龙茶的叶底厚实柔软，触感非常舒服，笔者就很喜欢一边喝着茶，欣赏着叶底，再用手触摸和搓捻着一片茶叶，与茶叶做最全面的接触，让感官达到最大的满足。

茶泡好后，如何饮茶，是冷喝还是热饮？也有不少技巧。陆羽在《茶经》中说道：“趁热连饮之，以重浊凝其下，精英浮其上，如冷，则精英随气而竭，饮啜不消亦然矣”，这句话的意思就是：茶要趁热喝完，因为茶汤中重浊的物质下沉，精华部分则浮在上面，如果冷了，精华部分也就随热气散了。明朝著名医药学家李时珍在《本草纲目·茶》中说：饮之宜热，冷则聚痰。所以潮汕一带的茶人在喝工夫茶的时候，总要伴随着一系列的烫罐淋杯、罐外追热、低斟的方式，就是为了尽可能有效地减少热量散失，保持茶汤的温度。但这也不是说同一种茶每次喝法都完全相同，比如群体种的西湖龙井明前茶，香气扑鼻，最好前3泡茶要趁热喝，龙井茶那种幽幽豆香

图73 烧水壶和保温壶

最少逸散，让人心旷神怡，后几泡香气转淡，需要耐心品味它的内涵时，就不强求早饮，在最适合自己的温度去慢慢体会。不同茶的喝法也不尽相同，再如庐山云雾茶，它并不靠扑面而来的香气傲视群雄，而靠本身浓醇鲜甘来占一席之地，所以不必强求趁热喝掉，然而无论如何，不能让茶水太凉再喝，温度低于30℃的茶水，无论香味还是底蕴都略显不足了。喝茶是现代人一种休闲自得的放松方式，过于循规蹈矩未必能达到自己的初衷，所以不同的茶人根据不同的季节、不同的茶叶、不同的氛围，找出最适合自己的喝茶方式才是最理想的茶道高人。当今社会有几位茶人已经体会到三碗得道，六碗通灵的境界呢？能喝到“通”或者“透”，已经是非常不错的状态了。《红楼梦》中贾宝玉品茶栊翠庵一节提到的妙玉，如此纤柔年轻的女子，会用陈年梅花雪水泡茶，她还根据客人的身份、品位，用不同的茶具，泡不同的茶来待客，这足以让我们现代茶人汗颜，即便当今科技如此发达，还没有人去考证用陈年梅花雪水的妙处，虽然早在宋朝的《梦粱录》中就记载了“四时卖奇茶异汤，冬月添卖七宝擂茶、葱茶、盐鼓茶，夏天添卖雪泡梅花茶……”，这里的雪泡梅花茶，就是指冬雪加梅花放在地窖里封存，到夏天才可以取出饮用，就算我们已经知道不同的茶要用不同的茶具，但还没有茶人能做到察言观色，根据客人的性格来配茶的，曹雪芹借妙玉此为，实在羞煞现代茶人了。

“乾隆年制” 款矾红地暗刻龙纹碗

高 9.5 厘米　口径 22 厘米　底径 8.3 厘米

薄胎，敞口，深弧腹，平底，小圈足，外壁帆红地，刻划出海水纹、祥云与两条五爪龙，碗内及底施白釉（白中闪青）、双列四字红印款。

伍 健康快乐饮茶

关于『吃茶去』的赵州公案，对茶人来说应该早有耳闻，从谂禅师的吃茶去，说出了『万法归一，一归何处』，这里的『一』就要通过『吃茶去』去体会，是在细小的生活琐事中悟出伟大，这是禅的精神产物具体表现。对『吃茶去』这三个字历来也是见仁见智的，这三字禅，有直指人心的力量，也从而奠定了赵州柏林禅寺是『茶禅一味』的故乡的基础。茶禅一味，古人曾解释为：『茶意即禅意，舍禅意即无茶意，亦即不知茶味。』通过吃茶能悟性，从而达到精神境界的升华。

关于“吃茶去”的赵州公案，对茶人来说应该早有耳闻，从谂禅师的吃茶去，说出了“万法归一，一归何处”，这里的“一”就要通过“吃茶去”去体会，是在细小的生活琐事中悟出伟大，这是禅的精神产物具体表现。对“吃茶去”这三个字历来也是见仁见智的，这三字禅，有直指人心的力量，也从而奠定了赵州柏林禅寺是“茶禅一味”的故乡的基础。茶禅一味，古人曾解释为：“茶意即禅意，舍禅意即无茶意，亦即不知茶味。”通过吃茶能悟性，从而达到精神境界的升华。另外茶道也是由禅僧提出来的，茶从被人类饮用、普及、推广甚至到栽培，禅僧功不可没，已故中国佛教协会会长赵朴初先生欣然题写的“茶禅一味”悬挂于诸多庙堂中，更说明茶禅之交源远流长。茶曾被誉为成仙的“天梯”，茶带有仙气，仔细推敲似乎觉得古人在上千年前就告知我们，人生的最高境界要从“吃茶去”中去体会，是吃茶而不是喝茶，吃茶的道理如何用现代科学来解释?

现代科学研究发现，绿茶通过浸泡只有30%的成分被释放出来，另外70%是不溶于水的成分。比如：β-胡萝卜素、维生素E、蛋白质、食物纤维等对身体有益的成分都是不溶于水的，它存在于茶叶中，叶绿素不溶于水，它有防臭、造血、治创伤等功效，虽然维生素C是水溶性的，但三泡茶后只有一部分被释放出来，所以这就是我们提倡吃茶的缘故。喝绿茶可以使血压下降、预防血压升高，绿茶盐就是实例，把等量的绿茶粉和盐混合制成绿茶盐，由于绿茶中钾的存在，可以提高钠的排泄功能，从而减低血压，当然这样的盐被称为“健康盐”也当之无愧。

8克绿茶喝三杯后喝掉的成分和茶渣中剩余成分的对比：

钙（0.5/4.4）、磷（0.3/2.8）、铁（1.4/12.0）、钠（2.8/6.8）、镁（0.5/5.4）、锌（1.0/2.2）

维生素A（0/22.0）、E(0/49.0)、B1(0/2.1)、B2(0/6.0)。维生素C（11.2/30）

由此可知，只靠喝茶，矿物质绝大部分无法被人体吸收，维生素A、E、B1、B2甚至完全被遗弃，绿茶中的维生素C也只有37%被泡出。所以说，没喝完的绿茶叶底丢掉非常可惜，可以再次回锅干炒以备后用，这样的叶底还是非常漂亮，如果直接晾干，颜色就不够鲜绿，如同往年陈茶了。日后做菜中加入少许，不但颜色对比亮丽，而且更有营养，何乐而不为呢? 比如“龙井虾仁”一直都是杭州菜系的一道名菜。喝过的绿茶也可以干燥后制成粉状，在我们蒸馒头、蒸米

斗彩盘

饭、煮粥、熬汤时加入少许，不但更加美味可口。还更健康而且更符合现代人的审美观，可谓一举多得。绿茶还有其他食用功能，比如做鱼的时候加点绿茶可以除腥味，把绿茶粉加到油炸食品的原料中可以去油脂等等。如果你习惯凉拌豆腐的话，现在试试加些绿茶进去，那也许会令你爱不停“口”。煎蛋可以说是生活中经常食用的，爱美的女士，如果在煎蛋中加入些绿茶粉，则可不必担心变胖。用牛奶洗浴的人士，如果再加些绿茶或者直接洗绿茶浴，能使皮肤更加年轻、香气迷人，还更加健康。由于绿茶的抗氧化作用，它不但可以抗氧化还可以防止细胞老化，所以在油炸食品中增加些绿茶会起到事半功倍的效果。至于那些爱吃火锅的朋友，如果在底料烧开后加入绿茶粉，不但清爽可口还可以去油脂，再加上可以杀菌消毒，吃完后，你一定会感谢大自然赐给人类如此美妙的礼物。

吃茶并不是说所有的茶叶都可以直接咀嚼吃掉，即使是绿茶茶芽，也不是都可以直接吃进去，只是那些细嫩的芽茶，比如龙井茶、日本抹茶等，才是笔者推荐直接吃掉的茶叶，有些绿茶叶底比较厚、韧性比较高，就不适合直接咀嚼，笔者尝试了多种绿茶、白茶，有些茶的芽尖都不容易咬断，尤其是低纬度的茶，比如印度大吉岭的白茶，根根是芽尖，但很难咬断，建议采用粉碎、切碎放进其他食物或者饮料、汤里面一起吃掉。

古人吃茶讲意境

宋朝的插花、焚香、挂画和点茶“四艺”被称为文人社交圈的“四般闲事”，也被视为评断文人生活品位高低的标准。近代茶艺出现后，一般茶馆、茶舍都装有空调，所以焚香一项，偶尔一试倒也无妨，但不能一直烟雾缭绕，这极可能会弄坏设备、影响他人。焚香的目的是使人获得舒服的享受，进而舒缓心情、平和心态，如果条件不容许，可以考虑用古典民族音乐取而代之，古典民族音乐不但可以达到同样的目的，也可以避免长时间处于香气中，人变得混沌。古人的“四般闲事”发展成为当今的四件大事，无论是茶馆整体还是茶席设计都与挂画、插花、音乐、沏茶等四艺充分结合。一间好的茶舍是高雅文化艺术的体现，也需要绿色植物的搭配，需要通过朴实、淡雅的花卉来点缀，需要舒缓、轻松的音乐来萦绕，但这一切又不能喧宾夺主，更需要把最重要的沏茶发挥到极致。在这种宁静舒缓的氛围内，以茶为媒介，以语言的解释和动作娴熟做引导，以欣赏优美器具为陪衬，来养心静气，修身养性，广交善缘，从而修成能以谦逊平和对待万物的心态。

谈茶就要提佛，佛教于公元67年东汉时期从印度传入中国。僧人们苦读经书，由于茶有提神醒脑的功效，很快成为僧人的俗饮，通过饮茶使人心与杳冥相通、相融达到“物我两望”的境界。在北京一间茶馆，它的设计和大陆许多茶馆类似，外面装修得非常典雅，里面也很恬静舒适，并用字画装点，迎面墙上一副“宁静致远”，大厅一副“禅茶一味”，格调看起来很高雅，但其待人处事的方式完全是唯利是图。“茶好能引八方客，茶香可会千里友”，如果开茶馆的目的只有一个利字，它将永远无法达到像东南亚一些老茶馆以茶会友、广聚文人雅客、传播中华文化的目的。因此我们没理由驳斥日本明治时期著名的美术家、美术评论家、美术教育家、思想家岡仓天心在《茶之书》（《The Book of Tea》）中认为：“对中国人来说，喝茶不过是喝个味道，与任何特定的人生理念并无关联。”“经常地，他们手上那杯茶，依旧美妙地散发出花一般的香气，然而杯中再也不见唐时的浪漫或宋时的仪礼了。”“在中国，茶是一种可口的饮料，在日本，茶是生活艺术的宗教。”禅宗强调的是道教的教义，通过沉思冥想可以到达自悟的极致，茶道的理想是在细小的生活琐事中悟出伟大这一禅的精神的产物，道教奠定了审美理想的基础，禅宗则把这些审美理想付诸现实。这就是为什么日本人可以把喝茶升华到茶道，这和他们的喝茶主旨“和、敬、清、寂”分不开的，也许他们能理解“茶禅一味”的禅意。韩国从喝茶引申成茶礼。作为茶的发源地中国，唐朝时饮茶注重艺术，宋朝注重意境，明清饮茶的修身，那当今饮茶只为娱乐，所以有些学者认为：“中国无茶道，只是在唐、宋、元、明、清出现的一套流传的事实茶道，20世纪才出现茶艺，约定置茶、泡茶、注水、倒茶的仪制”；“中国提出的茶道之名，实际上是有道无学只是事实上的茶道，但未形成固定的记载和理论学说”，虽然这些观点有些犀利，但至少可以揭示当今饮茶的普遍现象，以打牌、唠嗑、聚会为目的，或用美女来衬托，或者用历史上的某一典故为噱头的一种商业运作模式。但以茶会友，以茶养心，喝茶悟道仍是现代茶人广受推崇的高雅文化活动。

图74 同治款壶和茶

茶之功效

当今世界的茶叶贸易中，红茶占80%以上，其次是绿茶，最后是特种茶。中国茶园种植面积约占世界茶园面积总量的50%，中国是世界上绿茶产量最大的国家。然而面对这么多种茶叶，应该如何选择？本节以健康饮茶的角度从绿茶开始谈起。

绿茶是绿色保健食品，其功效在美国芝加哥大学、日本、中国台湾学术界、医学界以及产业界等机构的研究成果中多次得到证明。绿茶对人类的保健和养生，甚至人类生存发展以及延续，都起到了不可磨灭的贡献。日本农林省茶叶实验场早在1934年的分析结果指出，维生素C在绿茶中的含量是每克万分之三，而红茶却没有；1990年美国食品防癌的“食品设计计划”，总共挑选了40种植物性食物，绿茶就是其中之一。绿茶的主要成分是：茶多酚（tea polyphenols）、氨基酸、咖啡因、维生素、矿物质和其他物质，茶多酚主要由有酯型和非酯型儿茶素(简单儿茶素)组成，酯型儿茶素(主要成分是EGCG(Epigallocatechin Gallate，表没食子儿茶素没食子酸酯)和ECG(Epicatechin Gallate，表儿茶素没食子酸酯)占儿茶素总量的60%~75%， 茶叶干重的12%~15%，具有较强的苦涩味和收敛性.是茶汤成味成分。1995年日本研究发现，绿茶里茶多酚中EGCG和ECG含量一般均高于其他茶类， EGCG 和ECG 指数是绿茶新鲜度和品质息息相关，越新鲜、质量越高的绿茶中EGCG和ECG的含量越高。它们对人体的突变具有抑制作用，有抗肿瘤、抑制血压上升、抑制肥胖、抗衰老、抗酸化、对血小板凝集抑制以及血糖上升抑制等作用。据日本奥田拓勇的试验结果证实，茶多酚的抗衰老效果要比维生素E强18倍；2001年芝加哥大学的研究也证实了EGCG 直接影响食物摄取、神经讯号的传达、血管增生以及肿瘤的生长。EGCG还有以下功能:抗氧化、消炎整肠、抑制某些癌细胞增生和提高身体的免疫力。2004年，绿茶被美国时代杂志(Times) 推荐为十大健康食品第一名，总而言之，我们相信绿茶将成为21世纪人类保健和养生的希望和首屈一指的食品。

2004年3月中旬，日本九州大学研究人员，提高实验发现EGCG可以癌细胞的增殖率减少40%。2009年，日本研究人员持续九年跟踪调查了40 000多名日本人，最后发现，每天喝5杯以上绿茶的人，患血液肿瘤、淋巴系统癌症的风险减少40%多。绿茶所含的儿茶素中没食子酸（Gallic Acid）和EGCG含量最高，是活性最强的抗氧化自由基清除剂，素有人体天然油脂抗氧化剂和色素保护剂的美誉。2012年10月份的《精神科学杂志》（Journal of Neuroscience）发表了新加坡研究人员的最新研究成果，绿茶的EGCG还可以预防帕金森病。

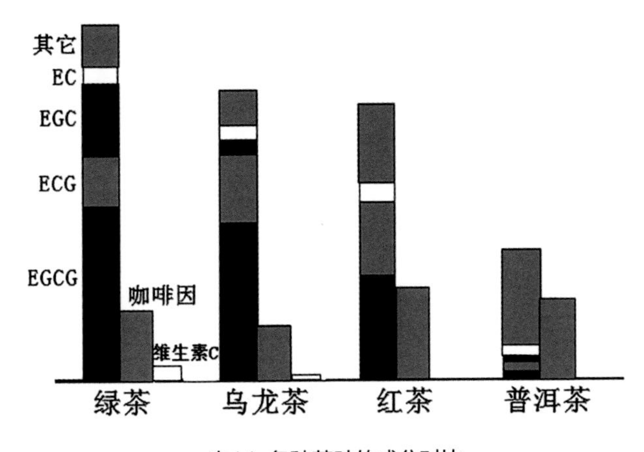

表14 各种茶叶的成分对比

如表14所示四大类茶叶中三大成分的柱形图，从中明显可以看出绿茶比其他茶叶的儿茶素含量多，维生素C含量也最高，其他茶类只有弱发酵的乌龙茶还残留一点维生素C，至于咖啡因的含量红茶最多，绿茶仅仅多于乌龙茶。另外对骨质疏松症、瘙痒症有奇效的锰的含量也数绿茶最多，反而对人体有害的铝，绿茶中含量却是最少，红茶中铝的含量非常高。

《美国临床营养学杂志》发表了日本研究人员的文章："平均每天喝少于一杯绿茶的人中，13%的人有不同程度的生理功能缺陷；而每天喝5杯以上绿茶的人则身体健康、行为敏捷。即使考虑到其他的复杂因素，我们也确定老年人喝绿茶与大幅降低功能性障碍风险的关联性极强。"研究者还建议，对于那些有癌症家族史的人，应该每天喝不低于5杯的绿茶，就是把3~5克绿茶，用250~300毫升的杯子冲泡，上午、下午可以各冲泡一次，每次喝两三杯就可以了。

日本很早就对绿茶进行了系统的研究，并且充分认识到绿茶与健康的因果关系，所以很早就在日本国内大力提倡饮食绿茶和开发绿茶的相关产品，20世纪80年代就推出了瓶装绿茶饮料，随后又推出绿茶茶点、绿茶化妆品等，还在日本的中学生中推广绿茶水刷牙等系列活动，近些年来，日本一直是世界上平均寿命最长的国家，日本老年痴呆发病也比欧美国家少，绿茶的普遍饮用和绿茶产品的广泛使用应该功不可没。然而对人体再有益的物质，食入体内也要有一个“度”，2018年4月18日英国《每日邮报》报道，摄取过量的绿茶提取物可能会造成肝脏损害。

绿茶——中国最早喝的茶，也是英国最早喝的茶

绿茶是中国历史上最早出现的茶类，比如周代的巴蜀贡茶。虽然以前的绿茶和现在的绿茶制作方式或许不尽相同，但中国历史上最早出现的茶叶应是未发酵的，至少当时人们意识中根本就没有发酵这个词汇，茶叶的发现和使用存在着很大的偶然性，可以说茶叶是自然界赐予人类最好的礼物。至于现在有中国学者质疑古代中国的茶叶不是绿茶而是白茶，听起来似乎是很有道理，但在国际上知道白茶的人并不多，更别说了解其制作工艺，因此这个话题在此不做详述，笔者的理解，这种观点的侧重晒青工艺的使用。日本的农学博士小国伊太郎认为，中国最初喝的是绿茶，并且最初绿茶和红茶不分。即使中国茶传到欧洲，按照日本角山荣教授在《茶的世界史》

中观点，英国刚开始喝的也是绿茶。根据1771年出版的《大英百科全书》和英国东印度进口的红、绿茶的统计数目等来看，直到18世纪中叶，在英国，绿茶依然是大众的饮料。而在美国即使到19世纪末，一提到茶叶还是指绿茶，至于往绿茶里面加糖和牛奶那应该是受英国的影响。虽然有人调侃说，由于以前欧洲的水硬度偏高，不适合泡绿茶，最后转变成喝红茶，还要通过加奶、糖来掩盖茶汤的苦涩，欧洲人在绿茶中加糖，也有历史记载。但毕竟绿茶比较清淡，如果水质不好，再添加糖或牛奶，那绿茶的鲜爽、淡香的特点被完全掩盖，喝起来远不如红茶醇厚和香艳迷人，所以不能说这不是其中一个原因。其实最重要的原因，正如英国的罗伊·莫克塞姆指出，19世纪中后期，由于中国茶叶出口量巨大，茶农注重量而无法顾及质量，出现了粗制滥造的行为，往茶叶里面掺入其他植物的叶子、喝过的茶叶等，更为过分的是加有毒的铜化物染色剂的假茶。因为铜的化合物掺假过多，到了18世纪末，英国人的饮茶习惯才从绿茶转向了红茶。由于茶叶掺假的规模很大，它还促使英国议会在1773年颁布了《茶叶法》，一种禁止性的法律。以上种种原因，使得英国人从喝绿茶变成喝红茶了。可以设想如果当时没有那种粗制滥造，甚至令人发指的违法行为，也许欧洲甚至全世界现在还保留着喝绿茶的习惯。随着运输工具迅速的发展，运输时间可以被忽略，以前困扰欧洲的水质问题早已经解决，现在欧洲的水质更适合泡清新鲜嫩的绿茶，当绿茶的功效越来越被世人关注之时，假以时日，绿茶的光复也指日可待了。

绿色、绿色革命、绿色食品、绿色养生到健康

太阳光是地球万物生长的源泉，它又是由红、橙、黄、绿、蓝、靛、紫七种颜色的光线混合而成，绿色正处于七色光的中心位置，绿色是大自然最富有生机的颜色，人类和动物赖以生存的植物性食物的最基本要素就是叶绿素， 绿色植物通过叶绿素，利用光合作用把二氧化碳和水转化为储存着能量的碳水化合物，并且释放出氧气供人类和动物使用，因此毫不夸张地说，绿色代表着生机、希望、甚至生命。同样，在茶叶中，绿茶没有任何副作用，绿茶有提神的功效，也有抗咖啡因的作用，它通过其中茶氨酸的抗咖啡因的作用，达到让人放松的功效，所以绿茶也被赞誉为“人类健康的医生”。当我们经过长时间的学习、工作，眼睛疲惫时，远眺一下周围的绿色

植物就会心情舒畅，缓解疲劳，空闲时去大自然踏青，会让我们的身心得到最自然、最充分的放松。20世纪60年代出现了绿色革命， 80年代出现了绿色消费、绿色建筑，当今社会最流行的是绿色食品等，都是人类意识到绿色的重要性，想和绿色做最亲密的接触。绿茶正是最接近自然，没有被人工破坏、最富有生机的茶叶，早在黄帝内经中就有记载，五色食品吃出健康，绿色食品排名最先。

绿茶的功效

Tiong Hung and Nancy T. Lings在2000年出版的《Green Tea and its Amazing Health Benefits》中就写道，绿茶中有500多种化学物质，据现代科学研究的结果得知，茶叶中含有600多种香气成分，茶中经分离鉴定的已知化合物有700多种。茶叶中主要有咖啡因、茶碱、可可碱、黄嘌呤、黄酮类化合物、茶鞣质、酚类、醇类、醛类、酸类、酯类、芳香油化合物、碳水化合物、多种维生素、蛋白质和氨基酸。氨基酸有半胱氨酸、蛋氨酸、谷氨酸、精氨酸等。茶叶中丰富的维生素就包括水溶性的B族维生素、维生素C以及脂溶性的维生素A、维生素D、维生素E、维生素K等，其中维生素B、维生素C、维生素E含量较高。EGCG有抗癌抗突变作用，维生素C能促进胶原(细胞质的成分)的形成，参与体内氧化还原反应，维持细胞排列的紧密性；维生素E可以减少细胞膜上多元不饱和脂肪酸的氧化；维生素B_1是构成辅酶的一种成分，参与新陈代谢，有维持心脏和神经系统的功能。茶中还含有大量矿物质，比如：钙、磷、铁、氟、碘、锰、钼、锌、硒、铜、锗、镁等，其中尤以锰能促进鲜茶中维生素C的形成，可提高茶叶抗癌效果。绿茶中锌含量最多，而红茶浸出液几乎不含锌，锌对胎儿发音至关重要，人过孕妇缺锌，可能会引起胎儿发育缓慢和先天性畸形。绿茶中的叶绿素具有排泄人体有害物质的作用，然而叶绿素一旦发酵就会被分解，发酵过程中维生素C也随即消失。在碱性、光照、有氧化剂存在的状况下，维生素C非常不稳定，接触到氧化酶时，或者有金属离子催化时，它更会快速失活。特别是水溶性维生素C、维生素B族，高温会破坏它们的结构，大大影响效力。

一般而言，绿茶中维生素含量比乌龙茶和红茶的多，绿茶中丰富的维生素C和E有很强的抗氧化活性，绿茶中的EGCG 可促进人体脂肪的分解、降低固醇和中性脂肪在血液及肝脏中的积累。另外，绿茶中的咖啡因与磷酸、戊糖酸等物质形成核苷酸，对脂肪具有很强的分解作用，茶叶中的这些成份，对人体防病治病意义重大，故有“不可一日无茶”之说。而且茶是碱性饮料，可抑制人体钙质的减少，这对预防龋齿、护齿、固齿等都很有帮助。

茶中有效成分对人体功效如下：

维生素A是由β-胡萝卜素转换而成，有助于提高视力、防止夜盲症，维持免疫系统功能正常。

维生素B族有很多种，对身体有益的有九种，包括：维生素B_1、维生素B_2、维生素B_3、维生素B_8、维生素B_{12}等。维生素B与肝脏有较密切关系，缺少维生素B，则细胞功能会降低，从而会引起代谢障碍，人体会出现怠滞和食欲不振的症状。

维生素C（抗坏血酸ascorbic acid）是胶原蛋白合成的必要成分，维持皮肤的弹性，保护大脑，并且有助于人体创伤的愈合，还有抵抗病毒和预防病毒性传染病的功效，以前欧洲长时间海上航行的许多海员死于坏血病的惨痛教训，已经验证了维生素C是人类健康生活必不可少的维生素之一了。

维生素E具有抗氧化作用。科学研究表明:每100克高级绿茶中就含有维生素E 24.1~87.1毫克，这比蔬菜及水果中维生素E的含量要高得多。

绿茶还有助于预防和治疗辐射伤害，绿茶中的茶多酚及其氧化产物具有吸收放射性物质锶90和钴60毒的能力。据有关医疗部门临床试验证实，对肿瘤患者在放射治疗过程中引起的轻度放射病，用茶叶提取物进行治疗，有效率可达90%以上;对血细胞减少症，茶叶提取物治疗的有效率达81.7%;对因放射辐射而引起的白细胞减少症治疗效果更好。

至于致癌物质如亚硝胺、人体内的自由基等都可以引发致癌基因的形成和促使其发展，而茶叶中的茶多酚能够阻断亚硝胺的化合形成，绿茶和乌龙茶效果最明显，其中以西湖龙井效果更甚。医学研究发现，每天3克茶叶150毫升的茶水就可以很好地阻断人体内亚硝胺的形成，茶叶中的儿茶素对人体内的自由基的消除功能可达60%。

绿茶中的茶碱可以中和破坏导致龋齿的乳酸，降低消除乳酸对于牙齿的侵害，常饮绿茶还可

以明显减小牙周炎、压龈炎、牙髓炎等牙病和口腔炎症的发病率，绿茶中大量的维生素C（抗坏血酸）可以中和、溶解坏血酸，增强毛细血管和黏膜的韧性，所以说，喝绿茶能保护牙齿。饭后一杯绿茶可以防止蛀牙，这是因为只要加入0.05%绿茶儿茶素的水溶液，蛀牙菌就会在短时间内被杀死。据说现在日本的中小学要求每个学生每天要喝5~7杯绿茶，韩国也在学生中推广饭后用绿茶漱口的活动，可能就是这个原因。

根据医药研究，绿茶在种类繁多的茶中，对人体的保健功能，是其他茶叶的两倍或以上。绿茶无毒，并且利尿、化痰、清热、解毒、宁神、消除疲劳，适合任何年龄人士饮用。每天一杯绿茶可以美白、抗癌、防老化、轻松拥抱健康。

当今社会，由于大气污染、臭氧层被破坏、酸雨等环境污染的因素，人类陷入了非常尴尬的处境，科技的发展、现代化技术的运用，给人类带来了空前的便利和物质的极大丰富，正如卢梭在社会契约学说中揭露了：社会活动及其产品变成异己东西的事实，他曾在《爱弥儿》中指出，文明使人腐败；背离自然使人堕落；人变成了自己制造物的奴隶等等。我们生产的东西比如防腐剂、着色剂、添加剂等都被加入到日常食用的食品中，我们生产的农药、激素、药品等许多对身体有害的成分，又被我们通过饮食摄取到身体中。我们可以通过喝绿茶中水溶性的食物纤维、吃绿茶中不溶于水的植物纤维把有害物质排出到体外，从而远离污染对人体的危害。

长寿

从古至今，茶人的寿命都比当时社会的平均寿命来的长。中国唐代茶圣陆羽生于公元733年，死于公元804年，享年71岁，按照上海人民出版社出版《人体革命》的资料，唐朝时期人均寿命还不到30岁，就算按照《健康大视野》杂志的资料，唐朝男人的平均寿命是43岁，也知茶圣陆羽非常长寿了，因为唐朝所有皇帝的平均年龄也就40岁多一点。根据宋·钱易《南部新书》记载，唐宣宗大中三年（公元849年），东都（今河南省洛阳）有一位120多岁的老和尚，皇帝问他吃了什么药才可以这么长寿，他说“臣少也贱，素不知药性。本好茶，到处唯茶是求，或出，亦日遇茶百余碗，如常日亦不下四五十碗”，他没有服用什么仙丹和长生不老药，他只是嗜茶，最后活到120岁以上。被尊称为“当代茶圣”的吴觉农教授活到91岁，中国著名茶学家庄晚芳教授活到88岁，茶学家、茶业教育家，制茶专家陈椽教授活到91岁。八百多年前，日本的茶祖荣西和尚，在当时日本平均寿命只有30岁的年代，由于嗜茶活到75岁。在韩国被称为茶圣的草衣禅师活到80岁，当代陆羽茶经研究会会长崔圭用先生，活到100岁。中国被称为大巴茶乡的四川省万源县大巴山的青花乡，盛产茶叶，当地居民都有饮茶的习惯，村里有100多位老人，平均年龄都在80岁以上，最大的已经超过百岁……

无独有偶，其实“茶”字本身就暗示着一个数字“一百零八”，因为“茶”字的草字头就代表二十年，下面的八十八加起来总共正好是一百零八，这似乎在告诉我们，人在草木中，当人和茶融为一体时，人就可能达到所谓的茶寿“一百零八”岁了。

抑制肿瘤

日本通过对老鼠的实验研究发现，绿茶有抑制肿瘤增生的效果，东京癌研究中心的研究人员发现，居住在日本静冈县地区的人，死于癌症者明显少于其他地区。静冈是一个出产绿茶的地区，这里的居民主要以绿茶为饮料。绿茶中茶多酚的含量占绿茶干叶的18%~36%，茶多酚可抑制肿瘤细胞DNA的合成，诱使突变DNA断裂，从而抑制肿瘤细胞的合成率，起到抑制肿瘤的生长增殖的作用。根据日本卫生署发表的《人口动态统计》的内容，可以看到在绿茶产地胃癌死亡率是非茶叶产地的15%(男性)、27.5%（女性）。另一项调查则显示：一天喝10杯以上绿茶的人和不喝茶的人患癌症的危险度的比率是：

①胃癌 0.8、②肝癌 0.55、③大肠癌 0.48、④肺癌 0.36

多喝茶的人，所有癌症患病率都明显较低，一天喝10杯以上绿茶的人患癌的年龄也比较晚。日本作为全世界唯一受到原子弹报复的国家，不可否认受到核辐射的概率会大大高于其他国家，可能正是由于绿茶的普及，日本人的癌症患病率并不高，其人均寿命也是世界最长的国家，这也许可以作为绿茶可以抑制肿瘤、抗辐射甚至是长寿的佐证。

治疗糖尿病

患糖尿病的主要原因是吃得太多和运动量不足，糖尿病最大的危害是引发各种并发症，一旦得上糖尿病，现代医学不可以根除，只能相伴一生了。日本的实验发现，用冷水泡绿茶，茶叶中丰富的水溶性多糖类可以降低血糖。绿茶中的儿茶素还可以抑制淀粉到葡萄糖的转化。日本高山大学药学教授森田博士宣布，冷水茶可以防治糖尿病。他经过3年研究证明，饮用冷开水泡的茶可以防治糖尿病，该项科研成果已经获得世界卫生组织的认可。森田博士对患有严重糖尿病的老鼠进行实验后确认，浓茶水可使它们血液中的高浓度葡萄糖在2~3小时内下降到正常水平。病情较重的老鼠喝浓茶后血糖下降速度更快。他又对1 300位糖尿病患者进行了饮浓茶的疗效观察，其中82%的人病情明显减轻，9%的患者得到治愈。浓茶水治疗糖尿病的原因是，茶叶中既含有能增强胰岛素作用的物质，又含有能除去血液中过多糖分的多糖类物质。这种多糖类物质在粗茶中含量最高，为37%；绿茶次之，为32%；红茶最低，为20%。特别值得注意的是，糖尿病患者必须饮用冷开水泡的茶。

减肥

对于喝茶能使人瘦的记载，早在唐代大医家陈藏器的《本草拾遗》中有记载“……久食令人瘦，去人脂……”。这是由于茶叶中的咖啡因能提高胃液的分泌量，可以帮助消化，增强分解脂肪的能力。所谓“久食令人瘦”的道理就在此。说喝茶可以减肥，不如说喝茶可以抑制肥胖。科学报道说，先喝茶再运动，可以消耗体内脂肪，如果先喝白开水，消耗的则是体内的糖分。所以说，无论是从有效地控制人体脂肪的增加，还是从养生、健康等方面着想，每日都要喝绿茶，还要使用它做原料，最好还要吃掉它。

健康喝茶

茶点——喝茶的最佳搭配

“莫道清茶不是酒，情到浓时也醉人”，茶中的咖啡因刺激神经系统，使人兴奋，甚至茶

图75 茶点

醉：会出现恶心、头晕、甚至冒虚汗，这是因为茶中的水分会稀释血液中葡萄糖的浓度，为预防这类现象的发生，最直接的方法就是补充糖分，也就是喝茶时注意茶点的搭配。

无论是从健康的角度考虑，还是从细致、周到地照顾客人入手，喝茶时，主人都应该准备一些茶点。说到雍容华贵的茶点，那非英国皇室的下午茶莫属了。日本的茶宴则以丰盛、精致著称，然而大陆有些厂家或许没有喝茶的习惯，生产出的茶点，根本就不适合与茶搭配，色彩斑斓、口味较重、包装不精、品尝不便等都是大忌。品茶本来就是一个清幽高雅的活动，如果茶点或者包装喧宾夺主，颜色鲜艳大有破坏整体气氛、有伤整体意境之嫌，如果茶点的口味过于酸甜苦辣咸，那吃后将无茶可品，古人尚知先漱口再品茗的道理，为什么现在有的茶点生产厂家，好像一无所知?

茶点的"好与坏"对茶人来说，或是画龙点睛，或是功亏一篑。非常高雅的茶会上，主人端上来一盘非常有名的茶点，打开是粉状的东西，手拿不完整，往嘴里倒又不雅观，满口粉状真是有伤大雅。就算有些不是粉末状，但也很容易掉末，结果整洁的茶座上或者茶座下，落下点点粉末也很扫兴。有的茶点颜色和所品茶的汤色相互衬托，还及时补充了人体所需的糖分，难能可贵的是，每个小袋子中一小块的茶点放在嘴里，恰到好处，可谓用心良苦（图75）。

对于饮食的搭配，古今中外都非常注重，在日本吃寿司喝较浓的绿茶，在欧洲吃西餐喝红葡萄酒、吃海鲜配点白葡萄酒，在中国吃大餐喝白酒等等，都是先人传下来的健康之道。喝抹茶，浓的配红豆点心、淡的配干的糕点。喝番茶等烘焙茶要配脆饼、煎茶配干的糕点。红茶配奶油饼或甜点、蛋糕。

参考其他国家和地区的茶点的搭配和笔者喝茶经验，对茶点的搭配提出以下几点建议：

- 绿茶的茶点口味只要略微甘甜即可，糖分含量要少、颜色要接近浅绿色、不可以有香气、不可掉出粉末、不能沾手、小袋包装。
- 乌龙茶的茶点口味要有点香气、颜色可以略深、糖分含量略高、不可掉出粉末、不能沾手、小袋包装。
- 红茶和黑茶的茶点口味要略带酸甜、糖分含量要高，颜色要接近红、黑色、不可掉出粉末、不能沾手、小袋包装。

纵观当今大陆生产的茶点，有多少产品可以博得茶人所爱？北宋张俞的《蚕妇》中“遍身罗绮者，不是养蚕人”，难道对当今还有参考意义？不然为什么现在还会有很多不适合喝茶的茶点上市？难道它们的生产和设计人员不喝茶？不然为什么麻辣口味风靡大江南北时，麻辣茶点竟然也上市了，可想而知，当我们的口舌全部被麻辣侵入，怎么还能品尝出淡而远的佳茗？看来现代人要理解唐人喝茶的艺术性、宋人品茗的意境美，去体会茶道的精髓，还是任重道远。有些茶友提出用换位思考的方式来解释厂家生产的茶点，当今社会，真正会喝茶的人并不多，大部分人只是为娱乐或者聚会而喝茶，所以生产麻辣茶点，不但是创新，而且还是市场需求，关键的是有钱可赚，最终还是由利益驱动。在一个以市场经济为主导的社会里，尤其在初级阶段，作为茶人，笔者只能期望商家能够在考虑利润的同时，还要保障食品的健康和安全，参考国内外实用经验，尽可能地迎合茶人的需要，生产出更加人性化，有助于品位提升的产品。

包装和储存

由于茶叶类别的不同，其包装和储存也各异。本节只以绿茶为例，加以说明。绿茶的制作过程是通过高温破坏酶的活性，控制多酚类物质的酶性氧化，从而形成清汤绿水的品质特性。茶叶的含水率低于4%，制作完成后，还要冷却才可以装袋，防止闷茶，使得茶叶减少了清新的味道。由于绿茶未经过氧化，包装和储存变得至关重要。因此精致的铝箔或者复合膜小包装，会是大势所趋，其中充氮包装(nitrogen-infilling packing)更被市场青睐。至于抽真空法，它比较适合于颗粒状乌龙茶，由于存在抽/压碎茶叶的弊端，不太适合叶状绿茶。为了达到脱氧、避光、

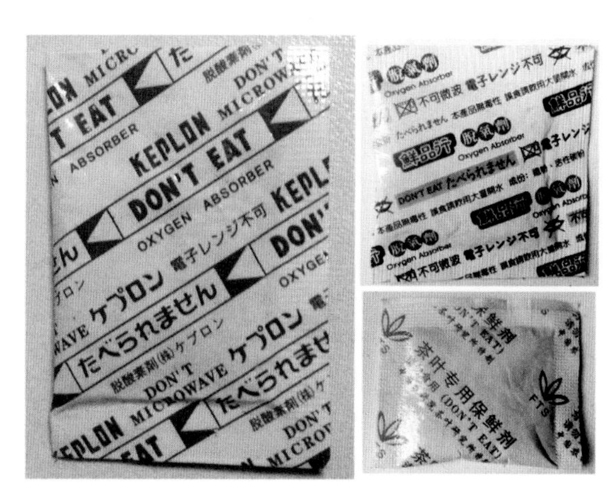

图76 除氧剂

排湿及保鲜的要求，包装材料以铝箔积层袋为佳，袋中氧气浓度应低于5%。现在市场上的绿茶，比如龙井茶的包装大都是用50克、100克、125克等重量不一的锡箔包装袋，再封装进一小袋保鲜剂，有的称为脱氧剂、脱酸剂等，这是由于用于食品类的保鲜剂中都有干燥剂的成分。如图76所示的脱氧剂、脱酸剂一般用在日本和高端台湾茶叶的包装中，大陆的高端绿茶，比如有些西湖龙井则用茶叶专用保鲜剂（见图76右下角照片）。台湾高端茶普遍采用日本生产的脱氧剂、脱酸剂，难道其他地方生产的除氧剂有问题？还是用了出口检验不达标？还是其他原因？很多茶友认为脱氧剂放在袋子里面就管用，即使打开很久还是舍不得扔掉，实际上脱氧剂在空气中有效时间只是小时级。记得一位台湾资深茶商告诉笔者，他们有一批好茶，不少客户反映口感不好，经调查发现罪魁祸首竟然是脱氧剂的问题，因为封装茶时，员工把脱氧剂放在一个开口的容器中，然后一边取脱氧剂一边封装，这个过程可以拖一两天，由于暴露在空气中时间过长造成除氧剂无效，因此就直接影响口感了。为了解决这个问题，现在他们的茶叶都采用最新的技术，在脱氧剂包装袋后面放一个检测片，如果过期，通过观察检测片的颜色就一目了然，此方法可以推广使用。

茶叶是多空的疏发体，很容易被氧化，也能吸收环境中、甚至包装袋和茶叶盒的异味。美国《食物科学》杂志上的一项研究发现，绿茶在常温下放置6个月后，儿茶素含量便减少了32%。绿茶要放在冰箱的保鲜层内，不可高于6℃，再低更好，冷藏法更适合冷藏绿茶。古人曾经用密封法、生石灰储存法、熟石膏储存法等方法来储茶，明朝熊明遇的《山茶记》写道：“贮茶器中，先以生炭火煅过，于烈日中曝之，令火灭，乃乱插茶中，封固罂口，覆以新砖，置于高爽近人处。霉天雨候，切忌发覆，须于清燥日开取。其空缺处，即当以箬填满，封如故，方为可久”。近代有暖瓶储存法等等，也都是强调干燥、密封、避光，至于保鲜就要冷冻了，这就是现在最流行的冰箱储存法，集干燥、密封、避光、保鲜于一体。保存不当的绿茶香气会平淡、钝滞，没有鲜爽的口感，甚至只能丢弃。但有时却能给人意外的惊喜，记得有一年，一位台湾老茶友知道笔者喜欢喝绿茶，就问：“你喝过10年的龙井茶吗？”笔者当时非常诧异，还有十年的龙井茶？龙井茶喝的就是个鲜爽，就算保留在冰柜里超过18个月的龙井茶的口味也已经大打折扣了，俗语说：“既来之，则安之”品尝一下又何妨？10年的西湖龙井喝下去真是另外一番滋味，略带豆香味，浅琥珀色的茶汤，非常甘醇顺滑，应该是经过10年的自然发酵，有些老普洱的口感了。细问来源，对方虽然没直接回答，但也默认是当年的龙井茶，忘记放在哪个角落，现在才找出来。曾经喝到10年的龙井茶也是一种不同的经历吧，现代人不是只在乎曾经拥有吗？都说世界之大无奇不有，三年前，笔者竟然在北京的一间茶城喝到70年代的龙井茶，据说是从台湾拿回的，笔者喝过后，无话可说，以前从未见过超过10年的西湖龙井，即使说是50、70、90年甚至100年前的茶叶，也只是数字的不同，谁能证伪？当代著名的哲学家卡尔·波普曾经说过“科学具有可证伪性”，既然没人可以证伪，也只能呵呵了。

采摘和制作

陆羽在《茶经·三之造》论述采茶时间强调：“其日有雨不采，晴有云不采，晴采之。”茶圣1 000多年前就告知我们，采茶的时刻非常关键，就是下雨天和阴天都不宜采茶，只有晴天才可以。明朝邢士襄《茶说》：“凌露无云，采候之上。霁日融和，采候之次。积日重阴，不知其可。”也再次强调采茶的最佳时间。明末时期徐光启在《农政全书》说：“采茶在四月。嫩则益人，粗则损人……其或采造藏贮之无法，碾焙煎试之失宜，则虽建芽、浙茗，只为常品耳。此制作之法，宜亟讲也。”更提及茶叶制作和储存的重要性。

绿茶采摘前气温高、日照长，这样氨基酸含量少，多酚类增加，采摘后还要尽快处理。在生产、加工以及包装过程中EGCG会与空气接触而流失。然而日本的玉露和抹茶，通过不同的工艺——覆园式技术和蒸青工艺，是为了保持茶叶持久的绿色、增加绿茶的鲜爽和回甘，减少像炒青或者烘青过程中，高温造成茶叶本身有机成分的损失或者氧化，抹茶更是把茶叶磨成粉，做到“吃茶”，可谓一举三得。

采摘龙井茶应选晴天，午前停采。阴天不宜采茶，以防突然下雨，茶叶被淋湿。阳光太烈也不宜采茶，这样采下来的绿叶会很快枯干、发酵。由于龙井茶的鲜嫩和珍贵，当地茶区全部使用

人工采茶，而且对采茶人的要求非常严格，最好是有经验的年轻少女。1921年在上海发行的面向日本人介绍中国茶道的书提到，采茶少女“手指灵巧，十指肌肤柔软，视力敏锐，不会采错，采到不应该采的鲜叶，不会因为手指粗糙而弄伤茶叶，还可以长时间站立工作。”由此也可以看出，龙井茶采摘也是一道美景，所以明朝时期，酷爱龙井茶的高濂在《四时幽赏录》留下了：“每春当高卧山中，沉酣酌新茗一月”的唯美诗句。

日本绿茶不同于龙井茶的制作方法，它采取了蒸青技术，使得茶叶颜色更深绿，更精致，香气更纯正，但缺点是不够甘甜，所以日本玉露茶在采摘前20天左右用帆布等遮盖起来，增加氨基酸的含量，弥补甘甜的不足，当然以茶多酚含量的减少为代价，这也和采摘茶山上沐浴阳光漫射和直射的茶叶的原理相同，一般阳光漫射的茶叶比较鲜嫩，茶叶中氨基酸含量高，茶多酚含量降低，与阳面的茶叶相比，茶汤更加甘醇，口感更加鲜活，叶底颜色变化不大，但对人体有益的儿茶素也会减少，总体来说，还是采摘经阳光漫射的茶叶更有价值。这也曾经是某大茶商惨痛教训，他们从开始的开山、毁林、清光、种茶树，到最后植树造林、增加其他植被，为茶树造荫和建立一个适宜的生态环境。另外日本绿茶由于采用自动化设备，能做到每四到六个星期采摘一次，由此可以给茶叶设定更多的级别，当然由于机器的应用，保持了产品质量的一致性，但与中国绿茶相比，少了些个性。

要把绿茶的茶性发挥到极致，需要做到：嫩绿色润、香气馥郁、芬芳鲜爽、汤色碧黄、清澈明亮、浓郁回甘、旗枪秀丽、叶底匀整，能做到这几点，就要原材料质量上乘和炒茶人的技术一流。但这并不是说，名茶的香气是在制作中通过火攻来实现的，许多茶人甚至连大陆的茶艺师培训教材，都写道“只有较差的茶叶才用火攻助香”，其实资深茶人都不会认可这个观点，比如台湾的乌龙茶，当等级最好的茶叶落入某些大师手中，他们会根据当年茶叶的香气、口感、韵味和自己以及周围茶人的喜好亲自焙火，再一次的火攻让茶叶的韵味达到极致。虽然古人和现代科学都告知我们，多一次焙火，茶叶增加了香气和韵味，但对茶叶中茶多酚无益，然而茶叶经过大师精益求精地亲手制作，数量有限才更显珍贵，能品尝到这种珍品的茶人感受，借用吉隆坡一位资深老茶人的原话就是“天壤之别”。这样的极品茶叶，即使在茶人之间也是珍品。为了解炒茶时如何把握火候，笔者曾亲自拜访庐山有二十多年炒茶经验的师傅，咨询同样一批茶，什么才算

是最佳火候？她虽然没有直接回答这个问题，但已足够让笔者明白其中的道理，就是对于同一批采摘下来的茶叶，经验不够丰富的炒茶师，炒制过程中，他们宁肯欠火也不敢冒炒过火，而出现焦味的风险，只有经验丰富的炒茶师才可以凭经验，把茶炒到火候刚好，让茶的香气和韵味达到最佳临界点，有些资深茶人称之为“开花”，就是炒制时，当茶叶炒制到刚好出现气泡时，仔细观察，如同是朵朵小花在茶叶的叶片绽放。正如乾隆皇帝第一次下江南到杭州时写的《观采茶作歌》所说：“火前嫩，火后老，惟有骑火品最好”。台湾资深茶人认为，好的炒茶师，第一条件就是年纪要40~50岁，有10年以上的炒茶经验，如果年纪再大，无论体力和眼力都不可能保证同一批茶叶品质的一致性，当然那些年纪再大的炒茶师，有时为了自己或者某些茶友，亲自动手炒几斤茶，那一般都是极品，市场上无法寻到，只是在茶人之间或者特定的场合中才可以品尝到。对于一个茶人来说，能找到一款好茶，其内心的愉悦是不言而喻的，他们都会迫不及待地约两到三个志同道合的朋友共同品尝，任何私欲独享都不是真正的茶人，毕竟独乐乐不如众乐乐！

隔夜茶可以喝

从健康角度说，茶叶中含有的蛋白质等多种营养素是霉菌和细菌滋生的温床，隔夜茶汤很容易被细菌感染，所以不要喝。从饮茶的品味来说，时间长的茶汤颜色变深，香气全无、饮之无味。从化学方面来分析，由于茶汤中的维生素C等营养成分因逐渐氧化而降低，茶叶中的茶多酚类通过氧化变成茶黄素、茶红素、茶褐素等。所以隔夜茶不可以喝，听起来有一定的道理。我们略加分析便知，不喝隔夜茶是几百年来传承下来的认知，比如《饮茶诀》中说："隔夜茶伤脾胃……"当时的科技技术不够发达，没有现代产品比如保鲜膜、冰箱和空气净化器等，所以隔夜茶很容易被空气中的细菌侵入，常喝会伤及脾胃，为了防患于未然不喝隔夜茶也无可厚非，没有人愿意品尝可能变质的茶叶、茶汤。

然而当人类进入21世纪，我们的观念也应该与时俱进，如果我们可以让茶汤、茶叶与细菌隔离、防止茶多酚的氧化，阻断香气的扩散，用冰箱冷藏，排除其变质的条件，那不喝隔夜茶的观点就应该改变了。其实茶水放置时间长，颜色会加深，那是茶多酚氧化形成的茶黄素、茶红素、茶褐素等，对人体无毒无害。研究表明，茶多酚和茶色素均有很强的抗癌、抗氧化作用，虽然说经过隔离和冷藏，隔夜茶中维生素C的含量会有所减少，但它依然具有抗病作用，还会比根本不含维生素C的其他茶类要好。近年来的研究已经证明：隔夜茶含酸素和氟素，可以阻止毛细血管出血；用隔夜茶漱口，可使口腔清新，还有固齿作用；用隔夜茶洗头有止痒、杀菌还能防治湿疹的功效；用隔夜茶刷眉、眉毛还会变得浓密光亮；当皮肤被太阳晒伤、疮口脓疡、皮肤出血，可用毛巾蘸隔夜茶轻轻擦拭，因为鞣酸对皮肤有收敛作用，茶中的类黄酮化合物也有抗辐射作用；隔夜茶还有特强的除腥气和除油腻的功效……20世纪80年代后日本开发出罐装、瓶装绿茶等新产品，日本近来还制作出专门用冷水泡的日本茶，把茶放进盛满冷水的壶中，再把壶放进到电冰箱里，第二天再来喝，是夏季非常健康和纯正的凉茶。另外现在市场上的瓶装茶饮料，从加工、生产、封装和运输，等消费者拿到时，不知道经过许多昼夜了，打开后一次没喝完，盖子拧紧放在冰箱里，明后天再喝也无妨。

空腹可以喝茶

空腹喝茶也叫"空心茶"几乎所有茶书都异口同声地说要禁止，《饮茶诀》中说："空腹茶心里慌……"也就是说由于空腹喝茶，茶水会刺激肠胃，长期以来会影响身体健康，这个说法其实也是因人而异。"唐煮宋点明泡"当今社会的饮茶习惯和唐宋大不相同，但现在许多少数民族还保留着唐朝煮茶方式，蒙古人就是其一，现代蒙古人还有"一日三餐茶，一顿饭"的习惯，如果有人辩解说蒙古那种茶实际上是可当饭作粥喝的咸奶茶，不能和我们提到的茶相提并论，那

至少可以说明：边吃饭边饮茶也未尝不可。谁赞同一边吃饭一边喝茶的观点？一般都是要饭后半小时才可以饮茶等等，其实英国人习惯早晨起床前喝杯早茶，让自己清醒；土耳其人也喜欢起床后先喝一壶茶，再吃饭；而澳大利亚和新西兰人则喜欢早晨起床后煮一壶茶，早餐时饮用；在东南亚一带几乎所有中餐厅、饭店都是吃饭时上一壶茶，让客人自助，就是在大陆，吃饭时，上一壶茶，边吃边喝也司空见惯。另外在福建、广东许多喝茶超过30年的老茶客，早晨起来先泡一壶茶，日日坚持，年年如此，身体不但没有受到影响，反而精神矍铄、神采奕奕。回族也有“吃茶可以不吃饭”的习惯，藏族人也有先吃饭再喝茶，先喝茶再吃饭，或者只喝茶不吃饭的习俗，这就是“四道茶”。还有一位“神人”，出生于台湾，在日本求学，在新加坡开茶店，他告诉笔者，他喝茶已经30多年了，早晨一起来就开始喝茶，一直喝到晚上，一天只吃一餐，上午、下午、晚上一直在喝茶。正如某个不善于吃辣椒的食客劝告大家：辣椒虽好但要少吃，也不可以顿顿吃。对于北方人来说听起来似乎很有道理，可对于湖南、湖北、四川等好吃辣椒的地方则不适用。同样的道理，有些人说绿茶偏凉，不适合冬天喝，红茶偏温，比较适合冬天喝等等，其实偏凉还是偏暖也不是绝对的，比如巴基斯坦的认识正好和中国相反，他们认为绿茶偏暖，这应该和绿茶采摘的月份有关吧，春茶应该偏凉，但夏茶和秋茶就要偏暖了。就拿笔者来说，一年之中几乎天天喝绿茶，偶尔喝些乌龙茶，就有些茶友会引经据典指出笔者偏离传统，可他并不知道新加坡每天的温度都在24℃~34℃之间，大概相当于中国的夏季，按照茶书的说法，都认为夏天应该喝绿茶，所以每天喝绿茶也正常啊。由于多年来形成的习惯，笔者即使长期住北京，无论是春夏秋冬，还是天天喝绿茶，身体也非常不错。所以说，饮食是习惯，根据自己的体质和习惯，参考别人的经验和教训，不可人云亦云，找到最适合自己体质的茶。所谓的好茶是指适合自己体质的茶，通过尝试和探索去寻找最适合自己的喝茶方式，喝出感觉、喝出健康那才是真理。再看看四季分明的日本，绝大部分日本人都喝绿茶，也没看到他们的健康被影响，即使生活在原子弹袭击的阴影之下，日本现在仍然是世界上寿命最长的国家。

综上所述，任何书籍以及经验之谈，都需要茶人自己实践去验证，不可盲从，别人认为是最好的，对于自己来说却未必。大家都知道“一方水土养一方人”，连茶都知道泽水而发，更何况是人了。正如北大好几位教授都多次强调，北大人不能对老师的观点只是简单地同意或者反对，要自己去深究，最后结果无论是同意还是反对，那都是你的成果。“大师是自己的大师”，自己从不知到知，从略知到深知，从学习别人的知识、经验着手慢慢发展成自己的观点，这时和当时一无所知时的你相比，你本身已经是自己的大师，所以作为茶人，不可以不信，但又不能全信，借鉴别人的经验和教训，逐步找出最适合自己的喝茶方式。昔日朱熹通过饮茶品茗的过程提炼出“理而后知”，现代人不但如此，还要“知而后用”“用而后验”“验而后悟”。

以前有人说喝茶会贫血，认为茶汤的儿茶素会和食物中的铁结合成不溶于水的混合物，但根据日本的试管和临床证明，喝绿茶和贫血没有关联。所以说，饭前、饭后甚至吃饭时喝绿茶都没有关系，如果说空腹喝茶会刺激胃黏膜，那就先吃点食物，所以现代人喝茶配些茶点不仅仅是锦上添花而且还是健康之道。这么多年下来，笔者以前每天都是只喝绿茶，现在是上午喝绿茶，下午喝乌龙茶，这样能对人体保健和养生都有益。

当今茶道

中国是一个拥有上下近五千年文明历史的古国，有礼仪之邦之称，也是茶的发源地。唐煮、宋点的饮茶方式对周围诸国影响颇深，日本的茶道、韩国的茶礼、中国台湾的茶艺都起源于中国大陆。日本的茶道吸收中国唐宋时期的煎茶及茶宴的精髓，集禅宗、美学以及礼仪之大成，逐渐形成了具有自己文化特色的日本茶道“和、敬、清、寂”，“和”是指万物之间的和谐；“敬”是指万物之间的平等互敬；“清”是指用纯清的心情对待万物；“寂”是万物不会永恒，只有天人合一以寂为终才是永远。即使当今，日本高僧也多次到浙江余杭径山的万寿禅寺祭祖。茶叶进入朝鲜半岛要早于日本，约在6世纪和7世纪。早在南朝·陈（557-589）时，新罗僧人缘光，即于天台山国清寺智者大师门下服膺受业。随着佛教天台宗和华严宗的友好往来，饮茶之风很快传到朝鲜半岛，到了高丽王朝时期，吸收中国茶文化，再结合高贵典雅的高丽茶具的技艺化和当地民族特色形成了茶礼，并一直传承和发扬，直至今日，在韩国无论是举行释迦牟尼以及诸神的祭祀，还是燃灯会、八关会都要行茶礼，最后发展到婚丧嫁娶等也要行茶礼，茶礼几乎无处不在。20世纪40年代前，由于一衣带水骨肉相连，许多台湾人来自福建地区，所以闽南一带的风俗习惯一直传承和流行。近几十年来，台湾凭借本身独特的自然环境，大力引进，积极创新，一改以前依靠大陆茶叶的局面，现在台湾的茶叶不仅占地利的优势，而且在优质茶种的引进、茶叶的制作、质量的保障、营销管理甚至法制的监督等方面，都做得很好，台湾的茶叶出口到全世界都畅通无阻，并且台湾的茶叶返销大陆市场，成了市场的新宠，台湾的茶具也成了大陆茶人相互追捧的精品，伴随而来还有喝茶礼仪方式的改变。在大陆很多茶人都不知道哪天是茶圣陆羽的生日，只有少数大陆茶人会在每年农历九月二十三日（据说是茶圣陆羽的生日）和台湾茶人共同祭拜“茶郊妈祖”。所以说，日本传承给世人茶道，朝鲜传承给世人茶礼，台湾保留的是茶艺，大陆经过鸦片战争到改革开放近100多年的茶文化的断层，需要更加重视茶文化的传承和传播。

大陆有学者说中国无真正的茶道，唐、宋、元、明、清朝出现的一套流传的“事实茶道”，不是真正意义上的茶道，如中国茶史学者朱自振曾说：“中国提出的茶道之名，实际上是有道无学只是事实上的茶道，但未形成固定的记载和理论学说”。当今存在的是从台湾传入的“茶艺”，只是约定“置茶、泡茶、注水、倒茶”的仪制。也有人说中国有茶道，茶道就是“饮茶之道”“饮茶修道”“饮茶即道”的有机结合，中国茶道的精神是：“和、静、怡、真”，但当我们去大陆著名的茶馆，比如北京老舍茶馆，绝大多数人去的目的只是看表演（因为许多名人去过，也是当今北京前门周围的一景）、歇歇脚、顺便喝点茶、吃些茶点；到上海城隍庙湖心亭茶室的目的和老舍茶馆基本相同，不同之处就是可以隔窗欣赏上海城隍庙的景色和放眼观望豫园内九曲桥的九曲十八弯人景合一的倩影；去杭州虎跑公园内虎跑茶室的茶友，有些只为品尝西湖双绝——龙井茶和天下第三泉虎跑泉而去。大陆茶馆绝大多数是给人们提供一个聚会、聊天，甚至打牌、打麻将的场所，赚些场地费用来维持茶馆的生存，跟“道”已无任何联系。所谓的“道”是形而上的东西，可以说已经上升到宗教或信仰层次的精神寄托，是从内心自发虔诚膜拜的思想体系。概言之，现阶段喝茶的目的就是：“聚、娱、愉、亲”，“聚”就是大家聚集在一起，“娱”是一种娱乐方式，“愉”是心情愉快地共度时光，“亲”是使得大家更加相互了解，更加亲近。当然不可否认，置身于充满压力的现代社会，一杯茶可以使人心情舒畅、舒怡祥和，全身心地放松，还可以通过优雅的饮茶体验，在不知不觉中，滋润了喉咙，提高身体素质和文化修养，而且联络了感情，增进了友谊，甚至搭上了桥梁，带来意外的收获，这就是当今大陆绝大部分茶馆的功能。随着饮茶、赏器和交流等相应文化因素的融入，再经过慢慢地发展和延伸，笔者深信，在不久的将来，中国不仅仅会出现具有本身特色的茶道，同时会形成完整的知识体系，这是因为中国是茶的故乡，是世界上最大的茶区、世界上第一产茶大国、有数量庞大的茶友，还有深厚的文化底蕴，甚至还有行政力量的介入，这可从2009年4月在湖南举办的第一届祭奠茶祖炎帝神农氏的“中华茶祖神农文化论坛”中略见一斑。而且中国国家最高层已经指出传承和保护中华传统文化的急迫性和重要性，并且常常以茶来招待外国政要，相信等“文化立国”成为国家的发展战略后，再谈茶道才是最佳时机。

概言之，当今与茶有关的活动，无论规模多么浩大，场面多么辉煌，都需要茶友们本身的文化素质和道德修养来贯穿。茶友要对茶、茶具、茶点、水等与茶有关系的器具和礼节都要了如指掌，并且喝茶时，还要目的明确，是茶艺、茶会、茶聚、还是茶娱？如果是品茶会，则无论参加

者的服装颜色多么绚丽、话语多么甜美、文字多么高雅、姿态多么优美等，这一切只是辅助，短暂、直观的美感，无法满足茶人最基本的要求：品尝到一种让茶人心动的佳茗，在细心体会茶的色、香、味、形的变化的同时，从中体会茶的内涵，领悟品茗的乐趣和相关礼仪的寓意，从而提高本身的修养和品位。

自古至今，喝茶的礼仪非常多，比如从因乾隆皇帝而兴起的屈指叩拜，到当今冲茶“凤凰三点头”表示主人向客人三鞠躬，倒茶三分情，分茶七分满……还有很多小的礼节，很多茶友根本就没在意。比如，主人取茶时，手不可以接触茶叶；泡茶时，茶壶的嘴不可以对着客人，这样不但不礼貌还有让客人离席之嫌；壶盖不可以直接接触茶台，首先不卫生，还让人感觉没教养；倒茶时要七分满，最后才给自己倒，这正好和英国人倒茶的次序相反；递茶时手不可以接触茶杯的口沿，还要双手捧起；续水时，如果右手执壶要顺时针沿壶口注水，如果左手执壶就要逆时针加水；客人品茶时，要屏气静心去感受，如果发出一些异样的声音或者大口呼气，都让人觉得不礼貌；另外品字是三个口，不但是说杯子中的茶汤要分三口轻啜慢饮，还因为真正品尝到茶的本性至少要喝三杯，“头泡汤，二泡茶，三泡、四泡是精华”虽然这不是一个放之四海皆准的规律，至少可以说明喝茶要喝到第三泡。所以说，客人无论有多忙，只要在茶座前坐下来，就不能喝一泡就离席，除了不礼貌外，也给人一种很无知的感觉。明朝嘉靖时期，葡萄牙神父伯特在谈中国饮茶习俗时说：“主客见面，即敬献上一种沸水冲泡之草汁，名之曰茶，颇为名贵，必须喝两三口”；未经主人的许可不可以触摸正在公用的茶具，尤其是边沿，比如茶壶、公道杯、其他人的茶杯等；主人敬茶时要双手去接；续茶时，还要用食指和中指在茶桌上点击一次表示感谢，特殊场合下要指叩三次，现在还有新兴的用食指一指行礼和除拇指外四指行礼的说法，一指行礼代表个人行礼，而四指行礼则是代表全家对主人全家行礼，这都是一些应该知道的礼俗。

我们再来了解一下日本的茶道，毋庸置疑，日本的茶道深受中国唐宋饮茶方式的径山茶宴的影响，日本《物产篇》一书记载，圆尔辩圆在南宋学到种茶制茶的知识，把从径山带回来的茶种播种在静冈县安培镇，后又仿制径山碾茶的制作方法，生产出日本的碾茶。日本最早出现的是抹茶茶道，对茶具摆放的位置、拿法和拿取的顺序有严格的规定，甚至客人也要按部就班，比如开始前先到小客房等待，等茶事准备就绪，客人要先净手，然后从小入口进入茶室，甚至对先迈哪个脚都有讲究，就是进去时先右脚，出则先迈左脚，在茶室行走时，跨过榻榻米边框时，也有同样的讲究。在品茶时，手拿茶碗的哪一部分，手臂如何歪曲，移动时茶碗端起的高度、路线都有明确的规定。最后一个环节要对主人的茶给出评价，好，当然要赞赏了，如果能指出问题和提出建议，主人会非常感激。另外一种是煎茶茶道，源于中国明朝时期，借鉴了福建的工夫茶和宜兴紫砂壶的喝茶方式，不再拘泥，提倡从容的饮茶方式，在品茶的同时，欣赏字画，也可以即兴挥毫，更富有生活情趣。

新加坡虽然是一个人口才500多万的岛国，但它得天独厚的地理条件——地处马六甲海峡的南口，早在二战前就成为英国在亚洲最重要的据点，并成为世界著名的国际化国家之一，成为东西文化交流、融会贯通的桥梁。因此在新加坡几乎可以找到世界各地的茶叶，甚至连世界产茶大国中国、印度等国家都望尘莫及。在新加坡当地市场上，印度的阿萨姆（ASSAM）、大吉岭DAJEELING的红茶、绿茶甚至白茶都可以找到，还有锡兰红茶、绿茶，非洲、东南亚国家的红茶和绿茶，囊括除南、北极洲外其他五大洲，总共有全世界几十个国家和地区超过100多种的茶叶。至于中国大陆的茶叶，新加坡最早于清中期开始销售福建铁观音的茶行是“荣泰号”，到了20世纪20~30年代，逐渐形成了四大家族“林金泰”“源崇美”“高铭发”“林和泰”的局面，即使现在新加坡还可以很容易地找到明、清时期的青花茶具，上百年的老普洱、老岩茶，40~50年前的六堡茶，以及20~30年前未开箱的国营紫砂厂生产的紫砂壶等，就连品茶造诣深厚的英女王伊丽莎白二世，都在1989年走进一间新加坡茶馆品茶。另外由于新加坡的特殊地位，在20世纪60年代到80年代，有一部分宜兴的紫砂壶还是通过新加坡，然后分销到马来西亚、印度尼西亚甚至港台两地的，所以说，新加坡许多茶人的茶文化底蕴很深厚，也非常谦逊，而且有一些人一直不遗余力地推广中华茶文化，开班授课，广泛传播多年的心得体会和经验结晶，是当代茶人的典范。有的茶店更是自开张以来，几十年如一日，一直坚持以“和、爱、谦、静（以和为贵、友爱尊贤、谦虚礼让、宁静清心）”为宗旨，广结茶友。

其他国家喝茶时的礼仪各不相同，比如英国人泡茶的顺序，要把茶水倒进牛奶中，如果放置的顺序颠倒，这样茶的味道不够香甜纯正，也是没有教养的体现。英式倒茶顺序则是先倒满自己的杯子再倒他人的。英国的茶具强调持久耐用，不怕摔才是正道。它的特点就是真实自然，不矫

静謙愛和

情、不做作，本身流露出一种内在的高贵优雅气质。

印度喝茶的礼仪则是男士要盘腿而坐，女士双膝并拢屈膝而坐。主人第一次敬茶时，客人不要马上伸手去接，这和他们本身的生活习惯有关，在正式场合，他们表达感谢都是要合掌摇头道谢，然后才付之于行动。另外印度人还有一些回教徒，比如马来西亚、印度尼西亚的土著，非常忌讳左手，所以左撇子给对方敬茶时可得多谨慎了。所幸现代的茶具有竹夹或者杯叉等，避免直接用手接触客人茶具。喜欢喝中国绿茶的毛里塔尼亚人，都知道主人敬茶时要一饮而尽，还要连续三杯，这是尊重主人最具体的表现。

俗话说“千里不同风，百里不同俗”，更何况是不同的国家，不同的民族，所以茶人能做到大局得体大方，细节略有遗憾，不让人感觉失礼就难能可贵了。有时候通过喝茶可以了解到很多不同地方的风土人情，还可以挖掘一些风俗的起源、甚至可以加以吸收和运用，这也是为什么大多资深茶人知识渊博，可以掌控大局和具有很强的感染力的原因。所以说，喝茶的乐趣，是以茶为媒介和古人进行情感和认知的共鸣，与茶友相互交流、切磋技艺，从中获取精神的愉悦和人生境界的提高，通过高雅娴熟的茶技和知书达理的谦恭仪态让人心悦诚服。

茶余饭后的趣谈

- 陆羽穿越到700年后的未来：有些茶书上摘录了茶圣陆羽拜见亚圣卢仝的故事，唐朝的陆羽可以“玩穿越”去明朝，拿着明朝正德年后才出现的紫砂壶和紫砂茶盅，还用紫砂壶泡茶待客，有点茶文化常识的人都知道“唐煮宋点明泡”更何况是茶人了，唐朝人玩穿越进入七八百年后的明朝享受用紫砂壶泡茶的礼遇。更加匪夷所思的是，陆羽生于公元733年，卒于804年，而卢仝生于公元795年，如果陆羽去过卢仝家的话，那只能是70岁左右的陆羽到年方8、9岁的卢仝家讨茶喝，二者还可以结为兄弟，结伴云游四海，就算某些书籍上写道，卢仝生于公元775年，一个六七十多岁的老人拜访一个十几、二十几岁的年轻人，并一起品茶，再结拜也非常牵强。
- 陆羽写了64个版本的《茶经》？关于陆羽《茶经》的由来，根据学者的研究，公元760年上半年，陆羽隐居余杭的苎山写了《茶记》一卷，11月隐居到余杭的双溪，又写了《茶经》三卷。陆羽的《茶经》在唐代至少有三种版本：

  ① 公元758~761年的初稿

  ② 公元764年的修改稿

  ③ 公元775年之后的再改稿

  按照北宋陈师道《茶经序》的记载，北宋时期，他见到的茶经版本有四种，共十一卷，根据《径山茶图考》的研究可知，这四个版本中应该包含了《茶记》一卷和茶经十卷。可惜到现在都已经失传，中国现存最早的《茶经》是收集在南宋1273年左圭编成并印行的《百川学海》中。从南宋到解放初期，史书有记载的《茶经》有64个版本，其中包括3个日本版本，现存的版本有50多种。
- 陆羽真牛：很多茶书都记载了“陆羽辨水”的故事，说他可以把桶中一部分江水混合中冷泉的水分辨出来，听起来还有些道理，因为水不纯了。但他可以倒出一部分，再辨别出下面是中冷泉的水就有点杜撰了，就算按照乾隆皇帝的银斛量水的原理来解

图77 东坡提梁壶

释，好的水都是密度小的水，所以体积相同重量会轻，并假设两种水不混合，那剩下水也不是中冷泉的水。再说两个不同地方的水混合后，即使用现代科学技术都无法分开，一千多年前陆羽可以？还是他“被可以”了？另外有些茶人常常说起陆羽辨别谷帘泉水的故事，听起来似乎也有道理，水被换掉，不同地方的水可以分辨出来，可仔细深究，陆羽死于公元804年，享年72岁，张又新在公元814年中的状元，他的《煎茶水记》写于公元825年前后，才把谷帘泉评为天下第一泉，就算他考上状元后，马上派去做江州刺史，那时陆羽已经死了10年了，张永新又怎么可能送谷帘泉的水让陆羽比较？不知道是陆羽牛，还是现代人瞎编？这样事情也发生在曹雪芹身上，他的朋友鄂比用两股泉水泡茶，通过品尝茶汤，曹雪芹也可以分辨出上半碗是品香泉的水，下半碗是水源头的水，虽然还是很牛，但毕竟轻水在上面了。

- 知府和妓女斗茶：宋朝著名的书法家蔡襄与苏轼、黄庭坚和米芾并成为“宋四家”，连欧阳修都求他为《集古目录》作序，堪称一代才子，是前丁（谓）后蔡（襄）龙凤团茶小龙团茶的发明者，更被后人尊称为茶博士。在他53岁做杭州知府时，杭州的妓女去挑战知府大人，当面和知府大人斗茶比诗，真是天下奇谈，先不说茶艺方面，她是班门弄斧，她的勇气实在可嘉，真不得不佩服，在大约1 000年前封建社会的宋朝，竟然如此人人平等和言论自由？连社会最底层的妓女都敢和知府大人斗法，即使是当今社会，一个普通老百姓要见到本市的市长都不易，即使提前安排好，也只能背台词，谁敢当面挑战？

图78 青花茶具泡茶

- 苏东坡被冒名：当今紫砂壶市场出现了大量的东坡提梁壶（如图77），咨询卖家或制壶人，无论他的头衔或职称多么鲜亮，他们都会说，“苏东坡设计的”，甚至还有人说是“苏东坡最早做的”，不然怎么会叫东坡提梁壶如果苏东坡在世的话，也有口难辩，成语有“三人成虎”，现在成千上万人如是说，为什么没有人质疑？① 造型不对，宋朝喝茶的风气是点茶，要求长流的壶，水倒到茶盏中急而不散，这种造型无法满足时代的需要。② 年代有误，根据现代考古发现，最早的紫砂壶出现在明朝正德年间，就算有人把宋朝出土的类似紫砂的紫铫算作紫砂器，但那也只是来烧水的器具，绝非用来泡茶。③ 技术超前，宋朝是点茶，泡茶方式在明朝时期才开始。另外宋朝时期烧窑技术能否烧制出如此细长还带分叉的提梁壶，还是个问题。④ 审美观不同，宋朝是文人社会，五大名窑的瓷器比比皆是，按照当时的审美观，五大名窑中哪一个窑口的瓷器会劣于紫砂？我们参照图69藏于台北故宫博物院南宋刘松年的《博古图》，图中煮水壶应该是宋朝诗词中常常提到的提梁壶。因此所谓苏轼发明的东坡提梁紫砂壶，只是一种搭名人便车的行为。壶商可以以讹传讹，但茶人应该清楚它的真正来历，不可以误导其他茶友。实际上东坡提梁壶，是1932年宜兴为准备参加美国芝加哥博览会，宜兴职校校长王世杰，根据清末传统单把提梁壶的款式，结合清末双梁横竖架接的样式，设计出初稿，并命名为东坡提梁壶，由汪宝根制作，这是近代人借用古人的名字的一个实例，就算当初设计者的动机并不是为了侵权，但至少有刻意搭名人便车之嫌。

- 端茶并不是为了逐客：现在电影或者电视剧中常常看到，主人对话不投机的访客，端起盖碗，家人们就会心领神会，马上说出送客，被李鸿章端茶逐客的孙中山先生一定深有体会。似乎端茶的目的是为了送客或者逐客，然而端茶送客的本意绝非如此，对端茶送客的记载首见于宋朝普济的《无灯会元》中“点茶来”，其本意并不是逐客的意思，最多可以解释为：未能悟出禅理，离开去自悟吧。
- 盖碗三件套——玩穿越：看电影或者电视剧时，我们常常看到皇帝、王公大臣们端起盖碗三件套，把托放在左手，右手用盖往前或往后轻轻拨动着茶汤，然后悠然地喝一口，看起来非常高雅，事实上却在改写历史，知者会觉得非常滑稽可笑。不知道是盖碗三件套，还是使用人玩起了穿越。从宋朝的包拯，到明朝永乐、万历皇帝、清朝的康熙等皇帝，拿着乾隆时期才有的盖碗三件套喝茶。关于盖碗三件套的由来，有人说是唐朝成都尹崔宁之女想出来的，可当时的喝茶方式是煮茶， 要把茶叶、盐和作料等煮成粥一起喝下去，托着这样一个托，然后盖上盖来喝粥，实在有些不伦不类。然而河南出土的唐宣宗时期精美的青釉盖碗三件套更加令人称奇。按照当今唐青花出现的数量和趋势，说不定哪天还会“出土”唐青花盖碗三件套，就如同市面上出现了汉代的玉椅、明朝郑和使用过的青花热水壶

图79 康熙中期的盖碗三件套

图80 “大清康熙年制”的青花盖碗三件套

等。唐朝的喝茶方式是煮茶，看似崔宁之女发明了茶托有些道理，但是茶托或者盏托早在两晋时已经出现，现存于中国茶叶博物馆东晋青釉盏就是最好的证明，所以这个传说只能当作一个笑料而已。上海出版社2007年出版的《历代瓷壶鉴赏》中提到盖碗三件套出自道光年间，笔者认为不准确，很明显的实例《中国茶具百科》里面一张乾隆年间矾红三件套的盖碗的照片就是实证。观复博物馆的马未都先生认为：三件套盖碗出现在清中期，乾隆时期有，但雍正时期还没发现过。然而1990年，在越南头顿VANG TAU出水的沉船中的6万多件康熙早期青花瓷器中，似乎有盖碗三件套的踪迹（如图79，取自JUDITH MILLER:《中国古玩全球价格指南》，明天国际图画有限公司，2007年版，第33页），当我们仔细观察这两张图片时，不难发现，图79上张的盖比碗小，而下张的盖却比较大。另外，由于杯底较小，杯身较高，如果用来喝茶再加上一个盖，反而增加了翻倒的可能性，所以无论怎么分析，这两个盖都不像是原配，另外在这艘沉船中还有许多高足杯和瓶瓶罐罐，是不是这些盖子和那些高足杯或者瓶、罐匹配则不得而知，英国 Judith Mille的《中国古玩全球价格指南》一书写的是“此种盖碗应为咖啡杯或者热巧克力杯”，难道说盖碗三件套的演变还和欧洲人喝咖啡或者巧克力有关？这也成了茶人之间茶余饭后的趣谈，正是在这些话题之中，茶人可以涉猎许多方面的知识。记得有个茶友知道盖碗三件套的来龙去脉后，他朋友想入手一套双圈竖排两列款“大清康熙年制”的青花盖碗三件套，他据此相告，最后为朋友省下不少冤枉钱，赢得朋友的尊重。但他并不知道，晚清民国时期，出现了大量寄托款“大清康熙年制”的青花盖碗三件套（图80），这样却使他的朋友错失一次以极低价格买入“小康”时期——光绪朝的青花盖碗三件套的机会，等到有一次品茶谈起此事时，他才意识到这个小小的遗憾，如此深刻的体会，让他不得不感叹中华文化博大精深，感受到要学的东西真是太多了。作为一位资深的茶人，不但要兼修谦逊的胸怀，要广阅群书来丰富自己的知识层面，还要能指出一些误导茶友的信息，比如在电影和电视剧中，秦朝的士兵骑在战马上，驰骋疆场，而那个时候马鞍还没出现；宋朝的包公的客厅里面出现了清朝造型的青花大瓶，甚至还有清朝才出现的粉彩双耳瓶以及红釉茶壶、茶杯，以及明朝以前就使用紫砂壶泡茶等让人啼笑皆非的场面。

- 一字之差使历史倒退几百年：在2012年的一期收藏节目中，谈及宋朝文物并扩展到茶文化时，主持人说：“宋朝是煮茶，把调料和茶叶煮成粥一起喝”或许是他的一时口误吧，我们都知道“唐煮宋点”，如果他说的朝代是唐朝是正确的，但宋朝时期，茶汤里面已经去掉了调料，只有茶了。此时的茶文化发展到鼎盛、奢华的阶段，并逐渐形成“斗茶”，茶人都直接把茶叶的粉末先调成粥状，再利用各自的茶具来注水，通过观察器壁挂水的程度，茶汤的口感等评出次第。正是由于斗茶的兴起，不但需要水、茶、盏等要精，还要求水注（执壶）出水的水流不能短而散，这是现实社会的需要，促使烧制工艺的提高，唐朝时还无法烧制出长嘴壶，到了宋朝长嘴壶“汤提点”则成茶人的必备，没有细长的水柱，没有恰到好处的力度，如何点出“莲花开放”“罗汉贡茶的佛祖显灵”？所以说，传道授业以及媒体说话更要谨慎，一字之差，谬之千里。
- 龙井茶的故事：西湖龙井因“色绿、香郁、味醇、形美”四绝居中国名茶之冠，笔者最爱西湖龙井茶，不仅仅由于它“芬芳溢齿颊，长忆清虚境”，更因为它能让品尝者体会到淡中知味的茶之本性。

说起龙井茶的历史，有些人会追溯到唐、宋，但无论是用龙井茶煮粥，还是把它做成龙团饼茶都和现代的炒青冲泡法相差甚远，只有朱元璋下诏废团茶改贡叶茶后出现的茶叶“瀹饮法”，才是现代饮茶方式的开端。明朝陈眉公的一首《试茶》“龙井源头问子瞻，我亦生来半近禅。……蔡襄夙辩兰芽贵，不到兹山识不全。”都说蔡襄制的小龙团茶贵，是因为他们没有去过

龙井茶山，没有品尝到龙井茶的缘故。孙一元的《饮龙井》“眼底闲云乱不收，偶随麋鹿入云来。平生于物原无取，消受山中水一杯。”更上升到领悟出人生禅意的境界。直到清高宗乾隆皇帝六下江南，四次幸临龙井茶区，还亲自采茶做诗，封胡公庙前的十八棵茶树为御茶树，并写下了三十多首有关龙井茶的诗句，再加上“上有所好，下必甚焉”才使得龙井茶名声远扬。明、清有很多描写龙井茶脍炙人口的诗篇，但描述龙井茶味道最经典的诗句，应属清朝茶人陆次云，他说：“其地产茶，作豆花香。与香林、宝云、石人坞、垂云亭者绝异，采于谷雨前者尤佳。……啜之淡然，似乎无味，饮过后，觉有一种太和之气，弥瀹乎齿颊之间。此无味之味，乃至味也。为益于人不浅，故能疗疾，其贵如珍，不可多得。”他品出了龙井茶的真滋味，啜之淡然似无味，回味时却有太和之气，这种“无味之味”，方是龙井茶的“至味”。品茶的境界就是能从淡淡的茶汤中体会出天地间至清、至纯、至真、至美的韵味。

龙井茶为中国十大名茶之首，其制作工艺非常复杂，要经过摊放、分筛、炒青、回潮、辉锅、筛分整理、挺长头、归堆、收灰、贮存数道工序而制成。为了炒制出上好的龙井茶，每道工艺要求非常严格，但也讲究随机应变，比如堆放时间短了，那炒青的时间就要长，堆放的时间还和天气情况有关，晴天就要比阴天堆放的时间短些，堆放的时间控制，直接关系着茶叶的香气、鲜爽程度以及茶叶的汤色。曾经和一位老茶师聊起茶汤的香气时，她就告诉笔者一个亲身经历，有一年她去收茶，茶农给了她两包都是第一天采摘的头茶，她打开看了看闻了闻就发现不同，然后各泡一杯，最后和茶农求证为什么这两包茶炒制的时间不同，茶农才不得不交代，一包是当天炒出来的，另一包是第二天炒出来的（第一天有事没来得及炒），所以对于老茶人来说，茶叶堆放时间的不同，对茶叶品质的影响能分辨出。

龙井茶的炒制手法也非常多，多达12种，包括：抖、搭、拓、甩、捺、抓、推、扣、压、磨、荡、扎。青锅、辉锅的温度不同，青锅的温度要高于辉锅的温度；青锅、辉锅的时间不同，青锅要长、辉锅要短；不同等级的茶叶的温度控制也不同，高级别的龙井茶的温度比低级的温度要低，炒制时手法和力度也不同等等。制作时细微的变化会直接影响茶叶的品质，所以说，好茶背面一定有一个经验老到、身体健壮的炒茶师的存在。

另外龙井茶对气候的依赖程度非常大，比如2010年一场春雪给龙井茶茶农带来了巨大的损

瓜型壶

图81 人为剪切过的叶片

失，据浙江省农业厅经济作物管理局发布的信息，极端天气造成的损失估计高达17亿元。还有很多因素都会直接影响着最终茶叶的品质，比如遇到艳阳高照的天气，茶叶中茶多酚会增加，氨基酸会减少，茶叶的口感会比较苦涩，少了甘甜，有些炒茶师就在炒制时加点糖来弥补其不足，但对于喜欢清饮雅赏，力求原汁原味的老茶友来说，就是原则问题了，曾经就有上面的那个收茶师为了茶叶炒制加糖的问题，把多年老客户的茶叶全部退回的事情发生。

有时在供不应求或利益驱使下，有些茶农用外地绿茶或掺入外地绿茶来冒充当地龙井，对于资深茶人，这种方式是很难蒙混过关的，不需要品尝，通过视觉和手感就可以分辨出来。但往茶叶中添加少部分树叶，这些树叶既不影响汤色也没有任何香气，只是增加重量，不仔细拨开叶底一片一叶的去观察，是非常难察觉的，这种掺假方式很隐蔽，经常被用在龙井茶常客身上，笔者就有切身体会，图81掺到明前西湖龙井43号茶叶中，人为剪切过的叶片。不过现在笔者已经司空见惯了，要不就别喝，要不就凑合，大家都这样，何必挑明？作为一个喝龙井茶30年的老茶友，龙井茶的忠实客户，笔者这些年来已经在调整，减少喝龙井茶的次数和分量，一天只喝一次，另外一次喝乌龙茶，在一个法制健全的商业环境中，一般不会由于掺假造成忠实客户的丢失现象。看来两百多年前，中国茶叶在欧洲市场的全面溃败之痛，早已经无关痛痒，难道还要重蹈覆辙？

西湖龙井茶除了以上的问题，还有来自不同省份，不同地区甚至同一个地区的挑战。中国除了浙江省出产龙井外，还有八个省份也出产龙井，比如江西、安徽、江苏、贵州、云南、福建等，浙江省内的龙井茶品种也是非常多，除了群体种、龙井43号以外，还有龙井长叶、平阳特早、大佛白龙井、迎霜、浙农117、浙农139、乌牛早等新品种。乌牛早产于浙江省永嘉县特早的茶叶，每年阳历三月五日开摘，由于乌牛早外形和西湖龙井相似，产量也很大，三月十五号以前上市的“西湖龙井”大都是这种茶，经测定乌牛早中含氨基酸4.7%、茶多酚25.2%、咖啡因4.11%，优于许多名茶，它是一种好茶，但好茶没有知名度，价格也卖不高，所以最简单的办法就是搭便车，冒充西湖龙井茶了。这是外地龙井茶对西湖龙井的冲击，虽然影响不小，但并不是关键所在，来自产区内部的问题，才至关重要。浙江茶商会的领导曾经一针见血地指出，单单西湖龙井下面的品牌就有20多个，知名度比较大的有5个左右；另外一个著名产区梅家坞也没好到哪里，一个梅家坞茶区，却有大大小小的茶叶公司数百家，当今市场竞争激烈，掺假、假冒等事件一直存在，产区品牌恶性竞争，没有人关注西湖龙井茶品牌的价值，每个人都是只管眼前利益。现在老茶友常常提心吊胆，担心万一在茶中喝到对身体有害的物质，影响到身体健康，才谨慎地选择和适当地改变。但对于中国大陆这么大的市场来说，你不喝还有的是人排队等着喝，还有众多新茶客在等待进入这个市场，所以要杜绝这种事情的发生非常困难，即使有健全的法制，严厉的惩罚，没有人民本身素质的提高也是无济于事。假如有一天，西湖龙井因此退出中国十大名茶之首，甚至不能入围中国十大名茶之列，倒也不一定是件坏事，给其他品牌一个机会，自己才能痛定思痛，等待日后再创辉煌。无论如何，绝不能让当年英国人不得已把喝绿茶的习惯改变为喝红茶的悲剧，再次在中国境内发生。

能品尝到来自原产地、原汁原味的好茶是每个茶人的奢望，有好茶希望和大家共享是茶人和商人的最根本的区别。通过茶把世界各地的人聚集在一起，欢愉消遣和相互交流各自的想法和经验，在接受茶文化熏陶的同时，捕捉有价值的信息，是现代茶人赋予茶聚的最新期望。笔者就常常邀请一些来自世界各地的朋友喝茶，地点在新加坡、马来西亚或者中国，一边和他们交流着某个特定话题的看法，又通过不同茶的韵味和口感分享着有关茶礼以及古代瓷器，尤其是茶具的收藏和鉴赏经验，很多人都获取了许多有价值的信息，又惊叹于茶文化的高深和古代瓷器的精美，或许对他们来说，这样的茶聚，茶已经不仅仅是一种可以浸泡的植物，而是一种信息交流、一次身心愉悦、一回精神洗礼、一场感受令人肃然起敬的茶文化的仙草。

北宋　耀州窑盘口瓶

高 28 厘米　口径 8 厘米　底径 8.7 厘米

盘口，细长颈，深弧腹，圈足微外撇，足边露胎，胎体灰白，里外施青釉，釉层浅薄，釉色黄绿，釉质透亮，釉面开细碎片纹。腹部用犀利刀锋刻画出缠枝牡丹，并以篦纹表现花朵筋脉，下腹刻画仰莲纹。

陆 茶之思

角山荣在《茶的世界史》中认为，最初西方人对于茶，是怀着一种崇敬东方文化的心情去接受它的，所以对茶的宣传绝非只作为简单的饮料，而是要融入几千年的饮茶文化、生活艺术甚至崇高的道德规范，让不同文化的人群，通过喝茶联系在一起，既能喝茶健身，还可以进行不同文化的交流。

英国著名学者罗素在《中西文化的比较》中提到：『不同文化的交流过去已经多次证明是人类文明发展的里程碑』，二十一世纪是茶的世纪，也是人类文明发展的新纪元。

中国茶叶的惨痛教训

当茶叶作为商品被荷兰东印度公司在17世纪初运到欧洲时，茶叶只是少数皇族的珍品，甚至在1662年，茶叶成为葡萄牙凯萨琳公主嫁给英国查理二世国王的嫁妆，从而掀起了英国的上流社会饮茶的风气，凯萨琳公主对茶的赞美和喜爱可以从英国抒情诗人埃德蒙·沃勒(Edmund Waller)为她写下一首祝寿诗中可见一斑：

维纳斯身上的桃花孃
和阿波罗顶上的月桂冠，
都比不上女王赞颂茶叶的美妙，
和从女王眼中获得的赞赏，
我们由衷感谢那个勇敢的民族，
因为它给予了我们一位尊贵的王后，
和一种最美妙的仙草，
并为我们指出了通向繁荣的道路。

图82 康熙时期茶具

图83 民国时期茶杯

1658年9月23日在伦敦的《政治快报》（Mercurius Politicus）上出现了最早的茶广告（图84）；1660年伦敦的葛拉威GARRAWAYS咖啡馆印有茶叶广告的海报，成为了历史上第一份茶叶海报。茶叶在欧洲引领了一种饮食方式的大变革，然而茶叶进入英国却非一帆风顺，最著名的就有卫斯理大茶壶的故事，卫斯理从一个禁欲主义和博爱主义协会禁茶的鼓动者，最后成为嗜茶者，后期卫斯理公会的牧师，每星期日早晨都会到他家，品尝用那只威基伍德为他特制的大瓷壶泡的茶。一般来说，一个新生事物的出现，都会受到传统势力的抵触，随着更多的理论与实践证明该事物对人类有益，最后可能会出现反转，就是起初曾极力阻碍的人，最终却成为积极的倡导者。在当时的法国，皇帝也非常喜欢饮茶，著名的路易十四国王，就用黄金制作的茶壶来喝茶。那时茶叶价格非常昂贵，法国的历史曾记录，在1694年的巴黎，一个药剂师把中国茶卖到每磅70法郎，一个以葡萄酒为主要饮品的国家可以接受一种外来饮料，可见茶叶在当时法国的崇高地位。

欧洲对中国茶叶的进口，可以说是从17世纪初的尝试，到18世纪末，茶叶最终成为东印度公司进口量最大宗的产品。英国罗伊·莫克塞姆指出，18世纪中后期，由于茶叶出口的数量巨大，所以茶农只注重数量，而不顾质量，出现了粗制滥造的行为，往茶叶里面掺入其他植物的叶子或喝过的茶叶等，更为过分的是加有毒的铜化物染色剂的假茶。随着英国茶叶的消耗量与日俱增，白银只出不进的不平衡国际贸易，不得不使英国东印度公司去世界其他地方寻找中国茶的替代品，1823年布鲁斯在印度阿萨姆找到了野生茶树，开启了印度的红茶进入世界之门，到了

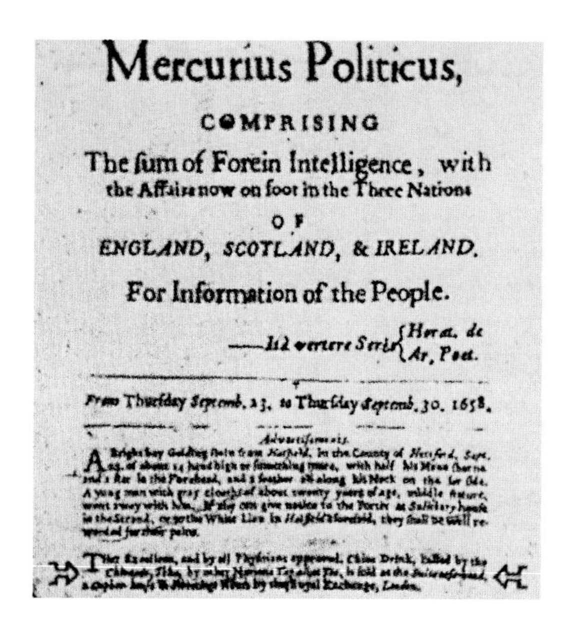
Mercurius Politicus,

COMPRISING

The sum of Forein Intelligence, with the Affairs now on foot in the Three Nations

OF

ENGLAND, SCOTLAND, & IRELAND.

For Information of the People.

From Thursday Septemb. 23. to Thursday Septemb. 30. 1658.

图84 伦敦最早的茶叶广告

19世纪后半期，英国从印度进口的红茶量就已经超越了中国茶叶的进口量，而且英国还在锡兰（今斯里兰卡）、孟加拉、缅甸等国家大规模种植茶树，到19世纪末，中国出口的红茶不但被印度、锡兰的红茶全面替代，甚至连绿茶的出口也远远低于日本，中国茶叶对欧洲的出口几乎完全停滞。诚然，这里的产品质量问题是一个关键因素，但是我们知道，当一种商品被消费者长期使用，另外一种替代产品要想完全占领原商品的市场，几乎不可能，除非源头出现重大问题，或者该商品出现了严重的诚信危机，而且在质量、价格、服务等方面与替代商品比较又不存在任何优势。

当人类社会进入蒸汽机时代，欧洲工业大革命的隆隆机器声，并没惊醒中国的皇帝，连一代明君乾隆皇帝都不思进取，反而还一直沉浸在“天朝物产丰富，无所不有，原不藉外夷货物以通有无。特因天朝所产茶叶、瓷器、丝绸为西洋各国及尔国必需之物，是以加恩体恤……”，根据英国学者罗伊·莫克塞姆的记载，19世纪第一个10年，英国向中国送出了983吨白银，中

图85 1891年斯里兰卡（原锡兰）制茶工人用自动化机器制作茶叶

国学者也指出从1700年到1840年从欧洲和美国运往中国的白银约17 000万两，在这样的国际大环境下，傲慢无礼、愚昧无知、不思进取、漠视科技、不平衡的国际贸易，最终导致中国茶叶和瓷器的出口的停止，甚至从某种程度上说引发鸦片战争。根据英国如波特·法克那Rupert Faulkner看法，由于英国对中国茶叶需求的增加，并且只能通过白银交易，18世纪末英国启动了下流的鸦片贸易，最后导致第一次鸦片战争。

面对这种颓势，中国的许多有识之士认识到问题的严重性，心急如焚，不但指出原因之所在，而且提出了很多非常有建设性的方案。当时国父孙中山先生就分析造成这一局面的原因，提出相应的对策，他认为中国古代是农业社会，现代是工业社会，因而古代重农业，现代重商业，他在国际发展计划中更具体表明：“吾意当于产茶区域，设立制茶新式工场，以机器代手工，而生产费可大减，品质亦可改良，世界对于茶叶之需要日增，倘能以更廉更良之茶叶供给之，是诚有利益之一种计划也”；1891年斯里兰卡（原锡兰）制茶工人的照片（见图85），100多年过

英格兰盘

去了，大陆的茶叶制作，还是多以小农作坊为主，随着劳动力成本的增加，制茶费用必然增加，于是在茶叶质量没有提升的情况下，茶叶的零售价格升高，把相应的成本转嫁到消费者头上，这必然是恶性循环的开端。当代茶圣吴觉民先生，1922年在日本留学时，就写出了20 000余字的论著《中国茶业改革方案》，其中写道："我国各种事业的落后，一言以蔽之，是不能利用科学的精神"。吴觉民先生根据振兴中华茶业的需要，先后赴英国、印度、日本、苏联等国考察，学习和借鉴外国的先进经验和技术，了解国际茶叶市场动态，他在研究各国茶业环境后说，若能“取他国之长，补我之短”，“积极推进，锐意改革，则我华茶命运自必有复兴之一日”；日本学者角山荣更是尖锐地提出：“中国茶衰落的原因是粗制滥造，以及经营构造和生产力上与印度相差甚远”。1895年日本的《日印贸易情事（一至四）》记录的大吉岭红茶的机械化生产让人吃惊，生产厂就设在茶园之内，摘茶也不需要人工选择大叶小叶，而是由机器来选择，通过机器的转动来过滤，并自动分成不同的级别……，探究日本茶叶在国际市场上逐渐没落的原因，角山荣说道：“19世纪末，日本人不懂信用的重要，英国人成功归功于他们的信用。日本商人只见眼前的小利，全然不懂信用的重要。日本茶在世界市场的失败不仅是品质的问题，生产规模太小，经营不符合国际需求。印度、锡兰红茶成功的原因是生产技术和销售策略”。

在当今市场竞争如此激烈的商品社会中，再好的产品，如果没有足够的宣传，也很不容易被消费者认知，所以说，要增加宣传力度，尤其是在喜欢喝茶的国家，用中国茶本身的软实力来影响其他人群，甚至主动去融入其他文化，正如角山荣在《茶的世界史》中认为，最初西方人对于茶，是怀着一种崇敬东方文化的心情去接受它的，所以对茶的宣传绝非只作为简单的饮料，而是要融入几千年的饮茶文化、生活艺术甚至崇高的道德规范，让不同文化的人群，通过喝茶联系在一起，既能喝茶健身，还可以进行不同文化的交流。英国著名学者罗素在《中西文化的比较》中提到：“不同文化的交流过去已经多次证明是人类文明发展的里程碑”，21世纪是茶的世纪，也是人类文明发展的新纪元。

绿地三彩龙凤戏珠胆式瓶

高 17 厘米　口径 2.35 厘米　底径 5.2 厘米

绿地素三彩龙凤戏珠胆式瓶，细长颈，圆腹，立式圈足、外撇。通体施浓淡不一的浅绿釉，颈部绘三组空茎蕉叶纹，并施绿、黄彩，肩部绘缠枝纹，腹部在海水纹和火焰形云纹之间，绘制一只轮形五爪龙和一只长颈展翅凤，中间绘一颗施蓝彩火珠，龙凤分别施以黄、绿、茄、蓝彩。器底施青白釉，底足露细白胎。造型别致、独居匠心，以龙凤戏珠表示和谐、吉祥和对繁荣、昌盛的美好祝愿。

茶具选择经验谈

明朝周高起在《阳羡茗壶系》告诉我们，紫砂壶能发真茶之色、香、味，明朝的文震亨在《长物志》中提到『茶壶以紫砂为上，盖既不夺香，又无熟汤气』，反而一些现代人或许没有使用紫砂壶泡茶的经验，或许只是经验不够丰富，所以才有『紫砂壶泡茶不吸茶香』的观点。

中国紫砂泰斗顾景舟在《壶艺说》中写道：一件上好作品的内涵，必须具备三个主要因素：『美好的形象结构，精湛的制作技巧和优良的实用功能』。

如何通过泥料选择紫砂壶?

紫砂是江苏省宜兴市丁山黄龙山得天独厚的一种陶土，产于山的岩石层下面，紫砂泥被陶人称颂为“五色土”，紫砂泥是紫泥、本山绿泥、红泥的统称。紫砂泥的化学组成包括二氧化硅、氧化铝、氧化铁、氧化钛、氧化钙、氧化镁、氧化钾、氧化钠等。紫砂泥属于高岭——石英——云母类型，其特点含铁量高，颗粒较粗，紫泥、本山绿泥、红泥三种原料都可以单独使用制作器具，也可以根据需要，互相配比混合使用，生成不同色彩的紫砂器。早在明清时期，紫砂艺人们就能做到“取用配合，各有心法，秘不相授，种种变异，妙出心裁。”所以紫砂壶的色相是变化多样的，有天青、黯肝、水碧、葵黄、梨皮、墨绿、黛黑、朱砂紫、海棠红等等，再加上同种泥料，温度不同烧制出来的颜色的差异，所以通过文字来描述紫砂器的颜色越来越不容易。(见图86)。

然而并不是紫砂泥料会取之不尽用之不竭的，曾经使用过的泥料，现在已经难寻踪迹，比如像天青泥、大红袍、文革泥、黑泥等，有些泥料则是新命名、新发现或者另外配置比如底槽清、降坡泥、朱泥等，由于宜兴天然矿料越采越少，而需求却越来越多，以前用来做花盆等日用粗物的泥料，现在也成了紧俏货，曾经外貌朴质无华，甚至说是不太入流的清水泥现在也成了好的泥料，毕竟用宜兴纯天然的泥料要比依赖化工原料，或者使用来自其他地方的泥料冒充宜兴原矿泥料制成的紫砂壶，更具有发茶性和更宜健康。

宜兴紫砂壶适合用来泡茶，这是经过几百年来无数茶人验证并总结出来的，是由于它本身含有丰富的矿物质以及内在的物理和化学结构的双重透气性所决定的，是通过吸水率、气孔率表现出来的。吸水率是指陶瓷产品对水有一定的吸附渗透能力，也是衡量瓷器质量的一个非常重要的指标，一般来说瓷器的吸水率小于0.5%，陶器的吸水率一般大于8%，紫砂器正好介于陶瓷之间，在日本称之为炻器。另外一个重要指标是气孔率，它是指陶瓷胎体经烧结后，尚有的气孔与胎体的比率，胎体里的气孔有开口的和闭口两种，吸水率就是由开口气孔所决定的，宜兴紫砂器的气孔率在3%到12%，。紫砂胎中正是由于存在这种双重气孔结构，具有较高的气孔率、较高

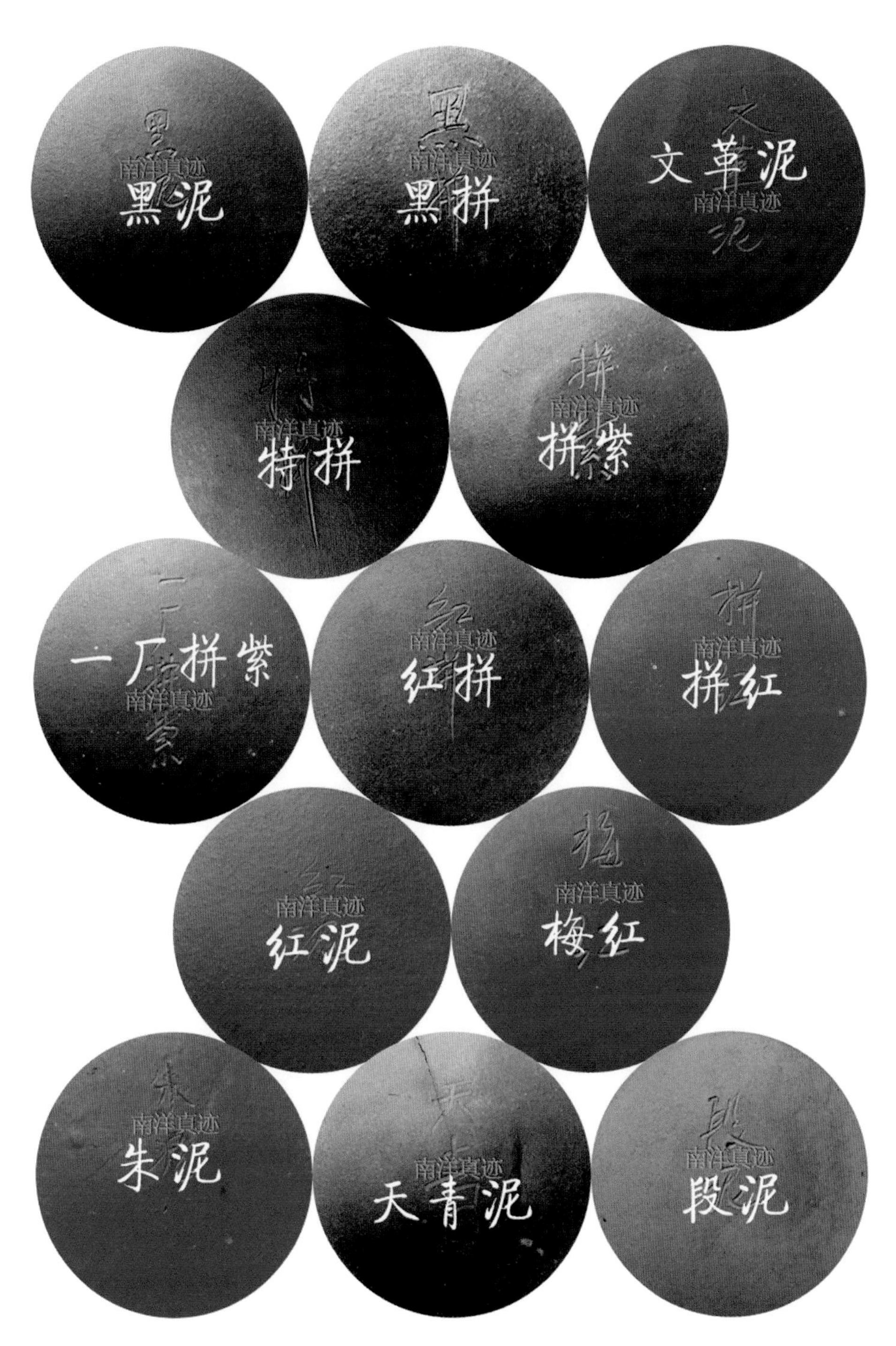

图86 20世纪紫砂壶出口专用色标

的吸水率，但又不会渗水，使紫砂壶可保茶的色香味俱佳。另外紫砂器的烧制温度也至关重要，现代紫泥、段泥的烧制温度都在1 200℃以下，红泥、朱泥的烧制温度更低，在1100℃以下，收缩率除红泥、朱泥可达18%~30%，其他泥料一般都在11%~15%，烧制时，温度控制在足烧时，胎体就更有光泽，欠烧则泡茶会有土气、胎体无光泽并且不好养壶。由于泥料的不同，造成收缩率相差很大，收缩率越高，胎体就越紧致、透气性越小，越接近瓷器就越适合“闷”全发酵或者老茶，透气性好的紫砂壶，适合泡嫩茶或者轻微发酵的茶，颜色深的紫砂壶适合茶汤颜色比较深的茶，颜色浅的泥料像段泥壶适合泡制茶汤颜色浅的茶，这不仅是双重通气性的最佳适用，也是美学原理在实用艺术品中运用的最佳体现。另外紫砂胎体化学组成中铁的含量越高，泡茶就越香醇…… 综上所述，当我们对于紫砂泥料了解得越多，其物理、化学特性越清楚，制作工艺等客观因素掌握得越多，再结合美学观念，我们就越容易选择一把适合的紫砂壶。

如何选“厂壶”？

在大陆，壶友们寻找的“厂壶”就是指上世纪宜兴紫砂工艺厂(一厂)的紫砂壶，实际上在某个时期，其他厂的泥料比一厂的还要好。毋庸讳言，直到八十年代后期，和其他几个厂相比，一厂占尽天时、地利之便，好泥料先供一厂使用。然而任何新厂刚开始创业时，如果不能做到物美价廉或者标新立异，怎么跟老厂抗衡？据20世纪和大陆做紫砂壶进出口贸易的新加坡W先生所说，成立于1988年的紫砂工艺五厂，在90年代初，由于台湾资金的介入，“引进”了商品经济的一些竞争手段，在购买泥料时，肯付高价买最好的泥料（本来是给一厂或者其他厂的），再根据市场的需求定制紫砂壶，并专供出口，所以质量上乘。他曾经进口到新加坡不少五厂制作的紫砂壶，他说那个时候五厂制作的紫砂壶，无论是泥料还是做工等其他方面都在一厂之上，当然价格会高。笔者也收藏几把五厂的壶，泡养后和同期一厂的紫砂壶比较，的确更好，这些情况台湾

图87 90年代初
宜兴紫砂五厂生产的供春壶

资深茶人都有亲身体会，反而大陆很多壶友还在一意孤行地寻找一厂的厂壶，这或许跟回流壶不太可能把好壶回流的原因有关。如图87是90年代初，宜兴紫砂五厂出口的紫砂壶——供春壶，泥料上乘，做工精致，壶盖、壶身枝头上的红泥瓢虫六只黑色的脚都栩栩如生，难能可贵的是连壶盖内部气孔边沿旁还伏着一只，可谓精益求精，最令人惊奇的是，用它来泡云南普洱茶，不到10次就光亮如图，这是笔者喝茶养壶这么多年来，所遇到的紫砂壶中出现包浆最快的一把壶。所以说，茶友要多听“故事”，多渠道获取知识，不能偏听偏信，也不可以听到其他厂的紫砂壶，就矢口否认，甚至断然否定，最好能亲自测试，然后得出结论。笔者的结论是：厂壶中，同一时期、同一价位，其他厂的壶比一厂好的还有很多，比如二厂、三厂等。

紫砂壶都有温度骤变性吗？

可以说绝大部分关于紫砂壶的书籍中都是这样说，宜兴紫砂泥矿中含有铁质及多种矿物质，烧制成器后既有一定的吸水率、气孔率，也有良好的冷热骤变性能，冬天直接倒入沸水，温差骤变紫砂壶也不会炸裂，还可以在文火上加热，用紫砂壶泡茶没有熟汤气还可以保持茶色、茶香等。那么这种说法是否确切呢？一般来说朱泥属于紫砂红泥中的一种泥，是红泥中之精品，所以朱泥壶也是紫砂壶的一种。然而当今有些学者和大师也质疑把朱泥壶归属到紫砂壶中是否合适，因为无论是从原料的化学成分、烧制的温度、可塑性、收缩率，还是手感的黏手程度，朱泥和其他泥料都有明显区别，甚至连紫砂壶最基本的“双重透气性”也大打折扣，所以才有人认为应该

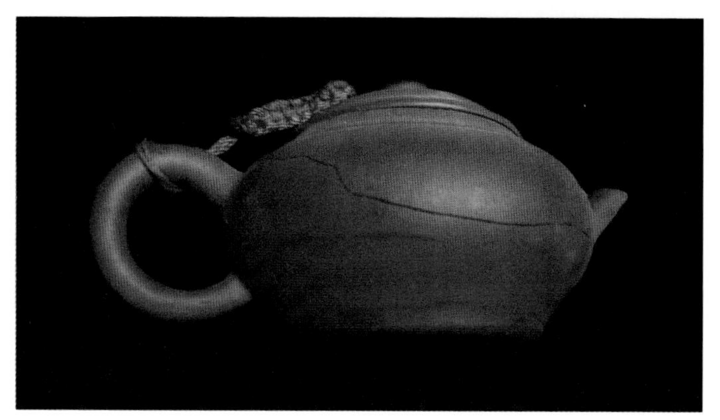

图88
文革朱泥大红袍水平壶

把朱泥壶单独成类，这样就可以避免一些可以适用到紫泥壶，但不能适用朱泥壶的尴尬。很明显的实例是朱泥壶对温度的骤变比较敏感，笔者曾经就惊爆过一把朱泥紫砂壶，非常有趣的是，那只惊爆的朱泥紫砂壶，不放热水时，外面根本看不到裂纹，只有倒入热水后才感觉到有水渗出。至于另外一把泥料稀少的文革朱泥大红袍水平壶，却没有这么幸运（如图88），相信茶友中，由于温差较大，曾经惊爆朱泥壶的茶友也大有人在，因此笔者认为应该把朱泥壶从紫砂壶中分出来，单独成类，不然就不能笼统地说紫砂壶有良好的温度骤变性。

新泥紫砂壶还有宜茶性？

紫砂壶烧成温度的高低，除了和泥料的成分有关外，还和泥料的粗细程度有关，颗粒越细，堆积的密度越大，表面越大，烧结活性大，则易于烧制，反之颗粒越大，堆积密度越小，就不利于热传导，所以烧结温度更大，这可以从20世纪80年代初和现代烧制数据的比较看出。根据宜

兴紫砂一厂李昌鸿与江苏陶瓷研究所人员1981年共同发表的文章可知，紫砂适宜烧成温度是1 250℃，现代紫泥的烧结温度在1 180℃左右，当时的颗粒级比>0.25mm的占24.12%，制壶的泥料常用的是40目和60目，现在由于磨碎机性能的提高以及市场对紫砂壶“以貌取人”，所以泥料被磨的很细，有100目的，有的甚至会超过180目，用这样的泥料制成细如滑脂的紫砂壶，再加上从20世纪80年代后期，台湾要求去除紫砂原矿中的“杂质”，从那以后，紫砂壶已经不同于以前的紫砂壶了，连徐秀堂先生都颇有微词：正宗紫砂泥做的茶壶烧成后的表面会有小的黑色溶出点（俗称铁质）及在反光下见到小银星点（长期使用即退去）这两个特点。20世纪80年代中期台湾掀起紫砂热时误判了，以为这是疵点，从而在买家诱导下千方百计地想尽各种方法，人工酸化等，企图去除之，直至今天，仍有人这样做，这实在是一种荒谬的做法，破坏了紫砂材质应有的天然明理之美。这样就失去了紫砂器本身最独特的双重透气性机理——宜茶性，也无怪乎一直钟爱宜兴紫砂壶的台湾茶友疾呼：“壶的发茶性，如人的本性，为紫砂壶的根本灵魂，失去了发茶性的紫砂壶，是难以攀登上壶艺的最高峰的”，所以后来茶人也慢慢转变，去台湾寻找替代品——台湾炻器，这也成为笔者不用新泥料的宜兴紫砂壶泡茶的原因之一。

紫砂壶可以隔月不馊?

清朝吴骞的《阳羡名陶录》中写道:“以尽色、声、香、味之蕴”,把紫砂壶的宜茶功能描述地非常精辟,言简意赅,还有“聚香含淑”“香不涣散”“注茶超宿署月不馊”“盛暑越宿不馊”等等,那这些总结是否经过验证?根据宜兴紫砂厂李昌鸿与江苏陶瓷研究所人员1981年发表的文章可以得知(见表15):

表15

茶 壶	红茶		绿茶	花及香料的香气/昼夜
	香气/15℃	33-55℃	香气/15℃	
瓷壶	1天	1天后发馊	3天后变淡	无
紫砂壶	5天	4天后发酵	5天后不变	有

紫砂壶(紫泥)有“盛暑越宿不馊、香不涣散”等功效,看来古人经过实践总结出来的经验是经得住考验的。因为茶叶中含有大量的茶多酚、蛋白质和有机物质,这些物质有部分溶解于水,有部分会残留在叶片中,相对来说温度高就容易滋生细菌,所以温度越高就容易变质发馊。

笔者也亲自做实验,对紫泥、朱泥、段泥紫砂壶做了对比:

- 测试的条件是室内温度22℃~30℃,台湾高山乌龙茶,把茶叶和茶水装满80、90年代的紫泥、朱泥紫砂壶,结果是:3天后朱泥壶已经发馊,而紫泥壶没有什么变化,笔者品尝茶汤,还可以喝。
- 测试的条件是室内温度24℃~30℃,西湖龙井,把茶叶和茶水装满80、90年代的紫泥、段泥紫砂壶,结果是:14天后才想起来,段泥壶已经发臭,而紫泥壶似乎还没有馊味。

笔者做第一个实验时,用了好几种紫泥的紫砂壶测试,发现泥料略有不,茶发馊的时间也不同,但总体来说,比朱泥、段泥紫砂壶都长,其中朱泥壶最短,段泥壶次之,紫泥最好。为了做上面的实验，也给笔者留下一个惨痛的教训，那个发臭的段泥紫砂壶，在清水中泡了一个月，还常常换水，并用茶水煮了很多次，虽然臭味已经消除，但壶面的污迹，无论是用牙膏、蔬菜清洁剂还是其他高效除污剂（Cif）等，洗过很多次还是不可以完全清除，留下永远的心痛，所以在此提醒茶友，如果要做类似的实验，一定要设定好时间，及时观察，不然就会像笔者那把段泥壶一样，弃之可惜，用之犹豫，尤其笔者是净衣派，喝完茶，所有茶具都要用热水清洗，晾干后再储存，虽然不敢说一尘不染，但也力争清洁如新，所以每当笔者看到那把黄色段泥紫砂壶表面的污迹却又无能为力时，真是非常无奈。另外根据上文的介绍可知，1981年宜兴紫泥的气孔率是20.9%，30年后的2011年，景德镇陶瓷学院古瓷研究所的论文指出：2011年紫泥的气孔率是17.35%。现在的紫砂壶，至少要烧两次，有时甚至重复入窑烧好几次，电窑烧制只需要几个小时，这样的速成外加多次整容，怎么可能与原矿紫砂泥在龙窑、品胜窑等经过20多个小时分阶段升温，再慢慢在炉膛里冷却一次烧成的老壶相比？实验可以证明，现代泥料的紫泥壶能一星期不馊的就凤毛麟角了，更别说朱泥、段泥紫砂壶了。《邵氏宗谱》中高熙《茗壶说·赠邵大亨君》一文：“且储佳茗，经年嗅味不改。”笔者在宜兴也遇到一位练泥高手，他也有类似的说法，但由于笔者没亲眼见过，也没有做过类似的实验，在此不做评论，但现在有些茶人手里一个月不馊的老壶，还是比较常见。总体来说，老壶（这里指90年代前的壶）才是真正意义上宜茶的紫砂壶，这是笔者不用新泥紫砂壶的另外一个原因。另外还需要澄清三个名词：紫泥壶、紫砂壶、宜兴紫砂壶。紫泥壶远到欧洲、日本，近到广西、云南、安徽等国家和省份都生产。紫砂壶：江苏宜兴和浙江长兴都生产。宜兴紫砂壶是三个名词中外延最小的一个，本书里面所谈到的紫砂壶均指宜兴紫砂壶。明末清初李渔的《杂说》中记载：“茗注莫妙于砂，壶之精者，又莫过于阳羡，是人而知之矣。”紫砂壶的生命情调在于壶本身的实用特性及功效，紫砂壶是茶人丰富心灵的写照，“瓦瓶亲汲三泉水，纱帽笼头手自煎”这是清代著名紫砂壶大师陈鸣远描述爱茶人亲自泡茶的场景。壶如同画家手里的笔，当茶和水在壶中短暂的交融时，壶便成为茶汤浓稠醇厚的起点，成了“茶画”的开端，茶人用壶来挥毫，用茶汤来感动喝茶人，用壶和茶汤绘出一幅能挑动人的心弦、可以净化饮者心灵的三维空间、一维时间和一维味道的五维美妙的可食画卷，泡茶壶是完成每幅巨作的起点，当然是至关重要的一环。

如何从口感和健康角度选壶？

江苏宜兴丁蜀一带蕴藏着各色优质的陶土，它既有砂的透气性，又有土的可塑性，俗称岩中泥，又称五色土，不需添加、配比其他原料，经过简单加工，即可制坯窑烧成陶，可以说是上苍对宜兴人的恩赐。即使是紧邻丁山的浙江长兴，两者处于同一地质构造带，泥料性质也相近，但长兴的紫砂壶的宜茶性已被证明与宜兴紫砂壶相差甚远。另外江西、福建、宁夏、山西、安徽、浙江等地也出产紫泥，下面对福建、江西的紫泥和宜兴1981年和2011年的紫砂的成分进行比较：

表16 福建、江西的紫泥和宜兴1981年和2011年的紫砂的成分进行比较

项目	Al_2O_3	Fe_2O_3	CaO	MgO	$Si0_2$	烧成温度	吸水率
2011年宜兴紫砂	26.25	6.64	0.46	0.84	61.36	1190℃	4.85%
福建紫泥	17.75	7.23	1.5	1.67	60.44	1152℃	6.74
江西紫泥	15.79	3.18	3.8	1.55	60.83	1080℃	5.63
1981年宜兴紫砂	25.61	9.39	0.83	0.32	52.88	1250℃	3.96

通过上表可以看出，不同地区的紫泥的化学成分区别很大，即使是宜兴的紫泥30年来的变化也很明显，通过去除“杂质”，现在的宜兴紫砂壶中含铁的比例下降了超过40%，以前老壶身上的黑色熔出点已经渺无踪迹。另外，氧化铝含量较高，熔点也较高，可是2011年宜兴紫泥中的氧化铝的含量比1981年高，烧成温度应该更高，实际上以前的烧制温度1 250 ℃却比现在1190 ℃来的高，这只能说明现在紫砂壶的烧制不是足火，而是欠火，见图89的颜色。当今许多段泥壶出现“吐黑”的问题，绝大部分因素就是没有足火烧制，这种段泥足火烧制后颜色呈橙黄色，浅黄就是欠火。由于现在紫砂壶市场的狂热以及经济效益的考究，紫砂壶行业不能再允许足火烧制而出现比较高的次品率，毕竟紫砂在比较高的窑温下，如果泥料不纯或者加工不均匀，甚至加温不均匀，都会发生气泡、变形、窑变等，从而产生次品和废品，欠火烧制则可避免这些问

图89（左）烧制两次后、（右）生泥

题的出现，当然买者对此则是一无所知，这就造成大量欠火烧制的紫砂壶充斥市场。古人有“过火则老，老不美观；欠火则稚，稚沙土气”，沙土气是泡茶最忌讳的因素，许次纾在《茶疏》中说：“用砂铫，亦嫌土气”，不但不宜茶，还损茶香、抑口感，足窑火的壶坚固细致并且沏茶好喝，紫砂泰斗顾景舟先生最推崇的清代紫砂大师邵大亨的每把紫砂壶都足火烧制，甚至略有过火。宜兴一位大师曾经告诉笔者，他说：“我可以负责任地说，现在市场上很少有足火烧制的紫砂壶”，这是笔者不用新泥紫砂壶的另外一个原因。

表17 2011年宜兴泥料的成分

成分比（%）	本山甲泥	底槽青	黑料	红泥	降坡泥	普紫泥	朱泥	本山绿泥
Al_2O_3	26.3	25.66	22.19	25.69	31.05	23.12	24.38	24.02
Fe_2O_3	7.18	7.79	10.48	5.13	6.29	7.24	8.12	3.35
$Si0_2$	62.64	59.95	61.53	63.13	55.23	63.89	61.1	61.55

我们知道紫砂成分中氧化铝含量较高，熔点也较高，石英含量高、收缩率大、可塑性差，制成大件比较少。结合上表可以得知，底槽青和降坡泥可塑性比较大，但降坡泥的熔点比较高，因此一般烧制温度比较高，红泥、朱泥虽然可塑性略差，但优点是烧制温度比较低。另外由于铁离子是人体非常重要的无机成分之一，所以从健康方面考虑，黑料和朱泥是非常好的选择。

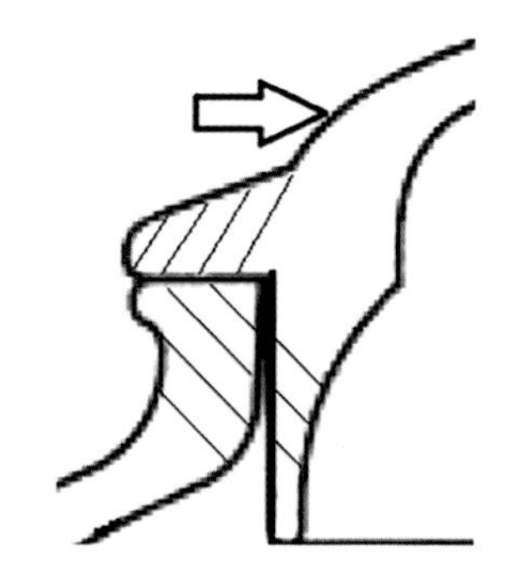
图90

如何通过敲击来判断真假紫砂壶?

通过敲击的声音来判断烧结温度，笔者常看到有些壶友，在挑选紫砂壶时，把壶盖在壶口中旋转来判断紧密性，或者把壶盖放在壶口上方，通过旋转发出的声音来推测烧制温度，其实这种方法对于专业人士是非常忌讳的，制壶人更是有苦难言。比如有些新壶，壶口和壶盖之间或许还有残留的金刚砂，如果几经旋转，则壶口和壶盖会增加摩擦，反而造成人为磨损，降低壶盖的紧密性。其实判断紫砂壶紧密性，只需要把壶盖换几个角度放入壶口，有经验的壶友，已经可以判断出八九不离十了，再则端起整把壶，手提壶盖或者上下轻轻地掂一下就可以心知肚明了。这也是许多玩老壶的人常说的，一把老壶（尤其是商品壶）拿上手掂几下，如果不“唱歌”就不是老壶的重要原因之一。至于如何通过敲击来推测烧制温度的正确方法，宜兴一位紫砂壶大师就告诉笔者，如果要敲击，最好用左手轻轻把壶身托在手掌上，用右手的拇指和食指轻拿壶盖，用壶盖上面凸起的部分（如图90箭头部分）去敲击壶把，通过敲击发出的声音来判断烧结的温度，他的解释比较合理，壶盖凸起的部分一般比较厚，去敲击把手不会伤到壶身、壶口，也不会伤及壶盖，发出的声音也是壶身整体的声音，这样才可以在不会损伤紫砂壶的情况下，获取最准确的信息，同一种泥料敲击后的声音越清脆则烧制温度越高。在所有泥料中虽然朱泥烧结温度不如紫泥高，但收缩率大，敲击后的声音最响亮似有金石之声，由此通过敲击可以分辨泥料是朱泥、红泥还是其他泥料。现在市场上出现了许多“紫砂壶”，它们本身已经不是宜兴紫砂壶了，无论是用其他地方的泥料还是通过掺加化料拉坯、注模等工艺批量生产的壶，由于没有试验数据，只能做些推断，一般来说那些泥料本身缺少砂质，泥料比较细密，常常发出金石之声，不过有些“紫砂壶”用陶土制成，类似潮州壶，这样的壶，敲击发出的声音就比较沉闷，所以如果说单靠敲击来判断宜兴紫砂器的烧制温度尚算可行，但用来区分是否是宜兴紫砂还不够充分，还需要借助其他因素来判断。

如何鉴别全手工、半手工壶?

笔者接触很多大陆的茶人、壶人，言必提全手工壶，对于借助模具制成半手工壶，似乎不屑一顾。其原因是一个制壶人，用同一个模具可以做出很多一模一样的紫砂壶，我有别人也有，数量大了就不值钱了，俗话说 “物以稀为贵”。总而言之，第一是面子的问题，第二是金钱意识作祟。为了弄清全手工壶和模具壶的不同，突破鉴赏紫砂壶工艺的瓶颈，笔者去宜兴和一位紫砂二厂、有近30年制壶经验的师傅学做紫砂壶，虽然时间不算长，但学完整个流程，从打泥片到拍身筒，从全手工到模具制作整把壶，都过手一遍，收获颇丰。1958年前紫砂壶基本都是手工制作，最多借助一定的器具来提高效率，后来开始引进石膏模（如图91），所谓的模具壶，绝非是拉坯做成的，宜兴紫砂不同于景德镇的瓷土可以通过拉坯制作，也不能用注浆方式制成，

图91 石膏模的一半

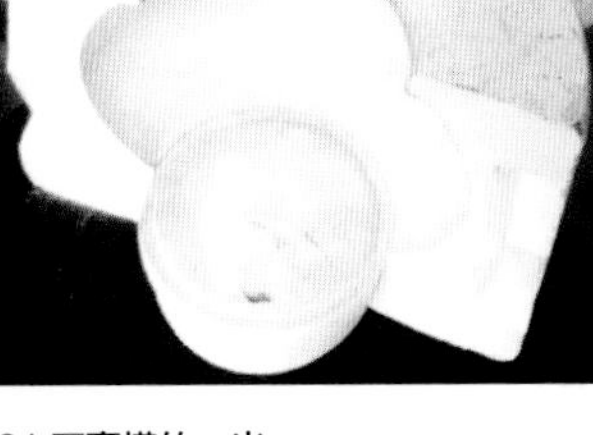

图92（左）模具、（右）全手工

20世纪50年代后期，紫砂工艺厂曾经成功创造了“模型注浆成型法”，但通过注浆生产出来的胚体表面有一层浮泥，很难加工修整，若通过加注玻璃水，烧成后虽然颜色像紫砂，但实际已接近瓷器，不透气，这种注浆壶丧失了宜兴紫砂的宜茶性，最后还是被淘汰。现在我们所说模具壶的制作，是用拍打好的泥片放入模型内进行压、刮整形，然后取出再加工，所以说，模具壶是半手工壶。通过图92的比较可知，模具壶内比较光滑，尤其是底部和壶身处，全手工壶的底部和壶身是两块泥接在一起，无论如何修正，在底部接口处都会留下一定的痕迹，而模具壶没有。另外模具壶壶身除了没有接口外，胎体的厚度基本相同，与全手工壶相比一般略厚，这是由于全手工壶在打身筒时，壶的内部需要用手指扶住，外面通过拍打形成壶身，所以壶身内部会保留一些手指纹，或者有些凹凸不平，而且还可以做到很薄。另外就是模具壶内部，由于没经过手指的扶、压不如全手工壶内部光亮。上面的现象都是自然形成的，如果后期经过人为处理，就很难确定了。按照笔者师傅的说法，一只模具壶，经过刻意修理，根本无法分辨出是模具还是全手工。笔者拿起师傅十几年前做的紫砂壶，无论如何细致观察、耐心感触，都无法分辨出那是一把模具壶，因为它被师傅刻意修正后，更像是全手工壶。所以从那以后，笔者已经不再看重别人所说的模具壶和全手工壶了，模具壶也需要制壶人手工修正，只不过壶的局部借助模具制成。如果一把全手工壶和一把模具壶，同一个人用明针来做精心修正，二者外观上差异可以做到微乎其微，那二者的宜茶性又如何?

全手工壶和模具壶哪个更宜茶？

为了探究全手工壶和模具壶对宜茶性的影响，笔者和老师一起用上好的泥料，用同一个矩车，划出同样尺寸的圆片（底和口），一个全手工打身筒再用明针来压光，半手工则是把打好的泥片放入模子中压、刮出来的身筒，其他是老师亲手修饰，然后去龙窑烧制而成，流、把、盖、盖沿、壶身、出水口等都经过特别宜茶处理，或许外观不是尽善尽美（新壶如图93），但一定是宜茶的壶，经过几个月测试，结果是两者没有明显不同，所以说，如果茶人去找一把用来喝茶的紫砂壶，全手工壶、模具壶对泡茶的口感和发茶性基本没有差别。那是不是说全手工壶和模具壶就完全一样？答案当然不是，差异如下：

- 仔细观察图93，右边这把壶要比左边那把来的圆润光亮一些，壶身的弧度也比较自然，这就是全手工壶的优点，也许是多了一道拍身筒，让泥料和制壶人的手指更多亲密接触，泥料更愿意把最好的一面展现给辛苦的制作者，是对制作者的一种回报，最后一道工序了坯，用明针来修正，做最后抛光、压光、磨光的时间或者次数比较多。经过相同频率的泡养，右边的壶略显光润晶莹已经出现“黯然之光”的包浆，非常光亮油润，左边模具壶的变化就慢些。

图93 南洋真迹紫砂壶

图94

- 右边这把壶比较自然，壶盖略厚（如图94）、壶盖里面是凸形、桥形盖钮俗称“的子”略小，左边那把壶则略微呆滞，壶盖略薄、桥形“的子”略大，壶盖的子口比较长，这样倾斜壶身倒茶时即使不用按住壶盖，盖子自然翻落的概率大大下降……
- 眼睛不容易觉察的一点是容量，虽然和老师一起用同样的矩车，划出同样尺寸的圆片（底和口），壶嘴也是相同，可烧制后，二者的容量相差30毫升，当然是全手工壶的容量大了，毕竟拍身筒时手指和拍子之间博弈，使得泥料摆脱模具规矩的形状，随着制壶者的手指尽量地拓宽本身的胸怀和度量，这应该是它们最大的不同吧。

按照某些人的审美观，这两只壶的把、盖和壶嘴这儿不好、那边欠佳，在此笔者不做更多的解释，谁都希望尽善尽美，然而现实是事与愿违，毕竟笔者是茶人，好用一定比好看来得实际，制壶人可能并不知道：截盖易损、凸盖宜茶、沿长宜存，以及的子（盖钮）的大小、形状，出气孔的大小、形状、位置，壶把如何易握而不打滑、什么位置才是重心的最佳配置、什么形状最人性化等等因素。也许他人认为是不美观的地方正是笔者要求修改后更加人性化的地方，茶友们多用紫砂壶喝茶，慢慢就会明白其中道理了。

壶嘴的类型有几种?

紫砂壶的壶嘴，也称作流，类型就其弯曲情况来分，大致可分为一弯嘴、二弯嘴、三弯嘴、直嘴和流五种。古人云："七寸注水不泛花"，说的就是，茶壶提起七寸高，往容器里注水不会水珠四溅，这就要求壶嘴出水流畅，注水如柱而不散，斟完收水时，壶嘴不流涎。但玩过厂壶的人都知道，厂壶中的商品壶，一般都会"唱歌"流口水的，许多茶友经过多年来喝茶品茗，变得更加豁达、更加宽容，都可以欣然接受这些特色。按照当时的工艺水平或者说市场模式，那样的壶才是主流，在计划经济模式下，每个环节都是生产线，大批量生产，还要求生产员工把每个壶嘴内部都细心打磨，使得每个壶嘴的内壁都光洁顺畅，想起来的确不太可能。再说当时的市场要求，壶盖要在壶口有一叶茶叶时，也可以盖下，这和当今对壶盖的要求纹丝不动截然不同。如果根据当今的要求去衡量以前的产品，就如同到唐朝去找长流的汤瓶一样好笑，首先当时的工艺无法烧制出长流的壶，另外"唐煮宋点"，长流的水柱，只有在宋朝点茶时，才可以大显身手，没有强有力的水柱如何分出"罗汉贡茶""点茶现诗句"等景观，日本高僧道元去天目山万年寺求法后回到日本，也多次在《十六罗汉现瑞华记》中提到瑞华（花）。

实用和艺术孰轻孰重?

现在茶友对壶嘴的要求是出水顺畅，刚劲有力，弧线明快，水柱聚而不散，倒入杯底无声，收水果断，断水即止，简洁利索，不流口水，并且倾壶之后，壶内不留残水。在制作过程中，壶身和壶嘴的开洞处要尽量的大，任何网状和球状过滤部分都会降低流体（茶汤）的速度，如果不是泡略碎的茶，独孔还是不错的选择。另外有经验的制壶人，会在做好的壶嘴安装前，用刀具在

图95 艺术紫砂壶

壶嘴内沿压一条小凹线，来减少流口水的现象。然而并不是每个制壶人都知道这些秘诀，因此茶人偶尔需要自己动手修正，这样不可避免地会带来一定的风险。笔者曾经做过，把一只略向下弯、出水孔不居中的老壶壶嘴边缘用细砂纸磨掉一些，我们知道为了做到出水、断水的干脆利落，壶嘴周围的管壁不应太厚，所以打磨并不麻烦，于是自己动手把那把双线竹节壶的壶嘴磨掉一部分，随后壶嘴内部那条被压进去的凹线出现，以后无论再如何打磨，出水孔都不再是正圆了。概言之，从外面看紫砂壶都差不多，但内部略微的区别，就可以看出制壶人是否清楚，如何制作才可以使紫砂壶更适合泡茶。

作为泡茶壶，壶形越简约、越“光”越好，用起来方便，清洗容易，不用时刻提心吊胆把艺术化的把摔断、碰坏，把标新立异的盖损伤或者弄断的子（盖钮）等等，而且光货也是最显功力的器形之一，要能在光货中做到傲视群雄、出类拔萃，自古以来能数得出的顶级大师只有邵大亨和顾景舟了，能在简约之中做出美感，非常富有挑战性，这就是顾景舟大师所说的“神”，每位制壶大师都把这一点作为目标，所以才有大量的光货作品制作出来，并且在紫砂壶史上长盛不衰。除了紫砂纯艺术作品外，紫砂壶和其他工业品最大的区别是，紫砂壶是实用的器具，而且会越用越有价值，周澎《台阳百咏》中提到：“最重供春小壶，一具用数十年则值金一笏”，连紫砂壶鼻祖的壶，都要用过数十年后，价格才很高，无可否认名家的壶不使用也会自然升值，但和经常使用，让它多喝好茶，经过茶人细心照顾和养护后的价格来比则是相差悬殊。顾景舟先生在谈到壶艺的时候指出：紫砂壶艺是实用工艺美术产品之一，是具有艺术气息的实用品和装饰品，要求产品的气质更美。因为壶艺产品是为生活服务的，这就要求做到美和实用相结合。装饰生活，适用于生活，既方便实用，又能陶冶性情，从实用中获得美的感受。要实用还要好用，更关键的要素是宜茶。如图95两把壶，艺术气息浓厚，意境深远，但照片中上面的壶，由于出水孔小并且壶嘴上翘，所以出水不够急，下面的壶心形出水孔体现了整体意境，但水注被遮住一部分，影响出水的速度，艺术固然重要，但用起来不方便，就成了遗憾。另外紫砂壶毕竟不是银壶、铸铁壶，它易碎，稍不留意什么艺术品都会成为残品变成碎片，因此徐秀堂先生就曾质疑，一把紫砂壶的价格怎么可能超过同款的金壶？或许要反驳的人的理由也很多，但这也反映了一个事实，紫砂壶通过市场的炒作，它的市场价格已经远远超过同样大小、同样造型的黄金壶价值了。

再比较两把壶，如图96，先分析右边的壶，形状如同钟形，壶底比较大，所以壶嘴装在壶身最外翘的部分，如果像左边壶一样，把壶嘴放到壶身的上部，那右边壶倾斜到90°，壶内也会有残水无法倒出，这就是右壶壶嘴放置位置的合理性左壶是石瓢壶，底比较大，壶嘴装的位置如此之高，就不如把壶嘴下移至壶身中部或者略靠下（可以参见曼生石瓢壶），这样不需要太大

图96 石瓢壶和钟形壶

的倾斜角度，就可以把壶中的水全部倒出，因为倾斜的角度越大，壶盖掉出来的概率就越大，老茶友、茶人都有碰损甚至碰坏壶盖的惨痛经验，所以紫砂壶壶嘴的位置和壶盖子口的长短都直接关系着紫砂壶的寿命。下面再来分析图96两把壶的特点：

1. 这两把壶壶盖里面左边的壶是平的，右边的是凸起的。明末周高起在《阳羡茗壶系》中亦强调："壶盖宜盎（凸）不宜砥（平），汤力茗香，俾得团结氤氲"，泡茶时壶盖上面凸起的那部分空气的对流可以直接影响茶汤的口感。
2. 无论是泡台湾乌龙茶还是养壶时，茶人常常会用热水或者用洗过的茶汤、剩余的茶汤淋壶，左壶的气孔位置不可避免地造成水或茶汤从气孔灌入，不但不卫生也会影响壶中茶汤的质量，而右壶却没有这样的问题，气孔在壶盖的最高位置。
3. 投茶注水时，壶盖要拿下来，哪一把更容易拿，应该很明显，再则要考虑如何放置壶盖，最正确的方法是反着放，在拿起壶盖时，哪把壶在手不接触壶盖内部的任何位置的情况下更容易拿起来?
4. 右壶的壶嘴是三弯，这种造型、这个位置，根本不允许壶嘴用其他形状，二弯后壶嘴前端再略微前曲，出现这种小三弯嘴，如果直接是二弯，倒水时水注可能会自然喷出。

喝茶时，还有很多细节都会直接影响壶的使用，一把紫砂壶无论"形、神、工、款、功"等方面多么无懈可击，仅一点遗漏，不太宜茶，在茶人眼里也是残缺。笔者在大陆遇到许多茶友，拿出一把非常昂贵的大师壶，有些还舍不得用来泡茶，而且它们还是不宜茶的壶，那这样的茶友距离茶人还有很大距离。壶的价格高低，制壶者的名气如何等一些外在因素，对于平和谦逊的茶人来说，只是浮云，紫砂壶的内涵在于用起来顺手还能泡出最佳口感的茶。至于艺术信息，那只是第二性的考虑。在谈到紫砂壶的价格和制壶者名气时，徐秀棠先生的回答非常精辟："不要迷信价格！现在，有些搞民间艺术的，浮躁习气很浓。不肯坐冷板凳，总想尽办法去混职称、炒名气，有的人，一年到头办展览卖作品。一把壶最少要做20天，一个人哪有那么多精力！他卖的东西，要么是粗制滥造，要么是徒弟做的……"。

如何从艺术角度挑选紫砂壶?

一把好的紫砂壶，它必须是能充分彰显紫砂本身特殊宜茶性的壶。这就是为什么茶人比较推崇老壶的原因，用老紫砂壶泡茶，茶汤的口感比用瓷器好，但这不是一朝一夕可以养成的。明朝周高起在《阳羡茗壶系》告诉我们，紫砂壶能发真茶之色、香、味，明朝的文震亨在《长物志》中提到“茶壶以紫砂为上，盖既不夺香，又无熟汤气。”反而一些现代人或许没有使用紫砂壶泡茶的经验，或许只是经验不够丰富，所以才有“紫砂壶泡茶不吸茶香”的观点。古人以言简意赅的几个字就非常精辟、准确地把紫砂壶的特色概括起来，一个“夺”字和一个“吸”字会大相径庭，道理显而易见，老壶倒入白水也会有茶味，不言而喻紫砂壶留有茶香，这就是老壶为什么会增加茶汤口感的原因之一，也是紫砂壶“一壶不侍二茶”的道理之所在。就算是清三代从皇宫内院吹起的宜钧釉或者部分上釉的宜兴紫砂壶曾经风靡一时，但正是由于外表涂了一层釉，完全破坏了紫砂壶宜茶的特性——双重透气性，这种挂釉的紫砂壶很快就退出了历史舞台，只是昙花一现。如果一个实用器失去了它本身特性，那何用之有？20世纪80年代初，当宜兴紫砂壶风靡

图97 长兴紫砂壶

图98 抛光壶

港、台、东南亚时，长兴紫砂壶也不落人后，无论从形、工、款、功，甚至价格方面都没有落于宜兴紫砂壶之后（如图97），但经茶人几年下来品茶的体验，虽然只有几十千米之距的宜兴和长兴，其泥料的宜茶性绝对不可同日而语，因此长兴紫砂壶也很快就退出国外紫砂壶市场。或许有些人说，买紫砂壶买的就是艺术，目的不是用来泡茶，笔者建议这些人收藏长兴紫砂壶，其艺（艺术价值）价比远远在宜兴紫砂壶之上，这可以从长兴紫砂壶在2002年全国十大紫砂茗壶评选中独占第一和第二得到验证。

还有一类壶是抛光壶，是紫砂成品表面加工的一种方法。最早为紫砂壶抛光的国家是泰国，在清中、晚期甚至到民国时期，宜兴出口到泰国的一些高端朱泥紫砂壶，到达泰国后要先经过磨光、抛光再在壶嘴、口钮、盖沿等处镶金（主要是铜，也用金、银），有的配以金属提梁，部分作品底款为泰国文字或图案，经抛光、包金处理的紫砂器既光可照人又显得富丽高贵，更是泡茶利器，当时泰国皇室和富贵人家对这类壶趋之若鹜，它也是中国产品和当地文化相互融会贯通的最佳实例。据历史记载，在清朝光绪年，泰国国王订制了一批宜兴紫砂壶，壶底或盖身印有楷书“贡局”等字款，这批精美的紫砂壶，曾用于泰国宫廷和皇族以及皇家寺庙。

时过境迁，这种口、沿包金、抛光工艺在中国也慢慢被市场接受，尤其是21世纪以后，紫砂壶面向庞大的大陆市场，人们对于紫砂壶的需求也不尽相同，也许有些人没有太多时间和紫砂壶共处、静心养壶，又想很快享受紫砂壶肌肤光滑、入手可鉴的感受，所以市场上经过抛光处理的紫砂壶越来越常见。从其发茶性来说，经过这道处理的原矿紫砂壶用来泡茶，茶汤的口感并没有发生什么变化。至于有人说，经过抛光的紫砂器会失去了质朴的肌理，而且玻璃相的光泽不如自然的宝光温润可爱，笔者则不敢苟同，俗话说“爱美之心人皆有之”，同做两把紫砂壶，一把经过抛光，一把未经抛光，然后让大众选择他们最喜欢的壶，最后大多数人会选择抛光壶，质朴之美固然可爱，但能欣赏的人却是少数。会享受养壶过程的茶人，手中有黯然之光的紫砂壶和讲究效率的茶友手中光可鉴人的紫砂壶各有千秋，比较不同工艺处理的紫砂壶，从中学会理解、包容不正是茶人所追求的可容花木、可纳雅音、旷达随心的境界吗？不管你有没有，反正我有了，如图98。

紫砂壶是否需要“开壶”？

一把从未使用过的紫砂壶，在准备使用时，许多人都建议要开壶，许多壶友也经常会问到这个问题，其实所谓的“开壶”应该是近些年来新出现的一个词语，至少在海外茶人圈子里没有这个概念，但是紫砂壶在使用前的清理还是很有必要的，具体步骤如下：

1. 把壶身和壶盖分离完全浸入盛满清水的容器中（为了防止摩擦或者其他意外，不要使用金属容器）， 把壶口朝下完全浸入清水中，年代越久的壶浸泡时间越长，笔者的经验是新烧成的紫砂壶浸泡时间至少要几个小时，20世纪的紫砂壶浸泡至少10个小时，有时需要浸泡24个小时以上，因为以前紫砂壶批量生产，壶的内部、壶口处、壶盖边沿等非外露的部分大都没有经过仔细打磨，壶身内部常常沾挂着一些陶屑，壶身出水口无论是网状还是孔状出水孔都非常粗糙。另外，壶口和子口处也常常有未清理掉的小陶屑和打磨用的金刚砂，所以经浸泡后有些可以自动脱落，不能自然脱落之处经过浸泡，也更容易打磨和清洗。
2. 捞出壶身，用牙刷把壶身内外完全打磨一遍，如果遇到壶身内部用牙刷不能清除掉的小陶屑，可以用坚硬的器物小心地去除，壶身独孔或者多孔出水处也需要用硬质的器物打磨光滑，至于壶口和子口处的金刚砂基本都可以自动脱落，壶身和壶盖表面的小小砂粒凸起部分，不建议清理，经过这样处理后的清水中都会出现一些硬质杂物，把

水倒掉。

3. 把壶和壶盖分别放到平底锅中，壶口向上注入清水，水面超过壶身2厘米以上。
4. 开小火把水烧至沸腾，烧沸时不宜盖壶盖并保持沸腾两分钟以上，关火，有时水面出现一层蜡脂，这是因为20世纪的宜兴紫砂厂生产的紫砂壶（厂壶），为了增加美感，不少产品在出厂时打过一层蜡，清除掉这层蜡脂，该紫砂壶还可以照常使用，有时锅底会出现一些细小硬质的杂物也非常正常，但要换水再烧开一次。这样是为了除去壶身的打蜡以及壶身上出现的微生物。正如上文所提，笔者也从事收藏和鉴赏，在放大镜下经常会观察到紫砂壶印章以及壶身凹进部分有全身晶莹剔透的微生物爬行，一般来说，肉眼的最小分辨率在0.15毫米左右，肉眼仔细盯住那个微生物，基本可以看到它的移动，所以此类微生物的大小应该在零点几个毫米左右，因此笔者一贯推崇先煮壶，使用时也要经过沸水淋壶。同时这种煮沸方式也是鉴别真假紫砂壶的一种方法，如果经过第一次煮沸，清水变成其他颜色、水面有油迹、有异味等，则说明该壶可能经过做旧处理，或者是仿紫砂，不宜用来泡茶。
5. 经过两次煮沸，等紫砂壶冷却下来，换水并加入准备要泡的茶叶，如果暂时没有确定日后泡什么茶，可以加入喝剩的绿茶叶底，再次烧沸，烧沸时不宜盖壶盖，沸腾5分钟后关火，自然冷却，再捞出紫砂壶，用擦壶巾对整只紫砂壶轻轻擦拭，擦完后将壶放至通风处，自然晾干，以供后用，此壶不但泥土之味已经清除，也顺便给紫砂壶去了几次火气，壶身也略显黯然之光了。

同一把紫砂壶能泡多种茶吗？

古人云“一壶不侍二茶”，这是由于古人没有现代的科技产品，比如冰箱、空气净化器等，所以就利用紫砂壶储茶不馊的特性，把剩茶留在紫砂壶中，常年累月养出茶山。现代茶人喝茶后，随即清洗茶具，用热水冲烫再晾干，所以不会出现茶山。现代人除了夏天外，基本不喝隔夜茶，即使茶储藏在紫砂壶，甚至冰箱里面，这也是与社会的发展，人们健康意识的提高，以及物品的极大丰富息息相关的。现代的茶人都知道，一把紫砂壶，用冷水热水重复冲洗几次，壶身所储的茶香就可忽略不计了，这可以从宜兴制壶的大师、艺人们用同一把壶，泡多种茶中略见一斑，所以说，如果条件不允许“一壶不侍二茶”，那一壶多用也是可行的。

换而言之，如果用同一把壶泡制不同的茶，通过以上方法去除掉残留的香气，即使做到泡茶不串味，但已经无法做到用紫砂壶泡茶提高茶汤底蕴和香气，一把紫砂壶泡制同一种茶的妙处就在于壶中残留的茶香会助茶汤更加醇厚，香气更加浓郁，所以笔者会使用一种紫砂壶只泡制一种茶叶，甚至至少准备三只不同容量的紫砂壶泡制同种茶叶，以备不同场合使用，详见上文。

如何挑选一把宜茶的紫砂壶？

古人已经总结了许多紫砂壶宜茶的特性：

壶型：壶的造型实用和意趣成为茶人品茗、玩壶、赏壶的重要因素。壶从远古青铜器、隋唐金器、银器、唐代长沙窑、五代越窑、宋朝耀州窑、龙泉窑到元、明、清景德镇的瓷器都见证了历史的辉煌，茶器也被赋予不同的称谓，譬如“水注”“注子”“汤瓶”“汤提点”“执壶”……虽然名字各异，但功能相同，不是用来装水、装酒，就是用来放茶。那么前人对茶壶的描述，对现代人有何可鉴之处？下面摘取一些相关的记载：

- 明朝冯可宾在《岕茶笺》说到：“茶壶以小为贵……壶小则香不涣散，味不耽阁。”
- 明末周高起在《阳羡茗壶系》中亦强调：“故壶宜小不宜大，宜浅不宜深；壶盖宜盎（凸）不宜砥（平），汤力茗香，俾得团结氤氲。”
- 明末清初李渔《杂说》对于壶嘴的描述：“凡制砂壶，其嘴务直，购者亦然，一曲便可忧，再曲则称弃物矣。”
- 清代俞蛟的《梦厂杂著》中品评工夫茶时写道：“壶出宜兴窑者最佳，圆体扁腹，努嘴曲柄……”

前人为我们指出宜茶紫砂壶的特性：

A宜兴紫砂壶；B壶小而浅；C圆体扁腹；D壶嘴要直；E壶盖要凸；F壶把要曲。

参考以上要点，市场上的几款经典壶形，完全符合以上特点，比如水平壶、西施壶、石瓢壶......

容量：紫砂壶的容量不是简单装水的容积量，而是根据不同类别的茶和不同大小的杯可供几人分享的考究，壶体是茶叶绽放、舒展的空间，是茶香和汤味和声共鸣的殿堂。壶小，精巧，但不宜人多，所以按照品茶“一人得神，二人得趣，三人得味”和“茶三酒四”的说法，以泡台湾乌龙茶为例，笔者认为，小壶以80~150毫升为好，这就是传统上所说的6杯和8杯的紫砂壶，茶人有时还要考虑到超过三个人的时候，比如五个人一起喝茶，甚至七个人以上的聚会，所以还要准备200~250毫升的中壶和300~350毫升大壶，如果有条件的话，准备三把壶，可以同时使用，不但在任何场合都不失礼，还可以把一把作为公道杯，另外一把放前面洗茶的茶水，这样可以同时养三把壶，一举多得，何乐不为！

壶容量的大小会随着时代的不同而改变，也会因人而异：

- 俞蛟在《梦厂杂著》提到：“大者可受半升许。”

- 徐汉棠先生在《宜兴紫砂五百年》中谈到外销到欧洲的紫砂壶时提到："壶体很小，大部分容积在300~400毫升之间。"
- 现代茶书推荐容量350毫升的紫砂壶为最佳，有些书把200毫升以下的壶称小壶，200~300毫升称为一手壶，300毫升以上的就是大壶了。

所以大壶小壶只是主观的判断，不可一概而论。如果说壶的大小反映了茶人的意境，茶人可以很好的掌握投茶量，冲水的高度，泡茶的时间以及出汤的时间，壶体的大小对于茶汤口感的影响会完全由茶人娴熟地掌控，壶的大小也就不是问题了，但这需要有丰富的经验。一般来说，茶人使用小壶泡茶会游刃有余，中壶也能勉强凑合，但使用大壶时，就无法做到茶水交融，气韵生动，口感最佳了。总而言之，对容量的考究不要成为负担，要根据实际需求和个人的偏好去把握，更不可人云亦云。

制作及实用性：德国人劳撒(Lothar Lederose)评价中国艺术品的模件化时说："中国人创造了数量庞大的艺术品……都是中国人发明了以标准化的零件组装物品的生产体系……从而创造出变化无穷的单元"。模件化壶、壶嘴、壶把、壶盖……都是由专人负责，加上手工在泥胎上进一步的雕琢，使得紫砂壶出现个性化的差异。正如现在汽车制造，没有一个品牌汽车所有零件都是由同一个厂家生产的，随着社会发展和技术进步，社会分工会越来越细，连汽车的一个小小的弹簧，都是由特定专业的弹簧公司所生产，如果说一个人、即便是一个公司，可以制造出一部汽车，而所有零件都是自己制造，那无论如何，都没人相信这样的汽车总体特性会比大型模件公司模件化的汽车来得好。或许有人会说紫砂壶的制作过程比汽车简单很多，一个大师亲自去做，会比模件化做得好，听起来似乎有些道理，毕竟现在没有一个大型公司集合壶身、壶嘴、壶把、壶盖……每个模件的大师和雕刻大师，再用装配大师来精心组合来生产紫砂壶，不然其产品一定会让当今所有作坊的作品黯然失色。这也可以从顾景舟大师的石瓢拍出上千万的天价得到验证，那几把紫砂壶集合了制作人——顾景舟、壶上的图画作者——著名书画家吴湖帆和江寒仃，以及顾景舟镌刻、任书博篆刻的底印章和王仁辅篆刻的盖印章等，没有这么多其他因素，这样价

图99 清 · 安吉款百果壶

格会让人惊奇的。有时我们看到一把壶，从壶嘴、壶身就可推测是哪个派系，甚至从泥料也可以洞察作者或者派系。毋庸置疑，茶壶的天职就是泡茶。换言之，选择茶壶时，便不应违背“实用”的基本原则，《茶经》中对茶具要求是“古雅美观，并有益于茶汤外形及内质”；现代茶书告诫茶人“紫砂壶手工不可能像机器做的那么严密，有些人片面追求精密，所以把盖子浮起一点进窑，出来再用金刚砂在里面一磨，磨通了再烧一遍，修得纹丝不动，这样的精密实际上失去了手工工艺品应该具备的灵性和意趣，就变成了机器货了。”在谈到欣赏紫砂壶时，也特别指出四个必要条件，除去三个材料和工艺的标准外，另外一个就是好用；有些茶书也指出“茶具首先能衬托茶的汤色，保持浓郁的茶香、方便人们品茗…… ”；有些书籍提及紫砂壶选购时说，紫砂壶是用来泡茶、沏茶的，所以选购先从其实用性来考虑，许多紫砂艺人在制造紫砂壶时，尤其是创新作品时，往往过于注重造型的形式美，却忽略了其实用功能，因为有些紫砂艺人自己并不喝茶，至少不太会喝茶，所以对如何泡好一壶茶知之甚少，这直接影响了本身制作的紫砂壶特性的发挥，许多紫砂壶出现了“中看不中用”的重大缺失……紫砂壶的实用性是指其沏茶功能，评估一把紫砂壶的优劣，“实用性”是第一位，即使那种专门用于收藏的高档紫砂壶也应如此（现代紫砂陶艺应另当别论），一把高档的紫砂壶在实用性上不该有任何缺陷，若有，就是一把不合格的紫砂壶；徐秀堂先生在《紫砂工艺》也提到“选择紫砂壶首先着眼于壶的容量大小以及实用性……”，中国紫砂泰斗顾景舟在《壶艺说》中写道：“一件上好作品的内涵，必须具备三个主要因素：美好的形象结构，精湛的制作技巧和优良的实用功能。”综上所述无论是商品壶还是精品壶，如果偏离了紫砂壶是泡茶利器的这个基本原则，无论创意如何独树一帜、做工如何精湛、外形如何漂亮，只要不利于泡茶，甚至不能用来泡茶，那只能是一件异化的产品，因为万变不离其宗，紫砂壶的生命就在于它的宜茶性。

最后还要注意，一把宜茶的紫砂壶，还要用起来顺手、洗起来容易、放起来方便，毕竟紫砂壶是为泡茶而生，所以使用过程中难免会磕磕碰碰，它本身不是金属，那些造型复杂的紫砂壶，很容易碰伤，如图99清安吉款的百果壶，造型独特，仿生逼真，从辣椒、蘑菇、瓜子、枣、菱角、花生等惟妙惟肖，并且用到了紫泥、红泥、段泥、黑泥等，晚清时期的紫砂泥非常宜茶，但由于造型比较复杂不利于清洗，也没考虑到如何把壶盖和壶把之间加绳固定等因素，结果使用一段时间后，盖的子口碰掉一小部分，菱角状壶把的尖端也被碰断一小截，心痛当然是在所难免，为了免其受到更大的"伤害"，只好偶尔拿来泡茶，但也是提心吊胆，最后只能束之高阁，只供欣赏而已。不知道它算从一个实用工艺制品升级到纯艺术品，还是降级到不实用的工艺品?

壶为茶用

为了得到第一手的资料，笔者曾到宜兴和一位经验老到的老师学做壶，并和老师一起根据笔者品茶经验做了两把石瓢（见图93），到现在笔者还未觉察出，用这两把全手工和半手工的

图100 70年代末的水平壶

图101 南孟臣款

紫砂壶泡制同一款茶口感会有何不同。根据以前喝茶的经验，用全手工和半手工壶泡茶无明显不同，甚至笔者用手中的清朝的、民国的、文革的、现代大师的……紫砂壶泡茶，口感都不如这把70年代末的水平壶（见图100）。说起来水平壶，看起来简单，但内涵非常丰富。比如，这把水平壶在放大镜下会发现，胎体中矿物质非常丰富，还真是“五色土”（放大镜下可以观察到超过五种颜色的材料），是荆溪“南”孟臣款的壶（图101），它非常利茶，这也可从台湾前辈总结出来的经验得到验证。

“真金不怕火炼，好货不怕试验”，笔者向来是先记住前辈的经验或者教训，然后亲自测试，最后得到结果，这就是本人为什么会去宜兴，用上好的泥料，根据笔者品茶经验和一位有20多年经验的老师一起做壶，亲身参与整个制壶过程，让茶人和制壶人全方位地交流，竭尽全力争取能还给紫砂壶的尊严，充分体现“壶为茶用”的真谛，并且还要验证和解惑，所以全手工和半手工各做一把壶。两把使用同样的老泥制作，在龙窑烧制而成，流、把、盖、子口、壶身出水口等内部都是经过特别处理，或许外观不是尽善尽美，却是泡茶利器，熟知壶性的茶人见到这样的壶都会爱不释手。

另外一些因素也会影响紫砂壶泡茶的口感，比如说泥料、烧制的时间和火候的控制，因为其中有些因素不是笔者的强项，因此不再赘述。如果有茶友问笔者，还有其他壶比这个壶更宜茶的吗？笔者的回答是：“当然有，许多茶人手里的壶，可能不是名家所做，也不是全手工壶，但其泡茶的口感一定会让资深茶人、茶友流连忘返的”，至少笔者还有另外一把壶，可以和这把水平壶相比较，详情见下文。

如果对壶的认知是以外观、名气、价格为基点，缺少对壶型的实用性、宜茶性的研究，并以投资、获利为目，皆不在本书的探讨范围内。正如台湾池宗宪先生所说“用壶的基础，在于了解壶的发茶性，也是对紫砂的一种最根本的了解。我们是以茶解壶，壶为茶用，茶为人用”。

你的哪把壶最宜茶？

谈到最宜茶的紫砂壶时，正像上文提到，许多茶人手里的壶，虽非名家所做，但泡茶功夫超群。笔者收藏的近200把紫砂壶中，绝大部分是20世纪以前泥料的紫砂壶，包括从清朝到民国、从“文革”到从八九十年代，虽然还有一些新烧制的壶，但泥料也是老泥料。测试和比较了这么多紫砂壶，才发现这把壶（如图102），20世纪70年代末80年代初，由宜兴紫砂二厂建厂时制造的一批底款为“中国宜兴”的商品壶，在新加坡被老茶友称为“伊丽莎白二世”的黑泥紫砂壶。大陆很少壶友知道还有黑泥紫砂壶，对那段历史更是一无所知，可能经常被忽悠，所以当笔者提起伊丽莎白二世壶，马上就显得不屑一顾，甚至颇有微词，作为一位谨慎的茶人，笔者的做法是：故事多听，丰富自己的阅历，听后查询资料、再去求证，取其精华、去其糟粕，亲自测试，最后总结出结论。

为了探究伊丽莎白二世紫砂壶的来历，就要先回答一个问题，若有贵客光临时，每个人都会拿出最好的东西来招待贵宾。正如1151年，南宋皇帝无意中去到清河郡王张俊的家里，张俊

图102 “中国宜兴”商品壶

受宠若惊，就把一批自己珍藏的汝窑瓷器进奉给皇帝，因为非常珍贵，才被正式记载下来。从周密的《武林旧事》中可知，其中一件被英国大维德基金会收藏、另外一件在故宫博物院中的大小奁。所以说，如果品位极高的英联邦国家的元首英女王来到一个茶馆品茶，主人当然会拿出镇馆之宝来招待，既然来喝茶，也必然会拿出好茶和使用泡茶利器。1989年，新加坡那个茶馆应该会有清朝、民国或者“文革”时期的紫砂壶， 那为什么他们会选用这款“黑乳丁”壶来招待伊丽莎白二世女王？这或许可以间接证明该壶是泡茶利器。

下面来了解一下它的特性，这批黑泥紫砂壶是在宜兴黄龙山紫砂矿中挑选出来的特殊材料，颜色黑灰、胎骨坚润，此种泥料非常少见，它在宜兴紫砂二厂成立前后，甲子泥出现之前发现的。黑色的紫砂壶，本身矿物质丰富，尤其铁的含量比其他泥料都高（见表17），在高倍放大镜下，可以发现许多不同颜色的晶体，与其他泥料相比，这批黑泥中铁、锰含量很高，而且铁、锰都是人体健康所必需的微量元素。本人专门去当年负责进口这批紫砂壶的新加坡的W先生处求证，他说当年紫砂二厂创厂时生产了这批紫砂壶，由于当时黑色紫砂壶非主流颜色，无法被市场接受，毕竟传统的紫砂壶很少有黑颜色，就算民国时期的“焐灰”黑泥壶，其原因也是高档壶烧成次品变色的补救措施而已。最后中国国内的朋友让他帮忙在海外“消化掉”（80年代初，中国的商品进出口还是通过进出口公司和相应的国外机构洽谈，普通公司或个人不允许做出口贸易），要价也不高，于是，他就分几批在84年前全部发到新加坡。他说中国大陆绝大多数人根本没见过，甚至连听也没听说过这批紫砂壶，即使在新加坡、马来西亚、中国台湾、香港，许多茶人都不知道它是二厂初创时的产品，有些人一直以为它们是一厂的壶。同样，刚开始这批黑泥壶在东南亚销售也不理想，正是“真金不怕火炼”，当茶人用它来泡茶时，才慢慢发现，它竟然是难得的泡茶利器，而且包浆出现得非常快，让人爱不释手。借用W先生的原话“它不但泡茶好喝，养出来后的包浆，真让人流口水。”随后这批货才在新加坡、马来西亚、中国台湾、香港被跳跃式地消化掉。或许也是沾了英国女王伊丽莎白二世的光，1989年她来新加坡访问，就是用这批黑泥同样造型的紫砂壶给女王泡茶，所以才有1990年，这批商品紫砂壶在香港据说被狂炒到3600港币的奇迹。本人也和二厂的老职工求证过，他们也知道此事，当时他们也非常兴奋。无论是否是炒作，这都是它本性使然，无论是本身的化学成分、器型、工艺等都非常宜茶，用它泡茶能提升茶香，增强喉韵，均衡口感，也得到许多用过这批黑泥紫砂壶的茶人验证，故在新加坡、马来西亚一带，这款黑泥紫砂壶被誉为伊丽莎白二世紫砂壶。

按照台湾茶人的说法，黑泥代表玄武、北方、壬癸水，对人体的肾脏和膀胱有帮助。这和收藏青花瓷的最高境界——元青花，有不谋而合之处。元朝的青花瓷的最高成就是硕大、幽蓝的至正型青花瓷，它所用的原料是高铁低锰的苏麻离青氧化钴料，黑斑的出现是判断真品的重要因素之一。为了获得更有说服力的第一手资料，笔者用这把黑泥壶和上文的水平壶，同时泡台湾高山茶，经不同的茶人和自己品尝后，发现结果相同。表18是这两把壶泡茶的口感对照表：

表18 水平壶和伊丽莎白二世壶泡茶的口感对照表

项目	第一泡	第二泡	第三泡	第四泡	第五泡	第六泡	第七泡
水平壶	平和	醇厚	平和	平和	醇厚	醇厚	醇厚
伊丽莎白二世	醇厚	平和	醇厚	醇厚	平和	平和	平和

从上面的结果可以看到，如果品茗在四泡之内，这个黑泥紫砂壶当是最好的选择，但先人的经验和上文的结果也验证了：水平壶依然是喝透、喝通，尤其是泡工夫茶的最佳壶型。

总而言之，一把能泡出醇厚、甘润、口感好茶汤的紫砂壶，应该有以下几个特性：

宜兴原矿泥

按照徐秀堂先生的说法，纯正紫砂泥，在龙窑烧出后：1）表面会有小小的熔出黑点；2）紫砂壶表面阳光照射会出现小小的云母光点。不过这些特点，在80年代中期，被台湾买家当作瑕疵强行去除了。本文提到的水平壶和黑泥壶，如果在放大镜下观察，基本每个位置都可以找到5种以上颜色的小颗粒，就是说矿物质丰富，这或许就是为什么80年代中以前的泥料所做的壶，个个都非常适合泡茶。

宜茶的壶型

1）壶小而浅；2）圆体扁腹；3） 壶嘴要直；4）壶盖要凸。另外，壶把要重心适合、人性化，不可手握吃力、易滑。

烧制的窑口和时间

记得有一次和某资深茶人一起品茶，提起这个问题，他的解释听起来很有道理，他以现在的鸡肉不如以前土鸡好吃为例来说明，由于现在的鸡是吃饲料速成。同样的道理，以前龙窑系统化、制度化，现在私人机构的电窑无法比拟，随着新技术的应用，烧窑的时间、温度、过程都和以前截然不同。以前龙窑烧成周期至少10天左右，用品胜窑烧制，前后也要30多个小时，停烧若干天后才开窑，一次烧成。后来的推板窑只需要10~20多个小时，90年代中期梭式窑的烧制时间为10小时左右，现在电窑只需要烧几个小时， 为了做到壶盖在壶口上纹丝不动，一般还要经过打磨、涂浆，再循环几次入窑烧制，如此折腾，即使盖子打磨得天衣无缝，壶身修饰得完美无缺，但从实用性——宜茶性来说，已经大打折扣了。

练泥的方式

从1987年底开始，加工矿土已普遍采用湿式、笼式、轮碾机、雷蒙机、球磨机粉碎等方法，练泥采用了搅拌机，卧式、真空练泥机等设备，大大提高了效率，但把矿土磨成大小几乎相同的粉末，其双重透气性和砂体效应所剩无几了，再寻其原味——宜茶的紫砂壶就更难上加难了。

其他一些因素

比如烧制的温度，随着行业越来越细的分工，宜兴制壶人和烧窑人成为不同的两类人，如果说社会分工带来极大的方便，但同样也产生了一些问题，正如某资深台湾大师所说，当今台湾茶具制作大师，都是从设计、制作、烧制甚至市场运营一条龙做起来，他们烧制的壶，都是烧到最好的温度，他们使用自己烧制的茶具，这就从根本上保证了产品材料、加工、制作、包装等方面的安全。另外，更加人性化，还会及时根据市场的需求做相应的调节，试问现在的宜兴制壶人，有几个人会用自己做的低价位紫砂壶喝茶？有几个人知道如何烧制紫砂壶才能让茶汤口感更佳？有几个是真正会喝茶的人？有多少人会主动设计壶型来适应市场？有多少制壶人亲自去烧制？烧制时有多少人不采用欠火烧制？连韩其楼先生都不得不承认：古往今来，爱壶的人不一定嗜茶，但嗜茶的人十有八九都是钟情于紫砂壶。同样道理，制壶人未必知道紫砂壶宜茶的特点，但嗜茶的人十有八九都深知紫砂壶宜茶的关键之处，这可以从茶壶市场走势得到最好的证明。现在台湾茶具价格越来越高，相对来说，普通宜兴紫砂壶快成了低档货的代名词，然而高价位的宜兴紫砂壶的境地也非常尴尬，台湾资深茶人，曾经以能拿到一把宜茶的宜兴紫砂壶为荣，现在很多人都改用台湾当地茶具了，台湾大师的壶和同等档次的宜兴紫砂壶大师的壶相比，台湾大师壶的性价比会更高，台湾大师的茶具现在成了聪明投资人绝好的选择。一般的新紫砂壶只能卖给大陆的新人，名家的新泥紫砂壶成为投机者的倒卖品，而资深茶人或寻老壶、或改用台湾等其他产地的茶具。笔者泡茶用的宜兴紫砂壶，几乎没有21世纪的泥料做的壶，偶尔一两把新泥料的紫砂壶，即使是大师做的壶，也存放起来供观赏。即使有用来泡茶的新壶，也是台湾炻器壶，当然这里还有宜兴紫砂壶被爆料掺化学材料，用其他地方泥料鱼目混珠等因素的影响。俗话说“买的不如卖的精”，凭笔者现在的水平，用肉眼来分辨是否掺加化料、是否混入其他地方的泥土、是否是原作者制作等关键性因素，依然力不从心，于是乎“与其冒险不如静观”。

当资深茶人谈及紫砂壶时，无不缅怀昔日的原矿老泥的紫砂壶，虽然它可能会“唱歌”，会留“口水”，壶身或有瑕疵，但绝对不会先欠火再经过多次折腾、被“整容”，它是“原汁原味”并且能泡出好茶的紫砂壶，谁还管它是黑壶、白壶，全手工还是半手工，商品壶还是精品壶。如果一把紫砂壶不能泡好茶，甚至不能用来泡茶，只可远观或者束之高阁，那一定不是茶人所求。早在明末清初的李渔就对人们过于珍爱紫砂壶而使之脱离茶饮大不以为然，他认为：“置物但取其适用，何必幽渺其说。”是的，不能泡好茶的紫砂壶，对茶人何用？茶人所说的好壶，一定是能泡出香醇茶汤的壶。

哪种茶养壶更快、更漂亮？

自明清刮起的紫砂壶之风，整整风靡茶界500多年，由于宜茶性紫砂壶成为茶人趋之若鹜的泡茶佳品，而且长期使用和把玩，紫砂壶还会报答茶人精心地呵护和展现本身“喝茶”的道行，表面会出现黯然之光即“包浆”，让人赏心悦目。然而并不是所有的茶养壶，出现包浆的时间相同，有经验的茶人都知道，日本蒸青绿茶不容易养紫砂壶，相信许多茶友都深有体会，它们通过覆园式栽培法培育而成，还要去掉多余叶茎和叶柄，再进行蒸青，所以更不容易养壶。比较福建的乌龙茶铁观音和台湾的乌龙茶梨山茶，台湾乌龙茶里面或多或少都有些茶梗。茶梗里面有丰富的有机成分，比如香料成份的茶氨酸，国外很早就从事这方面的研究，中国广州中医药大学的最新研究的结果也证实，单单茶梗里面的茶氨酸含量就是茶叶中的50%以上，所以在加工茶叶的时候，带梗的茶叶的香气会更加浓郁，当今已有茶商、茶人意识到茶梗的营养成分，比如日本市场上一款伊藤园的绿茶包装上，特别标出茶芽中添加茶茎来吸引购买者。另外，还有一些人专门煮茶梗喝，茶梗是治疗糖尿病引发的其他疾病的原料，茶梗中含有的茶油更利于养壶。笔者就曾经用（图103）同样的两个紫砂壶，按照同样的频率，在同样的情况下测试台湾梨山茶和福建铁

图103 黑泥壶对比

观音，3个月下来，台湾乌龙茶养出来的紫砂壶，更加黑亮， 更加温润，而铁观音养出来的壶就显得苍白、干涩，颜色发浅，不够油润。见图103、图104，左边用台湾梨山茶养的壶，右边用福建铁观音养的壶。

茶中的多酚类物质，极易在空气和水中氧化成棕色的胶状物质，这就是茶锈。没有喝完或久滞在壶杯中的茶汤，暴露于空气中，茶多酚与金属物质（如镉、铅、铁、砷、汞等）氧化结合成茶锈垢，黏附在茶壶、茶杯表面，很难洗去。据报道，当茶锈垢进入人体，便可与食物中的蛋白质、脂肪酸及维生素等结合，形成沉淀，可阻碍营养素的消化与吸收，可使肝、肾及胃等发生病变，出现炎症，甚至坏死等毒害作用。所以嗜茶者，应当要养成勤洗茶具的习惯。一般茶具上的茶锈垢，可用碗碟清洗剂清除，而“积重难返”的茶具，可用细纱布蘸取少许牙膏擦洗，还有一种餐具清洁剂用起来不错，最近新出来一种纳米材料的海绵魔力擦非常神奇，对陶瓷器上的污垢有奇效，擦一擦污垢尽失。然而作为茶人必须清楚茶垢和包浆之间没有什么必要的联系，每个茶人都对包浆后圆润的茶壶垂涎三尺，但并不是每个茶人对茶垢都避而远之。比如紫砂壶的泡养，现在分两派，一个是“净衣派”，另外一个是“污衣派”。“净衣派”的风格就是每次喝完茶，都要用热水把茶壶内外清洗干净，再用茶巾擦洗一遍，放在通风处晾干，以备后用。而“污衣派”则正好相反，喝完茶把茶渣和残留茶汤留在壶里面，让壶阴干，最后养出茶山，也许由于以

图104 紫砂壶对比

前科技水平不发达，科技产品不丰富，而紫砂壶具有双重透气性，壶中的茶，暑天越宿而不馊，所以好茶没喝完留到下次再喝，现在无论紫砂壶的特性多么好，也无法和电冰箱相提并论，当然“污衣派”的影响力也越来越小，这可从1989年英女王伊丽莎白二世到新加坡、1990年去香港茶店喝茶的情况来比较，欧洲人更容易接受“净衣派”，因为健康是喝茶的第一性，只有把健康饮茶放在第一位的茶人才算新一代茶人。

紫砂壶和文化传播有联系？

谈及紫砂壶上被植入文艺信息，就一定要提陈曼生，他本名陈鸿寿，是西冷八家之一的金石家、书法家，曾任宜兴邻居——溧阳的县令，是他把中国传统文化融入紫砂茗壶，出现了千金难求的“曼生壶”，把紫砂壶从泡茶之器提升到文化交流和艺术欣赏的更高境界。后人整理总结出“曼生十八式”“曼生二十八式”“曼生三十六式”甚至更多，徐秀堂先生指出，有1 379款的曼生壶，应该是后来古董商人的杰作。

曼生壶根据不同造型，切壶、切茶、切形、切境，在壶上题刻经典诗句，把书画篆刻艺术与紫砂造型完美地融为一体，开创了紫砂史上“文人壶”的先河，让紫砂壶从此注入了文化气息，从此“壶随字贵，字随壶传”。据韩其楼先生所著《紫砂壶全书》介绍，曼生壶必须具备两个条件：一是制壶者必须是名家；二是诗词必须有文采。徐秀堂先生的《曼生与紫砂》中特别强调，所谓的曼生壶不恰当之处是“曼生壶”应该是曼生设计并铭、并书，某某制壶，该文中还提到顾景舟先生对于曼生壶的评价，当时杨彭年在同行中技艺并不是最高的，但他能够表达出陈曼生创作意图，所以才成为当时最有名的制壶大师。根据曼生壶铭刻的字面意思，石瓢提梁壶上铭刻：“煮白石，泛绿云，一瓢细酌邀桐君。”半瓜壶上铭刻：“梅雪枝头活火煎，山中人兮仙乎仙。”汉方壶上铭刻：“水味甘，茶味苦，养生方，胜钟乳……”可以看出陈曼生一定是一位品茶大师，不但深谙饮茶之道，还深知三雅，甚至已经领略到喝茶欲仙的感受，应当是茶人中的高人，正是由于这个因素，曼生壶大都非常适合泡茶，也非常人性化，所以说，能世代流传的紫砂壶，应该由茶人构思、制壶大师制作、茶人中的文人挥毫、金石大师铭刻而且也比较实用，符合这些条件才能算得上是一把好的文人壶。

关于文化和艺术信息，我们知道“万年的玉、千年的瓷、百年的紫砂”，论年代紫砂最年轻，论感觉，描述紫砂是用玉润珠圆，赞美瓷器时用“白如玉、明如镜、薄如纸、声如罄”，论雕刻能在玉石上“行走自如”的大师，不会比在紫砂生胎上刻字画画的艺人来得容易（见图105）。论字画，紫砂也不如在洁白如玉的瓷器上传承更多的文化信息。笔者一直从事瓷器收藏和鉴赏，青花、釉里红、斗彩、五彩、粉彩、珐琅彩、浅绛彩以及单色釉的古瓷器中，常常被古人的技艺和匠心所折服，从上过手的古瓷器来看，通过青花瓷呈现的蓝色，就可以判断出是苏麻离青、苏泥勃青、平等青、回青、石子青、珠明料、洋蓝等，红色的差异、黄色的不同、紫色的使用等都传递不同年代的信息，每一种新工艺都在描述着历史的变革和人类的进步，所以论文化的传承，紫砂器不如瓷器，但作为茶人来说，紫砂壶宜茶的特点是经过五百多年验证过的，如果连紫砂壶本身最特别的宜茶性，都被剥夺的话，笔者深信无论市场如何操作，它最终还会被历史淘汰，正如明末清初挂釉的紫砂器，即使能走进皇宫大院，但外面这层釉完全抹杀了紫砂的特

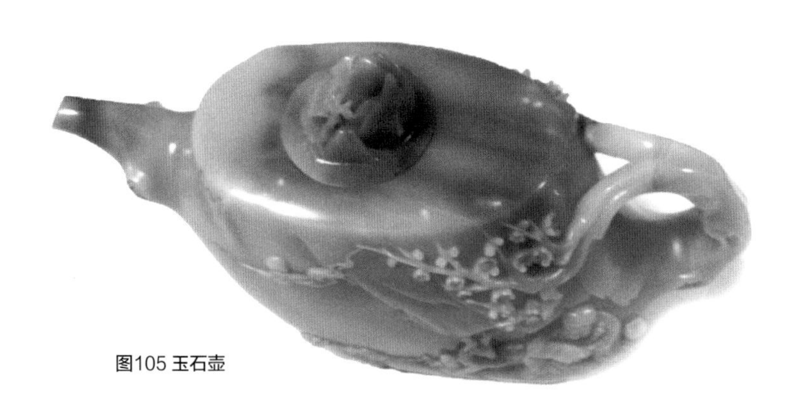
图105 玉石壶

性；民国时期盛极一时的包铜、包锡的紫砂壶，外面的一层铜或锡也彻底颠覆了紫砂的自然属性；即使是20世纪80年代初兴起的长兴紫砂壶等，都由于缺少了宜兴紫砂壶的宜茶性，无法被茶人接受，最后都是昙花一现，终被历史淘汰，前车之鉴，现在是紫砂界反省的时候了，笔者曾经是超级紫砂壶壶友，到现在，已经许多年没有再购入新料紫砂壶了，因为新泥料紫砂壶的宜茶性，已经不明显，价格却被炒得虚高，完全是不值，还有一些人美其名曰是创作、是艺术，当前很多紫砂壶大师对这种现象也深恶痛绝。炒作归炒作，毕竟有市场需求，当购买者心态成熟，知道内在机理后，就会和笔者以及众多茶人一样，茶照常喝、壶照常买，只不过买的茶是台湾茶、印度茶、斯里兰卡的茶，买的壶是台湾壶、欧美壶、日本壶，无奈中质疑，最后大陆的茶和壶谁来接手？如此说来，大陆的某些茶叶、宜兴紫砂行业是不是正进入最危险的时刻？

如何选择茶杯？

饮茶为众人所青睐，不仅仅是茶叶本身的形体、茶汤的美味，还有茶具融入人们的审美情趣等等，更是饮茶跨越了日常生活的需要，升华到一种文化——茶文化。明代许次纾在《茶疏》中所写："茶滋于水，水藉乎器，汤成于火。四者相须，缺一则废，"古人如是说，几百年后的现在是否还行之有效？有些茶友来笔者这里喝茶，看到一些不同的杯子，常常很惊诧地说："不同杯子对茶的口感还有影响？"，甚至连大陆有5年以上喝茶经验的茶友，都认为是无稽之谈，有时实在无语，解释起来也真是费劲，如果说"没有实践就没有发言权"不尽其意的话，那"没有实践就没有底气"还是比较合理的。实践是检验真理的唯一标准，因此最好的办法是亲自测试，用不同的杯子装同一种茶，用台湾高山乌龙茶、新加坡日常饮用水和普通铁壶烧水，用同一把紫砂壶泡茶，做以下比较：

第一轮，12个杯子做比较

这些杯子的材料有瓷器、有玻璃还有紫砂，有大陆生产的，也有台湾制造的，还有来自日本、英格兰的杯子。其中1，2，3，4是台湾的杯子；5是英格兰的杯子；6，7是日本的杯子；8，9，10，11，12是大陆做的杯子。

- 首先，第10号杯子——20世纪80年代前后的紫砂杯，由于使用紫砂泥，长期使用茶汤的口感不错，但考虑到杯子是茶人唯一唇吻的器物，唇感一定要好，紫砂毕竟是紫砂，再细的砂粒也不如带釉瓷器的唇感来得顺滑、舒服。另外，由于紫砂的双重透气性，泡茶是最佳选择，但喝茶就成缺点了，自古有紫砂壶“一壶不侍二茶”，但没有一杯不侍二茶的说法，总不能用一个杯子只喝一种茶吧，而且紫砂杯也略显粗糙，不够高雅，被第一个筛除。
- 第12号杯子，一种新式“兔毫建盏”，从工艺上说，胎土厚实、釉层通透而且杯子的内底还有一只红冠鸡，可以说集鸡缸杯、兔毫盏和天目杯于一体，如果出现在宋朝时期，只要斗茶时少点内敛和含蓄，多点色彩和艳丽，它应是斗茶佳器，然而在当今时代，用之品汤色浅绿、通透的台湾高山乌龙茶时，它的颜色、工艺、画法等反而成为品茶器的短板，还有一个比较大的问题，杯子内底的透明玻状釉有不少裂纹，难道是“开片”工艺？昔日

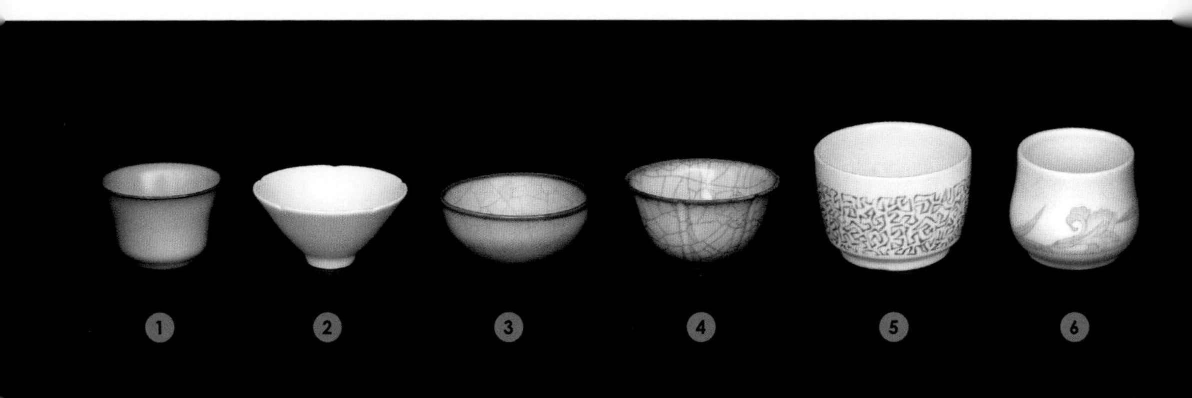

图106 12个杯子大做比较

内外釉上彩的生活用品，由于彩色中某些对身体有害的化学成分超标，惨被市场淘汰的悲剧，前车之鉴啊！这是笔者用热水淋杯后，闻到一丝不舒服的气味有感而发，所以这个杯子第二个被淘汰。

- 第8号是玻璃杯，喝温度低的绿茶，透明可视的绿色茶汤能使人赏心悦目，但用来喝乌龙茶，用90℃以上的水泡的茶，玻璃胎体薄传热快，不保温，杯子表面的温度又高，手不易把持，而且易碎，被第三个筛除。
- 第11号杯子是双层的瓷杯，单从茶汤的口感来说它很不错（见下文的解释），可惜由于开口过激，嘴唇有压迫感，陆羽的《茶经》里面提到茶具“口唇不卷”者为上。另外热水烫过后，无法用茶夹夹起，不够人性化，被第四个筛除。
- 第5号杯子是英格兰生产的骨瓷杯，如果是喝西洋茶，它是首选，平底、容量大、井然有序的图案比较适合泡印度大吉岭等红茶，先加奶和糖再倒入红茶，由于是骨瓷，杯子不易碎，也不烫手，以前西方贵族、富贾使用的东西。但喝乌龙茶就不适合了，如果遇到六杯壶，这样的一杯倒完，其他人就没得喝了。

第二轮，7个杯子做比较（口感以茶汤倒入杯子三分钟后品尝）

- 第6号杯子边缘略弯，虽然胎土结实可以保温，但无法聚香，喝低温香气不散的日本抹茶或者煎茶不错，但喝乌龙茶口感略差被筛除。
- 第9号青花玲珑杯，无论从工艺、设计甚至从观赏角度都是日常品茶的佳器，尤其是品尝龙井茶的首选，品高冷乌龙茶最重要的是口感，它的材料和造型，已经决定它既不可以保温又不能聚香，口感略差被筛除。
- 第4号杯子是仿哥窑的精品，精美的里外开片，温润玉滑的手感，紫口铁足的设计，也是极具欣赏价值的珍品。但输在造型上，茶汤口感略逊一筹，被筛除。
- 第2号杯子，晶莹剔透可谓材料上乘，纤细的开片又增加了其观赏亵玩的雅趣，古典的造型如宋朝的月白葵口盏，笔者的最爱，虽然茶汤口感多了些甘甜，但少了底蕴，忍痛筛除。

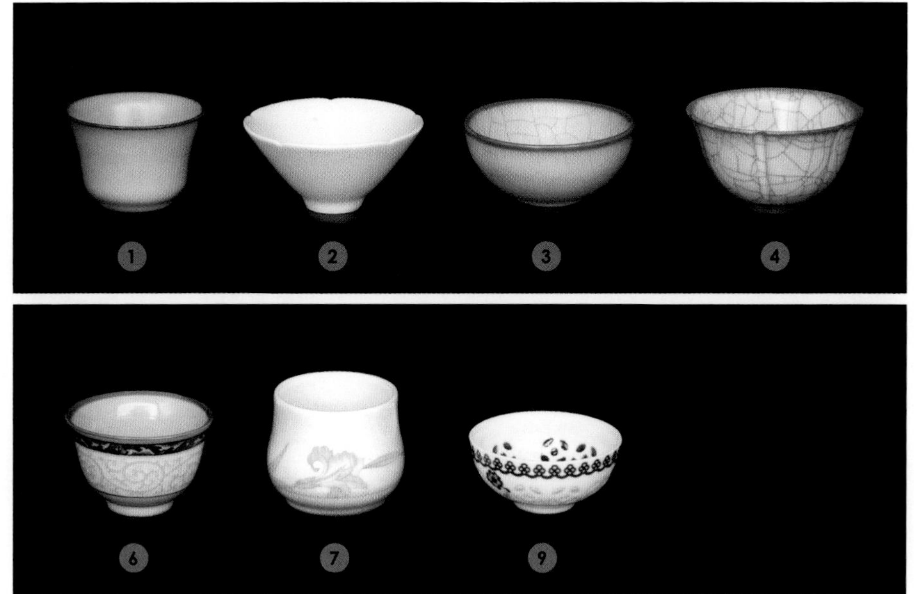

图107 7个杯子做比较

第三轮，3个杯子做比较

- 第1和3号杯子是台湾仿汝、仿官窑的杰作，1号没开片，3号杯子刚开始没开片，但用后慢慢开片，纹理如人血脉清晰可见，并且越来越深，或许能给把玩者带来一些成就感，好像古玉经把玩变得晶莹剔透一样。明代曹昭在《格古要论》中写道："汝窑器……淡青色，有蟹爪纹者真，无纹者尤好……"。1号和3号各有千秋，难能可贵的是1号虽然口略开，唇感和保温性能基本无懈可击，但说到口感，不知道是由于3号杯子开片的原因，还是土质或者釉质的不同，3号杯子里茶水的口感略胜1号杯子，用第5泡的台湾乌龙茶来测试，1号杯子的茶汤口感的充实感只能刚到咽喉，渐润左腮，而3号杯子的茶汤让两腮都有润滑感，最后根据口感筛除1号。
- 现在只有3号和7号杯子了，如上所述，从艺术造型，从把玩的感受和印上去的图案来看，7号杯子肯定失分不少，但它的造型、胎土或者釉料却让它中的茶汤口感最好，见图109，从茶汤颜色可看到，同时倒入相同的茶汤，所呈现的颜色都相差甚远，除去杯子本身的颜色一个淡青色一个纯白色外，就应该是造型的影响了，7号杯子最后能胜出的很大原因是它的腹大口小，可最大限度内保温聚香，其实从茶汤的口感很明显感觉出来，在所有杯子里，只有7号杯子里面的茶汤温度最高，留香最郁，茶汤口感最好。

结论是不同杯子在茶汤倒入少于1分钟内品尝，其口感的差异或许只是微乎其微，但3分钟

图108 3个杯子做比较

图109

过后就会明显不同，茶具价格的高低与茶汤的口感无任何直接关系。以上结论是通过品尝台湾高山乌龙茶的口感得出的，对于其他茶未必适用。比如茶人伍羽、华云等在甄选品尝潮汕一带的工夫茶杯子时，一直推崇“小、浅、薄、白”的品杯，当时一定有其道理所在，随着社会的发展，饮茶习惯的改变以及对茶文化的更深入研究，以前的标准或许要与时俱进。做些适当的调整，无论是蔡襄还是荣西当年推崇的建盏，在当今的社会里，全新的饮茶习惯下，也不再是最佳。尤其茶文化从唐朝的煎茶到宋朝的斗茶，发展到明朝后的泡茶，茶杯被赋予崭新的生命力，不但要更好地衬托当今茶汤的汤色，保持浓郁的茶香，方便品饮，还要融入文化因素，具备雅致的情趣和舒逸的口感，能让人赏心悦目、陶冶性情，更显雍容高雅，从而使其具有收藏和艺术欣赏的价值，这才是文人雅客和广大茶人的极终目标。

最后我们可以想象，一只理想的杯子应该是本身不大、聚热留香、带开片、时间越长开片越多、纹理越深、外面有名家的手绘图案，比如带佛头蓝的青花，如果再有玉润圆滑的表面那就近乎完美了。

茶具的演化

上文提到杯子对喝茶口感的影响，都是一些新杯子，放在上千年饮茶文化的历史中，都算新生婴儿。古人饮茶之器：瓯、盏、碗、杯……又有何特色呢？古人何以喝茶？何以待客？

“言茶必曰唐”，从唐朝开始喝茶演化成品茶，当时茶的类别有粗茶、散茶、末茶、饼茶，饮茶方式如茶圣陆羽所提的煎（煮）茶法，用现在的话来解释，就是“煮菜粥”的方式，加葱、姜、枣、橘皮、茱萸、薄荷等和茶叶煮成茶粥，一起吃下去，所以可以说吃茶。唐代最典型茶具之一当属“茶瓯”，也就是陆羽在《茶经》中推崇的“口唇不卷，底卷而浅”的越盏，即越窑青瓷碗。他说：“碗：越州上，鼎州、婺州次……”，并解释了越窑比邢窑好的三大原因，其实晋朝杜毓的《赋》中已经提到：“器择陶拣，出自东瓯”即越窑的瓯。

到了宋朝，饮茶习惯以宋徽宗赵佶的《大观茶论》写的追求技艺，或者说融合了游戏性的斗茶为特征，把茶碾碎调成膏状，再用开水冲下去来喝，叫点茶。就类似现在的泡奶粉，因茶汤色鲜白，斗茶就是比谁盏里的茶色白、茶汤挂壁时间长，只有黑盏才能衬其色，验其痕，所以建盏才会大行其道。宋代蔡襄在《茶录》中说：“茶色白，宜黑盏，建安所造者绀黑，纹如兔毫，其坯微厚，熁之，久热难冷，最为要用”，这里所指就是建窑的兔毫盏。

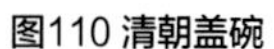
图110 清朝盖碗

图111 三希堂盖碗

“一代天骄成吉思汗，只识弯弓射大雕”，元朝总共不到100年，如果能让一个游牧民族，在这么短的时间内放弃骑马射箭，而坐下来吟诗品茶也有些难为那些蒙古壮汉了。所以搜遍可参阅的书籍和网站，在元青花风靡世界时，竟然没有找到一个属于元朝的专门茶碗。即使如此，元朝的铁骑踏遍了从黄河到多瑙河的欧亚大陆， 创造了中国历史上从东亚到中亚、西亚、东欧前所未有的最大帝国版图，打开了通往世界各地的贸易通道，所以才会很容易地引进了苏麻离青料，为后人留下令世界惊奇的元青花。现在土耳其、伊朗、埃及等国家还保留很多元青花瓷器，大都是精妙绝伦的大件青花瓷器，也是颠覆大陆元青花鉴赏中以火石红的出现为依据的实证。

饮茶方式到了明朝发生了翻天覆地的变化，从太祖朱元璋下令废除团茶改为叶茶后，一种新的饮茶习惯逐渐形成，基本就是现在的喝茶方式。相传这是朱元璋的第十七子朱权发明的，他在《茶谱》中介绍了这种方式，用专业术语来说是：瀹饮。明代许次纾也在《茶疏》中详细描述了如何泡茶，类似当今的泡茶方式。随之茶壶在茶具中逐渐占据主要地位，而茶盏退居到次要位置，并逐渐向小巧的茶杯演变，随后相继出现了永乐压手杯、成化鸡缸杯、康熙十二花神杯等。到清朝又出现了盖、碗、托三件套的盖碗(如图110)，它不但可以保温、除尘还可以滤茶，且携带方便、端庄典雅，并融合“天、地、人”三才的哲学色彩，“天成之，地载之”，被宫廷皇室、王公贵族、文人墨客以及意境高雅的茶馆所推崇。

盖碗虽然有很多优点，但许多茶人应该都有被盖碗烫到手的经历。比如用图110的盖碗泡岩茶，第一泡时，温度要高，出汤要快，拇指和中指要经受近100℃茶汤的高温磨炼，如掌握不好

图112 宋、元、明、清朝代的杯子

就无法控制出汤的时间，会大大影响随后茶汤的口感，而且还很容易烫到手，甚至摔了盖碗。近些年来，台湾茶具以釉色、质量以及更加人性化的特点风靡大陆，如图111的盖碗，经过这样的改进，单手用盖碗泡茶已经无烫伤手指之忧，仿汝瓷也是非常圆润细腻，成为泡茶雅致、安全的绝佳选择。明清时期在茶饮方面的最大成就是“工夫茶艺”的完善，但对工夫茶来说，盖碗却是“英雄无用武之地”，尤其当今社会，品茗应该是几个趣味相投的朋友一起去体验一种或几种茶叶，浅斟淡饮，慢慢体会，细细品味茶的真性情，再和大家一起分享各自的感受，得到修身养性，广交善缘的意外收获。 俗语说“茶三酒四”，古人云：“独乐乐，不如众乐乐”，所以说，在这种情况下，用紫砂壶泡茶，用品茗杯来品茶似乎更为茶人所爱。

笔者从第一次正式到茶馆品茶到现在已经30年了，这些年来每遇到自己心仪的茶具，一直报着宁肯杀错也不能放过的心态，见好就收，然后再慢慢去其伪劣，留其精华。下面先用笔者收藏的宋元明清的茶具做个比较：

图112四个茶杯（碗），各具特色，它们分别是宋元明清茶具的见证物之一，宋朝时期是斗茶，茶汤是乳白色，通过不同的茶盏（碗）来比较茶汤的挂壁时间，如前分析黑色茶盏为首，到元朝，蒙古人喜白，而且喜欢厚实的器具，明朝开始茶文化发生翻天覆地的变化，浸泡法喝茶，茶汤以绿色为代表色，所以甜白釉的茶杯应运而出，直到17世纪青花的墨分五色一枝独秀，于是“若深珍藏”的茶具崭露头角，由于民间宋元明的茶具的材质和工艺相对于清朝及后期的茶具，不可同日而语，所以用之，只当缅怀先人，抛开时间和空间的不同，寻求共用之趣。当然用台湾的梨山茶测试，还是清朝、即图113中的3号杯子最佳。

图113 清朝和民国时期的杯子

下面用清朝不同时期到民国的9个杯子，品尝台湾高山乌龙茶，寻找老杯子中茶汤口感的不同：

第一轮，10个杯子做比较（口感以茶汤倒入杯子3分钟后品尝为准）

明、清至民国是瓷器茶具的鼎盛时期，茶具的颜色不但保留和完善了青花、釉里红还增添了红釉、蓝釉、黄釉等，明朝还创造出了斗彩、五彩，清朝和民国时期的珐琅彩、粉彩、浅绛彩等更是大放异彩。然而文人雅士讲究三雅“饮茶人士之儒雅、饮茶器具之清雅、饮茶环境之高雅”，青花瓷器的颜色很容易被各阶层人士所接收，并且青而不艳，雅而不俗，少了一些奢华，多了一些典雅，少了一些浮躁，多了一些内涵，因此青花自然而然地成为他们非常推崇之物。

- 第一轮，2，6，7，9是民国前后不同造型的红彩杯子被筛除，如果是用在喜庆的场合，它们应该是首选。
- 至于4号杯子是外酱釉内青花康熙出口瓷花口杯，从气氛和唇感上不太适合，也被筛除。

根据上文现代杯子的分析可知，6，7，9号这几个杯子，即使从品尝台湾乌龙茶的口感上来衡量也会被筛除，但符合工夫茶茶具的要求，它们是品尝工夫茶的佳品，或者是适合某些特定场合。至于2号杯子其口感不错，但容量略大，不太适合品乌龙茶。如果是用来喝茶解渴是最合适不过的了。

第二轮，4个杯子做比较

现在剩下的四个杯子都是清朝的青花杯子（如图114），1号和3号都是清早期的，5号是清中期的，8号是清晚期的。为了公平起见，把这四个杯子根据其大小和胎体的厚薄分成两组，1，3为第一组（图116），5，8为第二组（图115）。

- 先从薄胎的第二组说起，从杯口包银可以看出杯子以前的主人多么珍爱这两个杯子。即使到现在，笔者还对当年那位老前辈肯割爱而心存感激。以实物做比较，这两个杯子的胎体，5号胎体表面略显粗糙，里外都有棕眼，胎土本身有杂质，这也可能是它的口感不如8号杯子好的原因吧。这组从外观和口感上来比较，8号杯子胜出，这也间接证明了一个观点，并不

图114 四个清朝的青花杯子

5　8

图115 第二组

1　3

图116 第一组

是用年代越久的杯子喝茶口感就越好。口感和杯子的形状，胎体、釉的选择以及烧制的手法等因素有关。

- 第一组杯子口感的比较可以说不分伯仲，两个青花胎体都略厚，胎体在80倍的放大镜下都几乎看不到杂质，是保温聚香的利器，所以口感都非常好。如果说1号杯子多了一个小把手是优点，不会烫手，再以优雅的手势端起1号杯子，或许能增添些雅致，那1号应该得分，但1号是海捞瓷，杯子表面的透明发亮釉层所剩无几，从感官上来评，它又会失分。3号杯子哥釉青花，釉面肥硕光亮，通身米色纹路和典雅的青花完美地结合，显得非常温文尔雅，超雅脱俗，是文人雅士难得的品茶佳器，这样看来3号应该得分。

如果一定要分出结果，那根据上文提到的："一只喝乌龙茶的理想杯子应该是本身不大、聚热留香、带开片、时间越长开片越多、纹理越深、外面有名家手绘图案，比如带佛头蓝的青花，如果再有玉润圆滑的表面那就近乎完美了"，3号杯子最符合这些条件，最后这组3号胜出，看来若深杯，果然名不虚传。

茶人对古人所说的茶室四宝应不陌生，"玉书碨、潮汕炉、孟臣罐、若深瓯"，这应是品尝工夫茶的要求，深谙工夫茶的台湾史学家连横先生在其《茗谈》中写道："茗必武夷，壶必孟臣，杯必若深，三者为品茶之要，非此不足自豪，且不足待客。"茶人伍羽、华云等在甄选品尝潮汕一带的工夫茶的杯子时，一直推崇"小、浅、薄、白"的品杯，有时茶余饭后和茶友谈论这个话题时，总是很多疑问，比如是"若深还是若琛？""品尝武夷岩茶如果用小而薄的杯子不会烫到手指？""品尝岩茶讲究的是岩韵，除了口感还要嗅其香气，等温度适合可以端起杯子时，那种敞口杯何以留香？"......对于这些疑问，读者只要结合本文的评述，再去静心品茶、慢慢体会就可迎刃而解了。无论如何，古人做出了各种各样的杯子，然而庆幸的是，笔者还可以收藏到这样的若深杯，让后人来品尝需要聚香、保温的茶，比如台湾乌龙茶，实在是茶人的口福，看来"古人诚不欺我！"单从杯子来说，笔者足以待客了！

最后是笔者惨痛的经验和教训，好的东西要让懂行的人欣赏。如果不是马未都的到来，那个日本人会拿出90年代拍卖价值500多万港币的成化斗彩鸡缸杯（2014年价值已经超过2.8亿港元了）来敬茶？曾经的教训，一位茶道专家来笔者这里喝茶，或许他对古瓷并不在行，笔者拿出一个官窑的薄胎粉彩小茶碗来招待他，他并没留意，最后收拾时，掉在茶桌上了，虽然没有摔破，但还是出现一道裂纹，就是小冲，至今还是心痛。所以用来喝茶的器具最好还要结实！

如何选择茶叶罐？

茶叶罐也是一件非常重要的茶叶储存器具，因为茶叶储存得不好，会造成茶叶质量严重的下降，那么无论其他器具再如何好，也是枉费。茶叶储存最忌讳潮湿、紫外线、氧化、串味等。早在宋朝时期，茶人就用陶器储茶了，宋代梅尧臣:“雪贮双砂罂”，陶器本身隔水但透气，紫砂茶叶罐更是由于双重透气性，成为储存发酵茶的极佳材料，比如储存普洱、祁门红茶、六堡茶等。随着明初饮茶方式的改变和瓷器的发展，在明、清时期出现了青花、浅绛彩和锡制的茶叶

图117 明、清时期的青花、浅绛彩和锡制茶叶罐

图118 台湾制茶叶罐

图119 晓芳款茶叶罐

罐（如图117），因为瓷器比紫砂更不透气，比较适合储存鲜嫩的茶类，比如绿茶，一般来说，这样的茶叶罐都不会太大，小到一两，大到储存半斤茶，已经非常少见了。绿茶最怕见光和氧化，要求密封，容量太大，每次取茶时会有空气进入，很容易氧化，因此要少用大容量的茶叶罐，茶叶罐的最佳容量的可选一两、二两或者二两半，但由于烧制工艺和瓷土的原因，瓷器的茶叶罐盖和壶口之间空隙比较大，密封性不强，随着新技术的应用和工艺水平的提高，现代瓷器的釉色、造型、功能等都是古瓷无法比拟的，并且紧密性也提高了很多，但要做到盖和口纹丝不动、密不透风也不易，于是现代的瓷罐，用锡纸、软布等材料包起盖沿，来增加密封效果，比如台湾制作黄釉茶叶罐，由于器形不大，最多储存球状台湾高山茶二两，散装绿茶一两多，一般在一两个月内可以喝完，容量非常适合，它的避光、密封防氧化和潮湿、不串味等方面也做得非常到位，尤其是肥厚的釉色大有皇家的风范，成为现代瓷器茶叶罐的绝佳选择（见图119）。

密封性能最好的就应该是金属了，比如锡器，由于锡器有“盛水水清甜，盛酒酒香醇，储茶味不变，插花花长久”的特殊功能，早在周朝时期，就开始大量使用锡器了，与瓷器相比，锡器不但有瓷器的所有优点，透气率低，还不会摔碎，也不像紫砂器吸茶香，所以最适合作为储存绿茶和轻发酵茶的茶叶罐。紫砂有把玩之趣，黯然之光的包浆会让茶人心情舒畅，看来一个小小的茶叶罐，要做到非常完美也不容易。最近台湾有人利用金属的密封性，并融入宋朝五大名窑官窑的文化气息，设计出一种茶叶罐，并申请了专利，如图118，这个茶叶罐不但汲取中国古代瓷

器茶叶罐小口减少了空气和茶叶接触面的优点，而且密封性能也做到尽善尽美了，比如直接把内盖按入罐口，内盖会自动弹起，直到内盖的重量把罐里面多余的空气缓缓排出去后，才能完全按下，外盖又采用了旋转螺扣式，这两个盖子盖紧后，它的密封性能可以达到近100%，此外它还融入了宋代官窑的天青色大开片，可以说，无论是开片还是釉色甚至胎土和修足都不在宋朝官窑之下，甚至和雍正、乾隆朝的仿官窑器有一比。笔者由衷地佩服台湾人，不但茶叶、壶具、品茗杯，甚至连茶叶罐都做得如此精美，其他方面如陶瓷工艺、新科技的利用、开发和创新、知识产权的保护等早已经有目共睹了。笔者惨痛的经验用这种密封的茶叶罐（见图119）装明前龙井43号，即使放在冰箱的冷冻层，两个月过后，罐中的茶叶虽然颜色依然鲜绿，但由于密封不紧，吸收了冰冻层的杂味，茶汤的豆香味已经荡然无存。其实这个茶叶罐是台湾大师的作品，无论从颜色，从做工以及工艺方面都无可挑剔，在盖处施用比较软的锡纸，需要用力压，才能盖紧，但瓷器毕竟是瓷器，它还是无法做到密不透风，本来这种茶叶罐是为乌龙茶所做，容量100克，两个星期之内用完，并不要求密封性非常好，这也是器物功能性的限制问题。

参考资料

1. 林柏亭，蔡玟芬主编：《探索亚洲：故宫南院首部曲特展》，国立故宫博物院，2008年。

2. [日] 角山荣：《茶的世界史》，王淑华译，玉山社，2004年。

3. [英] 罗伊·莫克赛姆：《茶：嗜好、开拓与帝国》，毕小青译，北京：生活·读书·新知三联出版社，2009年。

4. 李洪：《轻松学茶艺》，万里机构·得利书局，2011年。

5. [日] KOCHA NO ARU SEIKATSU：《红茶》，郭淑娟译，渧文扬国际文化，1999年。

6. [英] Iris Macfarlane/ Alan Macfarlane：《Green Gold》，Business Publications，2005。

7. [英] Helen Saberi：《TEA》， Reaktion Books，2010 。

8. 池宗宪：《铁观音》，中国友谊出版社，2005年。

9. 邱湧忠：《绿茶生机》，一桥出版社，2005年。

10. [日] 小国伊太郎：《绿茶与健康– 绿茶革命》，吴芳满 译，天佑智讯有限公司，2007年。

11. 黄安希：《乐饮四季茶》，孙晓艳译，北京：生活·读书·新知三联出版社，2005年。

12. 劳动和社会保障部教材办公室/上海市职业培训指导中心：《茶艺师》，中国社会劳动出版社，2011年。

13. 鲍志娇：《茶的故事》，山东画报出版社，2006年。

14. 詹罗九，朱世英：《名泉名水泡好茶》，知春频道，2009年。

15. 姚国坤，朱红樱，姚作为：《学会中国饮茶习俗的第一本书》，宇炣出版社，2004年。

16. 沈冬梅校注：《茶经校注》，宇炣出版社，2009年。

17. 赵大川编著，沈生荣主编：《径山茶图考》，浙江大学出版社，2005年。

18. 于川：《谈茶说艺》，百花文艺出版社，2004年。

19. 刘祖生，刘岳耘：《中国茶知识千题解》，山东科学技术出版社，2010年。

20. [英] Rupert Faulkner：《Tea：East & West》，V&A Publications，2003。

21. 池宗宪：《走进中国茶世界》，积木文化，2009年。

22. 汪莘野：《茶论》，杭州出版社，2007年。

23. 南国嘉木主编：《茶道人生》，中国市场出版社，2006年。

24. 徐秀堂，山谷：《宜兴紫砂五百年》，上海辞书出版社，2009年。

25. 中国茶业博物馆总主编：《中国茶具百科》，山东科技出版社，2008年。

26. 杨洋：《茶具鉴赏》，新世界出版社，2009年。

27. 徐秀堂：《紫砂工艺》，浙江人民出版社，2009年。

28. 韩其楼：《紫砂壶全书》，福建美术出版社，2002年。

29. [英] Judith Miller：《中国古玩全球价格指南》，王然等译，明天国际图画有限公司，2007年。

30. 詹动华：《宜兴陶器图谱》，南天书局，1993年。

31. 史俊堂：《紫砂研究》，上海古籍出版社，2007年。

32. 韩人杰，叶龙耕，贺盘发，李昌鸿，高海庚：《宜兴紫砂陶的工艺特点和显微镜结构》，载《硅酸盐》，1981年第4期。

33. 江夏 等：《宜兴紫砂性能研究》，载《江苏陶瓷》，四十四卷第三期，2011年6月。

34. 顾景舟：《壶艺的形神气》，载《景德镇陶瓷》，2001年，第11卷第2期。

35. 陈小强，叶阳等：《西湖产区不同茶树种西湖龙井茶的主要生化成分分析》，载《食品工业科技》，2008年02期。

36. 陈沛鑫，高英等：《HPLC-ELSD测定茶梗中茶氨酸的含量》，载《食品科技》，2012年11期。

37. 崔宏春，余继宗等：《白茶主要生化成分比较及药理功效研究进展》，载《食品工业科技》，2011年4期。

38. http://hangzhou.hzcnc.com/csxw/201202/t20120217_1914827_2.shtml#title

39. http://baike.baidu.com/view/1639029.htm

40. http://www.coa.gov.tw/view.php?catid=435

41. http://en.wikipedia.org/wiki/Tea

42. http://www.trademap.org/open_access/Country_SelProduct_TS.aspx

43. http://biz.cb.com.cn/12716612/20120718/397616_18.html

44. http://www.puercn.com/chayenews/cyzs/1845.html

45. http://www.chinareports.org.cn/fj/msbx/news202892.htm#height=273

46. http://news.sina.com.cn/c/sd/2012-07-18/114724796672.shtml

47. http://www.cctea.com.cn/html/62/n-655662.html

48. http://www.chinadaily.com.cn/hqcj/zxqxb/2012-05-15/content_5919444.html

49. http://finance.qq.com/a/20121119/002203.htm?pgv_ref=aio2012&ptlang=2052

50. http://www.zaobao.com/gj/gj121212_005.shtml

后 记

转眼2018年已经过半，为了及时完成这本茶书，笔者几乎放下所有的工作，全职投入，希望胸怀更加宽阔——世界范围内看茶、道茶，希望内容更加丰富——把自己总结出来的经验甚至教训和大家分享，更希望能少点遗憾、让读者有所斩获。二十几年前，茶走入笔者的日常生活中，可以说每日不能无它。喝茶已经超越了工作、嗜好，甚至成为生活的必需，所以静下心来写茶会有千言万语涌上心头，但毕竟有些观点不成熟，有些遭遇是奇葩，有些内容是内幕，有些门道是“潜规则” ，有时是被他人忽悠，甚至还有被骗的经历，对这些内容要进行取舍，留其精华，于是笔者就从健康饮茶的视角切入，以泡好佳茗、品尝到好茶为目的，详述有关茶、水、器的特性，也增加了科学性、实用性、趣味性的内容，至于抨击时弊、深挖内幕和依法惩治等内容只是蜻蜓点水，希望藉此抛砖引玉。

此书写作和成书过程中，得到一些良师益友的协助。首先要感谢刘孔中老师，他身兼数职（新加坡管理大学的教授，中国人民大学教授等），在教学、写作和国际交流等方面，都身体力行，还在百忙之中为本书写序。刘教授非常谦逊，作为红酒收藏家，也常到世界各地品茶，嗅觉和味觉自然一流，多次和刘老师一块品茶，他总是能引导笔者从另外的视角来评判一款茶的优劣，他会给笔者带来最新的印度大吉岭的春茶、日本的宇治抹茶、台湾高冷茶等，也会介绍做茶的故人和收藏界的朋友，如果说这一段时间，笔者认知水平有所提高的话，刘老师功不可没。相较于北京大学的杨明教授，我年齿略长，而我在北大读书时，他却教过我。这并不影响我们一块品茶。在学校时到他办公室，可以边喝茶边请教学业上的问题，毕业后，就边喝茶边畅谈人生了。杨老师于我亦师亦友，这次他专门挤出时间为本书写序，感谢之至！杨老师文采横溢，序言寓意深邃，撩人心脾的茶汤配以风流蕴藉的文字和发自内心的信仰融为一体，茶道还会远乎？另外要感谢澳大利亚国立大学钱美君教授，她也是爱茶人，在新加坡曾参加我组织的几次北大校友茶聚，作为宜兴制壶世家子弟，平素耳濡目染、见多识广，乃是紫砂壶鉴赏高手。笔者曾经和她合作为校友和其他朋友鉴赏过几把名家壶，我们的观点一致，这也为鉴赏结果增加了些权威性，后来她告知笔者，想在澳大利亚出版笔者的英文版本茶书，笔者欣然应允，于是放下手头的工作和那本计划今年出版的古瓷鉴赏的书，全力投入这本茶书的写作之中，她为该书提出很多非常有价值的建议，笔者进行了相应的修改和调整，不过没想到，这本茶书的中文版本会提前出版。还要感谢我同学孙继胜先生的慷慨相助！没有他在我读研时的赞助，上本茶书都不知道能否出版，再谢！

这期间，还得到校友北京大学许欢副教授的鼎力支持，没想到在恬静、充满书香的北大校园，也有茶学造诣如此之高的老师、有能品尝到世界茗茶的所在。虽然北大没有茶学系，但北大人的泡茶和品茶水平，绝不低于某些专门从事理论研究的著名高校教授或研究员（这也是笔者放弃同时再读一个茶学博士的原因，同理也是没读考古文博博士的原因，阿Q一下）。毋庸讳言，术业有专攻，学术研究和实践、实战一直存在巨大的鸿沟，毕竟品尝（品茶、泡茶）、生产（种茶、制茶）和研究（茶树培育、茶学研究）等领域差异很大，绝不可混为一谈。而后又认识了海洋出版社的编辑张欣女士和摄影师沈婷婷女士，她们为本书顺利出版，提出了非常美妙的建议并提供了一些意境唯美的图片，“人以群分”，正因为大家都是爱茶人，一边品茶一边谈出版，品茶中出版事宜敲定，多谢，没有你们的帮忙，这本书不会这么早、这么完美的面世。

在茶的浩瀚海洋中，即使每天亲密接触它的人，所理解和掌握的知识也只是沧海一粟。茶作为上千年来传承下来的中华优秀传统文化的见证物之一，经过历史的沉淀和在世界各地的发扬光大，逐渐形成各具特色的茶文化。日积月累，茶文化变得越来越博大精深、影响甚远。而茶也成为世界三大饮料之一，如此内涵丰富、历史悠久、饮者众多、遍及全球的饮品，任何有限的语言描述，都只是茶知识的碎片。笔者深知自己知识的局限和深度的欠缺，所以愿意和世界各地的茶人交流和学习。如果此茶书能在嘈杂的世界里、在浮躁的环境中，带给读者片刻祥和、惬意的内心安宁就知足了，至于元神觉醒，则不敢奢求，顺其自然就好。

概言之，茶友大都是为人真诚、见多识广之人；茶人更是精行俭德、儒雅睿智之人，这种可以划为同一类的人，大家以茶而聚，各自的能量和大自然的能量相互激荡，彼此共同增强。正如两千年前的《淮南子·泰族训》所言“万物有以相连，精祲有以相荡”，如果再借用当今一个不准确、但大家都能理解和接受的概念“正能量”来诠释，就是这些人各自都具有一定的正能量，和草木中的君子亲密接触，在优雅的环境下，再汲取日月之精华，经多次激荡后，各自的正能量都会增强。如果你也是这类人，请电邮：sun0511@pku.edu.cn，笔者会准备几款你喜欢的茶，等候大驾光临，让我们一起品茶、赏器、道世界！

孙东耀
2018年9月于狮城